SILENT SPARKS

The Wondrous World of Fireflies

ホタルの不思議な世界

サラ・ルイス：著

髙橋功一：訳　大場裕一：監修

X-Knowledge

SILENT SPARKS
by Sara Lewis

Japanese translation published by arrangement with Princeton University Press through
The English Agency (Japan) Ltd.

カヴァー写真［Flariya/Shutterstock.com］

およそ九〇年、愛を持って共に暮らし、
幼いころに自然に対する畏敬の念を育んでくれた我が両親へ

目次

＊学名の日本語表記について：学名はラテン語で表記されますが、英語圏では一般的に英語式に発音されることから、本書ではおおよそ英語式の発音に合わせたカタカナ表記をしています

まえがき

喜びに溢れた科学者の告白

ホタルは私たちの世界を照らします。小さな生き物は多くの人を魅了しますが、地球上に存在する昆虫のなかで、ホタルほど愛され続けてきた生き物は他にありません。ホタルはまるで魔法のように、幾度となく私たちの心の中に不思議な感覚や感動を呼び覚まします。ある人は子どものころ、まだ昼間の暑さの残る夏の夕暮れに、音もなく明滅する光を追いかけたことを懐かしく思い出すことでしょう。またある人は、今まさに裏庭で煌《きら》めく光をうっとりと眺めているところかもしれません。私などは、ホタルがいなければ生きていけないと躊躇なく答えます。おそらくあなたもそのひとりでしょうか。もしあなたがホタルを心から愛するなら、この本はまさにあなたにうってつけの一冊です。

子どものころ外で遊びまわるのが大好きだった私は、長ずるにつれて生物の多様性にすっかり魅了され、八歳ですでに生物学者になると決めていました。飛沫の舞う滝、神秘的な雰

囲気の漂うツガ林、たくさんの星が輝く夜空。自然の豊かさに目覚めた私は、生涯、世界の不思議を追い求めていこうと心に誓ったのです。私の目指した生物学者という職業で、実はそれがいかに難しいことか、もちろんその時の私には知る由もありませんでした。

ラドクリフ・カレッジからデューク大学へと進み、勉学を重ねるなかで、科学に関する知識は急速に増えていきました。博士号の取得を目指していたころには、サンゴ礁の謎を解き明かそうと何年も海に潜り続け、時には水深二〇メートル近い海中作業基地に寝泊まりしたこともありました。私の科学者としてのこの数十年間は、ホタルを含むさまざまな生物の生殖活動の研究に捧げてきたと言って良いでしょう。現在タフツ大学生物学教授であり、同時に進化生態学者でもある私は、仕事の面では本当に恵まれています。好奇心を維持し、新たな科学的発見をすることで生活できているのですから。事実、これまで何百本もの学術論文を書き、たくさんの学生を指導し、数多くの助成金を得ることができました。

一方で私は、不思議なことを不思議だと感じられる感性を維持しようと努力を続けています。ところがアカデミズム科学の世界では、この種の感性など見向きもされません。結局のところ、私たちのような学者は学術上の生産性、つまり助成金を得たり、新たな発見を学術論文として発表したりすることでしか報われないのです。不思議さに触発されたなどと人前で口にする科学者はまずいません。自然界に対する畏怖の念は各々の胸の内に留め置くべきだ、という暗黙の了解があるのです。不思議さを認識したところで何の価値も生まれないばかりか、それを口にすれば、却って周りに迷惑を及ぼしかねません。もちろん例外もあり、本書でもその具体的事例をいくつか紹介してはいますが。

さらに、全ての生命現象は物理的、科学的に説明できるとする還元主義もまた、不思議さを寄せ付けないバリヤのひとつです。科学者たちは生命の働きを注意深くいくつかのパーツに分け、そのひとつひとつを検証しようとします。「生命」と名付けられた、四〇億年もの驚異的な歴史をもつジグソーパズルがあるとしましょう。外箱には神秘的な写真が印刷されています。ところが科学者は中身を分析するように訓練されていますから、写真には目もくれず、すぐに箱を破り、ひとつ残らずピースをその場にぶちまけ、じっくり検討し始めます。ピースをひとつ手に取り、何度もひっくり返し、輪郭を指でなぞって形を確認すると、置くべき場所を推理します。実験、観察、試行錯誤を幾度となく繰り返すうちに、それらのピースがどうつながるのかがようやく分かり始めます。そうした気の遠くなるような努力の末に、やっとパズルは完成。美しい写真が現れます。ところがあれだけ事細かに確認し続けてきたにもかかわらず、科学者たちは組み上がったパズルを目の前にしながら、そこに現れた写真が伝えようとする、息を呑むような畏怖の念を完全に理解するまでには至らないのです。「初心者の心には多くの可能性があります。しかし専門家と言われる人の心には、それはほとんどありません」（出典：『禅マインド ビギナーズ・マインド』鈴木俊隆著、松永太郎訳、サンガ新書、二〇一二年）とは、かの禅の大家、鈴木俊隆の言葉です。

私は不思議さに対する感性を忘れずにいようと願い、努力を続けている科学者であり、本書ではそんな姿を正直に表しています。ホタルについて、数十年にわたる詳細な研究を続けてきましたが、光を放つこの驚くべき生き物は、依然として私に不思議な感動を与えてくれます。どのような言葉をもってしても、ホタルに対するこの気持ちを表現することはできそうにありません。私にとって、そしておそらくあなたにとっても、ホタルは単にうっとりさせてくれる以上の存在なのです。「ホタルを信奉する」というのが最も近い表現かもしれません。何より嬉しいのは、本書を著すことで、ようやく彼らの魅力を多くの人たちと分かち合うことができるということです。

さらに、これまで多くの科学者たちが積み重ねてきたホタルに関する知識を伝えることができるのも、私にとってこれ以上ない喜びです。ホタルにはたくさんの興味深い話がありながら、これまでなかなか語られることがありませんでした。ところがこの三〇年で、ホタルたちの驚くべき秘密のいくつかが、世界の研究者たちによって暴露されるに至りました。彼らの光の起源を突き止め、求愛行為や生殖活動といった私生活の一部始終を解明し、毒や不貞、なりすましといった、予想もしなかったものの存在まで突き止めたのです。ところが、そうした発見が論文として発表されても、専門用語ばかりで分かりにくいばかりか、時には有料記事であるために一般の人の目に触れる機会もありませんでした。私は本書でそうした科学の旧弊に異議を唱えるとともに、ホタルたちに関する新事実を分かりやすく、最新の情報をもって説明したいと考えています。

また今回の執筆にあたり、私にはもうひとつ別の目的がありました。老若男女問わず、街でも森でも構いません。私とともに驚きに満ちたホタルの世界に踏み出してもらいたいのです。自然の中で静かな生活を送ろうにも、私たちを取り囲むデジタル機器はそれを許してくれません。だからと言って、驚きや感動に溢れた生活を送ろうと、自然を求めて人里離れた土地まで旅する必要はありません。音もなく明滅する光は、私たちの家の裏庭や街中の公園にあって、気づいてくれるのを静かに待っているのです。

安心してください。最後にテストなどありません。楽しく読み進めていただければ、それで十分なのです。

第1章

サイレント・スパークス
沈黙の光の煌めき

Silent Sparks

不思議の世界

この惑星にすむ最も不可思議な生き物のひとつがホタルであることは、まず間違いありません。夏を象徴するこの「生きた花火たち」は、夜の闇を華々しく、それでいて音もなく静かに照らし出します。何世紀にもわたり、ホタルたちの優美な光のダンスは、詩人や芸術家、あらゆる年齢の子どもたちに閃《ひらめ》きや感動を与えてきました。彼らの沈黙の光の煌《きら》めきは、なぜ人々の心をそれほど揺さぶるのでしょう。

多くの人が、ホタルという言葉に深い郷愁を覚えます。夏の夕暮れに野原を駆け回り、両手で、あるいは虫取り網で、時には広口瓶でホタルを捕まえた幼い日の記憶が蘇えるのです。私たちはこの小さな光を放つ生き物に顔を近づけ目を凝らし、感動をもって眺めたものです。何匹か押し潰し、まだ光り続けるホタルたちを顔や手足に塗りつけ、自分の身体を光で飾ろうとしたこともありました。

ホタルの光には、見る者に時空を超えさせる魔法があります。闇の中で煌めくその光は見慣れた景色を、この世のものとは思えないほど澄んだ美しい風景に一変させてしまいます。山の斜面は光が流れ落ちる滝になり、郊外の芝地には別世界へ通じる光のドアが現れ、両岸にマングローブの木々が生い茂る川を光の踊る陶酔したディスコへと変えてしまうのです。

ホタルは世界中のどの国のどんな人たちにも、不思議な畏敬の念を生じさせます。最古の人類でさえも、間違いなく怖れと敬いの気持ちをもち、沈黙の光を見つめていたはずです。ホタルと心を通わせようと、夜の中に足を踏み入れる旅行者が増加の一途をたどっているのも、人々の心の中にそうした感情が生まれるからだと言って良いでしょう。マレーシアには、たくさんのホタルが集まり目も眩《くら》むほどの光を放つ様子を一目見ようと、八万人を超える旅行者が訪れます。ホタルの時季の台湾には、およそ九万人がやってきて、見学ツアーに参加します。アメリカでは六月になると、ホタルたちが同じリズムで一斉に明滅する光のショーを観に、毎年三万人の旅行者がグレートスモーキー山脈国立公園に足を運びます。以前私は、この国立公園のホタルに会うために数百キロメートルの道のりを車でやって来たという女性に出会いました。一〇年以上もの間、毎年一家総出でこの巡礼を続けていると言います。なぜそれほど熱心に通うのか尋ねると、彼女は一瞬考え込み、何かを確かめるようにゆっくりとした口調でこう答えました。「そうね、たぶんホタルに神秘的な感動を覚えるせいじゃないかしら」。ホタルが同時に音もなく明滅する光景を目の当たりにすれば、人は誰でも言葉を失い、呆然と立ちすくんでしまいます。ホタルは私たちに大きな喜びと感動を与えてくれるのです。

[**図1-1**] ホタルのいる風景。子どものころの思い出を蘇らせ、見慣れた景色を一変させ、
不思議さに対する感性を呼び覚ましてくれます。(平松恒明撮影)

ホタルは、さまざまな文化という名の布地の中にも、分かちがたく織り込まれています。この地球を見渡せば、特にその布地の中でホタルが見事に輝きを放っている国は、日本をおいて他にはありません。日本人は一〇〇〇年以上にわたり、ホタルと深い絆を結んできました。未だに日本人はホタルを眺めて時を過ごすのが好きですが、これは聖なる精神性、すなわち神は自然界に遍く存在するという日本古来の神道の理念に深く根差したものです。ホタルはまた、物言わぬ情熱的な愛の比喩として使われますが、これは一一世紀、貴族の家に生まれた紫式部という女流作家が著した有名な小説、『源氏物語』が起源になっています。さらにホタルは、一九九八年に封切られた有名なアニメ映画、『火垂るの墓』の劇中で、死者の魂を表すものとして印象的に描写されています。ホタルは何世紀にもわたり、日本の芸術や文学の中で愛され続けてきたのです。またこの小さな昆虫は俳句の題材としても数多くの句に詠み込まれており、位置を示す現代のGPSのように、初夏を表す季語としての役割も果たしています。そうしたホタルも、二〇世紀が終わるころには日本の田園地帯からほとんど姿を消してしまいました。ところがその後、急速に復活を遂げたため、今度は国家の威信をかけた環境保護活動のシンボルともなりました。日本文化にとって、ホタルは成長する真珠のようなもの。毎年少しずつ層を重ねながら徐々に価値を高めていく象徴的存在だというわけです。

ホタルとは――その実体、歴史、そして個体数

この二〇〇年の間にホタルは科学調査の対象として注目され、その生物化学、習性、進化に関する理解を深めることができました。本格的な研究はこの数十年のことで、この間に多くの興味深い事実が発見されました。求愛に対する拒絶、結婚時の高価な贈り物、化学兵器、なりすまし、放血死など、その大人しい風貌とは対照的に、実際のホタルの一生は驚くほどドラマチックな出来事に満ちあふれていたのです。この秘密の世界は、次章で詳しく述べることにします。

さて、まず取り上げるのは、ホタルとはいったい何かということです。

ライトニングバグ（lightning bug）、キャンドルフライ（candle fly）、グローワーム（glow-worm）、ファイヤーボブ（fire bob）、そしてファイヤーバグ（firebug）と、ホタルにはさまざまな呼び名があります。ところが彼らはハエ目（双翅目）でもなければカメムシ目（半翅目）でもありません。ホタルは甲虫目なのです。甲虫目（学名はコレオプテラ：Coleoptera）は多様性の高い、生物的繁栄を極めた一族です。甲虫目が進化を始めた三億年前には、すでにたくさんの昆虫が存在していました。そうしたなか、甲虫目は身体を大きくし、種の数を増やしていきました。今日、地球上に生息する甲虫目は四〇万種。動物全体の二五％を占め

ています。ではホタルの何が「甲虫目」一族の身分証明になっているのでしょう。それは彼らの持つ鞘翅《さやばね》（後翅を保護するために前翅が厚く肥大し、革質化したもの）です。

ホタルは甲虫目のホタル科（Lampyridae）に属していますが、このホタル科の昆虫たちは、他の甲虫目とは違うある共通した特徴をもっています。特に際立ったもののひとつが、何といっても生物発光（Bioluminescence：生物を表すギリシャ語の「bios」と、光を表すラテン語の「lumen」を合わせた言葉）でしょう。しかしほとんどのホタルでは、その才能を発揮できるのは幼少期に限られています。もうひとつの特徴は、一般的な甲虫目が貝のように硬い体をしているのに対し、ホタルの体は比較的柔らかいという点です。捕まえた経験をおもちなら、手の中にぐにゃりとした感触を覚えたはずです。さらにホタルには、後頭部を保護する平たい甲羅のようなもの（前胸背板）が備わっています。

現在、世界に生息するホタルの姿かたちには共通点が多く、実際に遺伝子をたどっていけば共通祖先に行き当たります。この原始のホタルが生きていたのは約一億五〇〇〇万年前、恐竜たちが地球を支配していたジュラ紀でした。この時代、昆虫たちは生存範囲を広げ、多様化を進めながら、恐竜の糞を日々の糧にするゴキブリなどのように、新たな生態学的地位を築きつつありました。古代のホタルが何を餌にしていたのかは不明ですが、二六〇〇万年前には、すでに現在私たちが目にしているホタルとほぼ同じ形をしていたことが分かっています〔＊訳注：最近、現在のホタルとほぼ同じ姿をした、腹部に発光器を持つホタルの化石が約一億年前の琥珀から見つかった〕。琥珀がその根拠です。琥珀は粘度の高い樹液が徐々に硬化し、長い年月を経て変化することでできるのですが、この樹液に絡めとられ、そのままの姿で琥珀に閉じ込められたホタルが存在しているのです。そのうちのひとつ、一九〇〇万年前のものと推定される琥珀には、交尾の最中に樹液に捕まった対のホタルの姿を見ることができます。二匹は永遠の愛の中に仲良く存在し続けているのです［図1・3参照］。

ホタルはひとつではなく実はたくさんの種がいるのだと聞けば、たいてい人は驚きます。事実、地球には二〇〇〇種ものホタルが存在し、北緯五五度のスウェーデンから南緯五五度のフエゴ諸島に至るまで、南極を除く全ての大陸を美しい光で飾っています。ホタルも他の生物同様、その多様性は熱帯地方で顕著です。特に多くの種が生息する地域が熱帯アジアと南アメリカ。ブラジル一国だけで三五〇種を擁します。現在、北アメリカでは一二〇種以上が確認されていますが、特に多様性に富んでいるのがアメリカ合衆国南東部、なかでもジョージア州とフロリダ州です。両州にはそれぞれ異なる五〇種ほどのホタルが生息する一方で、アラスカ州ではわずか一種に過ぎません。これまでのホタルの研究は新たな種を分類すること、すなわち新たな種を発見し、命名し、解剖学的特徴を公式に発表することに大きな力が注がれてきました。今日も、新たなホタルが発見されているのはそのためです。

閃き、光り、香り、愛を探す

ホタルは進化を遂げ、種として発展していくなかで、異性を見つけ誘惑するため、実にさまざまな方法を編み出してきました。今日のホタルは便宜的に、求愛スタイルによって分類することが可能です。ある種のホタルは短い光を放つことで、また別のホタルはゆっくりと光ることで、さらに別のホタルは香りを風にのせて運ぶことで、異性に自分の位置を知らせます。

ライトニングバグ（点滅型ホタル）は、閃光（ライトニング）を放つことからその名前がつけられました。このホタルのオスとメスは、光を言語として互いに愛を語り合います。夜の闇の中で光り輝く彼らの姿はよく知られており、北米全土を通じ、人々に最も親しまれているホタルです。正確に光を明滅させることができるため、恋人と複雑な会話を交わすこともできます。通常オスは飛びながら、固有のパターンによる光のシグナルを放ち、メスはそれに対して、じっと座ったまま光で返事を返します。この求愛スタイルはいくつかの異なる系統が進化の過程でつくり出したものです。ライトニングバグ型ホタルはロッキー山脈の東側には広く分布していますが、理由は不明ながら、山脈の西側では、点在するわずかな生息地に見られるのみです。

[**図1-2**] ホタルは実は甲虫目の仲間。飛行に使う繊細な後翅を保護するため、
革質化した前翅を持っています。(フォティヌス・ピラリス *Photinus pyralis*／Terry Priest 撮影)

[**図1-3**] はるか昔、樹液に絡めとられ、事の最中を取り押さえられた2匹のホタル。
(Marc Branham 使用許可による)

フォティヌス・ピラリス（*Photinus pyralis*）はアメリカでは一般的にビッグディッパー（Big Dipper）と呼ばれ、ライトニングバグ型ホタルを代表する種と言っても過言ではありません。この通称は約一五ミリもある体の大きさはもちろん、発光に際し、いったん沈み込んで《ディップ》から急激に上昇し、空中にJの文字を描くという、独特の飛び方にも由来しています。またビッグディッパーはアイオワからテキサス、カンザスシティからニュージャージーまで、アメリカ東部で広く見ることができます。薄暮になると活動を始め、地面近くを飛び回るので、小さな子どもでも比較的簡単に捕まえられます。またライトニングバグ型ホタルは生息環境にこだわりません。郊外の芝地、ゴルフコース、道端、公園、そして大学のキャンパスなどでよく見かけるのはこのためです。

北部ヨーロッパに生息するのは主にグローワーム（無翅型ホタル）。オスは飛べますが、光ることはできません。逆に丸々としたメスには翅がありませんが、ゆっくりと長く光ることができます。普段は地上にいて、夜が来ると低い小枝によじ登り、オスを誘うために何時間も光り続けます。なかには香りの中に媚薬を忍ばせるものもいます。この気体を空中に放てば、木々や草むらに邪魔されることなく遠くにいるオスを惹きつけることができるというわけです。

世界のホタルの四分の一はグローワーム型ホタルで、最もよく知られているのがヨーロピ

[**図1-4**] 北米の代表的なライトニングバグ型ホタル、ビッグディッパーのオス。
素早く明滅しながら「J」の文字を描いて飛んで、メスに求愛します。(フォティヌス・ピラリス *Photinus pyralis*／Alex Wild撮影)

[**図1-5**] 木の枝によじ登り、発光器を見せながらオスを誘うヨーロピアン・グローワームのメス。
(ラムピリス・ノクチルカ *Lampyris noctiluca*／Kip Loades撮影)

アン・グローワームと呼ばれる、ラムピリス・ノクチルカ（*Lampyris noctiluca*）です。世界中に分布するこのグローワーム型ホタルは、ポルトガルからスカンジナビア、ロシアや中国の各地に生息しており、その求愛行動パターンは多くのアジアのホタルの間でもよく見られます。奇妙なことに、グローワーム型ホタルは北アメリカではほとんど見られず、ロッキー山脈西側で多少見かける程度です。

グローワーム型ホタル同様、ダーク・ファイヤーフライ（Dark firefly：非発光性ホタル）も世界に広く分布しています。成虫になると日中飛び回り、光を発しないことからその名がつきました。オスは、風に運ばれてくるメスの放った香水の匂いを嗅いでその位置を捉えますが、原始のホタルもこれと同様の求愛行動をとっていたことが証明されています。昼行性のダーク・ファイヤーフライ型ホタルは北米各地だけでなく、ビッグディッパーがほとんど見られない西部一帯でも見ることができます。

「ホタル」とは

ファイヤーフライというと、たいてい、夜の闇の中で光っているホタルたちを思い浮かべますが、発光する甲虫はホタル科以外の科でも知られています。たとえばフェンゴデス科（Phengodidae）（フェンゴディドビートル：Phengodid beetle、鉄道虫：railroad worm とも呼ばれる）や、コメツキムシ科の一部（Elateridae）（プエルトリコではククバノス：cucubanos、ジャマイカではピーニーウェリー：peenie-wallie とも呼ばれる）などです。

では「ホタル」の意味とは厳密には何を指すのでしょう。実は、成虫が発光能を有するか否かにかかわらず、甲虫目のホタル科全般なのです。ホタルは恋人を見つけるための求愛行動により、三つのタイプに区分できます。

- ライトニングバグ（点滅型ホタル）：成虫は、求愛時に素早く光を明滅させます。
- グローワーム（無翅型ホタル）：翅を持たないメスは異性を惹きつけるために、ゆっくりと長く発光します。
- ダーク・ファイヤーフライ（非発光性ホタル）：成虫には発光機能がありません。求愛行動は日中行われ、異性を探すのに化学物質を使います。

ホタルを移殖する

偶然に、あるいは明確な意図をもって、人は時にホタルが生息していない場所にホタルを移殖しようとしてきました。一九四七年にカナダのノバスコシア州ハリファックスで、本来ヨーロッパ原産であるはずの小さなグローワーム型ホタル、フォスファエヌス・ヘミプテルス（*Phosphaenus hemipterus*）が発見されましたが、これはおそらく輸入された苗木の土壌に紛れ、密入国してきたものと考えられます。この翅を持たないグローワーム型ホタルは何とか生き延びようとしたばかりか、ハリファックス全土に広がろうとさえしました。実際、一部の個体群は二〇〇九年現在でも元気に生き続けています。ところがこれ以外の移殖は今のところ成功していません。一九五〇年ごろには都市公園をホタルの光で飾れないかと考え、アメリカ東部からオレゴン州ポートランドとワシントン州シアトルへ、ホタルの一種フォトゥリス属（*Photuris*）が移殖されました。数週間は光が見られたものの、その後は姿を消してしまいました。一九五〇年代には、さらに別の移殖が試みられます。ハワイでカタツムリの数が増えすぎてしまい、繁殖を抑えるために日本のホタルが連れてこられたのですが、やはりこちらもうまくいきませんでした。上手に環境に適応しているホタルがいる一方で、なぜ一部のホタルにはそれができないのか、その理由は誰にも分かっていません。その

[**図1-6**] 北米に生息するダーク・ファイヤーフライ型ホタル。日中に活動し、恋人を誘うのに光の代わりに匂いを使います。
(ルシドータ・アトラ *Lucidota atra*／Peter Cristofono 撮影)

土地の気温、湿度、あるいは土壌が合わなかったのかもしれませんし、好みの餌がなかったせいかもしれません。あるいはそこに、新たな天敵が待ち受けていたとも考えられます。

今日私たちは、たとえばチョウのようにいくら美しく、明らかに他に害を及ぼさない生物であったとしても、その生息地を勝手に移すのは良くないことだと理解しています。かつてエゾミソハギやホテイアオイ、イタドリなど、見た目も華やかな植物が観葉植物としてアメリカに輸入されて来ましたが、そうした外来種はまるで雑草のように瞬く間に広がり、在来種を駆逐し、生態系を乱してしまいました。全ての生物たちは複雑な、それでいて普段は気がつかない生物学的相互作用ネットワークの中に組み込まれています。もし私たちが、ある場所から勝手に生物を引き抜き、どこか他の場所にぽんと置いたなら、その後どうなるのかは誰にも予測はできないのです。

次に何が起こるのか

本書は光を放つホタルの生態に関する、ガイド付きツアーのようなものだと言って良いでしょう。本書を一読すれば、ホタルたちの求愛儀式や強力な毒素、誘惑の罠を仕掛ける擬態、そして生存の危機に立たされている現状などについて、詳しく知ることができます。もちろんそうした話は、献身的な一部の学者たちがホタルの神秘について夜を日に継いで研究を重

ねなければ、決して語られることのなかったものばかりです。私は一九八〇年代にホタルの虜になって以来、多くのホタル研究の第一人者たちと知り合い、研究を共にする機会を得てきました。本書でホタルの秘密が語られていくなかで、自らの人生をホタルに捧げてきた人たちが次々に登場します。彼らは科学者ばかりではありません。たとえばリン・ファウスト。彼女は馬術者で母親、そして何より生来の自然愛好家です。彼女の幼少期はホタルを抜きに語ることはできず、今ではグレートスモーキーで見られる光のショーの第一人者と目されるほどの人物です。もうひとりはラファエル・デコック。吟遊詩人である彼には、グローワーム型ホタルの専門家という別の顔があります。また、夜のホタルの世界に共に出かけていくジム・ロイドは、単独で研究を行うフィールド・バイオロジストで、自らの人生の夏の夜を全てホタルの行動観察に捧げてきた人物です。さらに、入念な基礎研究によりホタルの発光メカニズムを解明するに至った献身的生理学者で、今は亡きジョン・バックについても詳しく触れていきます。この他にも世界中の人々の努力が重ねられ、その結果、これまで知られてこなかったホタルの大きな秘密のいくつかが解明されることになったのです。

ではこの神秘的な世界に足を踏み入れる前に、ここで本書の内容をちらりとのぞいてみることにしましょう。

第二章「スターたちのライフスタイル」では、ホタルはみな暗く寂しい環境の中で生まれ育ったことが明かされます。ホタルの幼少期はかなり変わっています。その生涯の大半、最長で生まれてから二年ほどは、土の中で地虫のような生活を続けます。赤ちゃんは恐ろしい捕食者で、凄まじいばかりの食欲を示し、みるまに大きくなっていきます。微かに光る卵から、魔法のように変態を重ねていくその時々のライフステージを通じ、ホタルの成長を追っていきましょう。大人になったホタルの頭には生殖活動しかありません。テネシーまで出向き、森の中に足を踏み入れると、無数のホタルたちが同じリズムで一斉に明滅を繰り返しながら押し寄せる、光の波に遭遇します。

思わず見惚れてしまうそうした光景は、実のところオスのホタルたちの奏でる沈黙のラブソングなのです。第三章「草中の輝き」では、夕暮れ時のニューイングランドの牧草地を訪ね、ライトニングバグ型ホタルの求愛行動を観察します。私は学生と共におよそ三〇年近く、性淘汰、すなわち非常に繊細でありながらも大きな影響力をもつ進化のプロセスを解き明かそうと、自然の中で研究を重ねてきました。本章では、恋人探しのために夜間活動に出かけるオスたちについていくことにしましょう。彼らは飛びながら明滅することで、独り身であることを懸命にアピールします。一方メスは、強く惹かれる相手がいる場合のみ、光を投げ返します。ではメスはオスの何に対して性的魅力を感じるのでしょう。答えは後ほど。そして私たちは、オスにとって恋人を見つける競争倍率がいかに高く、難しいかを知ることになります。かくして選ばれたごく少数のオスだけが愛しいメスを抱きとめ、その他大勢が手にするのは、死でしかないのです。

ところで明かりが消えた後はいったいどうなるのでしょう。ホタルの生殖活動は依然として謎に包まれていますが、それは何も暗闇の中で行われることだけが原因ではありません。第四章「この宝もて、我汝を娶る」〔＊訳注：結婚式での指輪交換の際の言葉、With this ring, I thee wed、「この指輪もて、我汝を娶る」を言い換えたもの〕でお分かりいただけますが、ドラマの舞台がメスの生殖システムに移っていくためです。ホタルの体内で何が行われているのか顕微鏡でのぞいてみたところ、そこには生殖活動に対する認識を一変させる、実に驚くべき発見がありました。本章では、ホタルたちの「婚姻ギフト」とは何か、そしてそこから生まれる愛の絆が、贈り手と受け手の双方にとってどのような意味があるのかを見ていきます。

グローワーム型ホタルのメスは翅を持たないため、そのライフスタイルは他のホタルたちと大きく異なります。第五章「大空を翔る夢」には、希少種であるアメリカのグローワーム型ホタル、ブルーゴースト・ファイヤーフライ（blue ghost firefly）が登場します。このミステリアスなブルーゴーストが求愛の際にどのような行動をとるのか、その習性を突き止めるため、南アパラチア山脈への実地調査に出かけましょう。ブルーゴーストのオスは、林床からくるぶしほどの高さを飛びながら、メスの姿を求めて不気味な光を持続的に放ちます。一方、翅を持たない小さなメスは、落ち葉の上をゆっくりと這っていきます。私たちは彼らと同じ視点で世界を見るために、彼らのように小さくなり、メスの環世界〔＊訳注：全ての動物がもつ、種特有の知覚により認知される周囲の環境。普遍的な時間や空間も、動物はそれぞれ独自に知覚しているという考え〕に入っていきます。

ホタルたちはいかにして光を生み出すのでしょう。彼らの光はまるで魔法のように見えます。第六章「光を生み出す」で、そうした生物発光は、実は入念に仕組まれた化学反応によって生じることがお分かりいただけるでしょう。ホタルの発光器内部にいるのは、発光の主役を務めるスター、ルシフェラーゼ。これは酵素の一種で、私たちの生命活動の多くを司っているのも酵素です。またホタルの種によっては素早く光を明滅させることができます。彼らはこの能力を使い、まるでモールス信号のように正確に光を操ります。ではホタルたちはどうやって、こうしたハイテク技術を身につけるに至ったのでしょう。さらに私たちは、生物学者のホタル研究に同行し、東南アジアまで出かけます。そこで目にするのは、ある種のホタルたちが夜通し同じ周期で光を明滅させるという、驚くべき事実です。

しかし、ホタルは全てが光を放つ、優しい生き物というわけではありません。第七章「悪意に満ちた誘惑」では、ホタルのもつ邪悪な側面を暴露します。実際、ホタルのなかには有害な毒素をつくり出すものがいます。これらの化学物質は生き物に不快な味をもたらすため、鳥やトカゲ、ネズミ、その他さまざまな昆虫食性の動物を身のまわりから遠ざけることができますし、そもそもなぜホタルたちが進化の過程で光を手にしたのか、それを理解するための重要な鍵でもあります。とはいえ、こうしたホタルたちも「ファム・ファタール（魔性の女）」のような特別な相手には、美味しいご馳走だったりもするのですが。

ホタルの世界には興味をかきたてられる話がたくさんあり、私たちももっと知りたいと願っています。ところが世界のホタルの生息数は減少する一方。第八章「ホタルの光が消えたら？」では、私たち人間とホタルの、壊れつつある両者の複雑な関係を検証します。まず自然環境の破壊や光による汚染など、近年見られるホタルの減少傾向の裏に潜む問題を考えていきます。さらに、ある時は光をつくり出す化学物質を抽出するため、またある時は単純にその光を楽しむために、これまで人はいかにホタルを乱獲してきたかについても述べていきます。幸いにして、今後の世代が引き続き、明滅する彼らの光を楽しめる望みはまだ残されています。

本書の最後では、その土地のホタルたちと友人関係を築くために装備を整え、夜に足を踏み入れます。野外観察ガイド部分を参照していただければ北アメリカに生息する一般的なホタルの種類が分かるだけでなく、その求愛法や互いのコミュニケーションの意味まで理解することが可能です。最後の章では装備品に関するアドバイスとともに、ホタルのより深い不思議な世界への冒険を提案します。

通常の科学書籍では図表がふんだんに使用されますが、本書ではそれを控えています。もし読者がさらに深く知りたいと望まれるなら、各章の関連情報を巻末の文献リストに示していますのでご参照ください。また科学論文がオンライン上に無料で掲載されている場合にはリンク先を掲載しています。さらに特殊な用語については用語集で説明を加えました。それでも足りないと感じられる方には、選りすぐったウェブサイトと出版物のリストを用意していますのでご覧ください。

それではホタルの神秘の世界へ、旅に出かけることにしましょう。あなたの家の裏庭や近所の公園、近くの野原や森で夜ごとに繰り広げられる、普段目にすることのできないドラマをじっくりと見て回るのです。さあ、扉を開けて、静かに外へ……。

第2章

スターたちのライフスタイル

Lifestyles of the Stars

スモーキーの懐深く

私は数年前、心からホタルに感動し、魂を揺さぶられる体験をしました。その時、グレートスモーキー山脈国立公園で落ち合ったのが、テネシー生まれのリン・ファウスト。ホタルに夢中であることを公言してはばからない、率直な人柄の優れた昆虫学者です。入念な計算から割り出された、六月のわずか二週間にしか見られない、自然の生み出す驚くべき光景。それを一目見ようと、毎年たくさんの観光客がグレートスモーキーを訪れます。私たちもその中に交じっていました。今でこそとても人気の高いツアーですが、一九九〇年代半ばまではエルクモントに荒木でできた夏小屋を持つ家族以外、他に知る人はいませんでした。エルクモントはそうした丸太小屋が数棟建ち並ぶだけの小さな街だったのです。

ファウストは子ども時代、いつもそこで夏を過ごしていました。霧の立ち込める森の中を散策したり、鱒が泳ぎ回る山間のせせらぎに足を踏み入れ、ざぶざぶと音を立てて歩き回ったり。彼女はそれを「エルクモントの魔法」と呼んでいます。特に、毎年六月の晩に決まって行われたある慣例について語るとき、彼女の顔は生き生きと輝き出します。夕食を済ませると、パジャマを着た近所の子どもたちがスクリーンポーチ〔＊訳注：玄関先などにある、周囲に網戸のようなものを張ったベランダのこと〕に集まります。そこで首を長くして待ったのが、「ライトショー」と呼ぶ現象でした。これは当時、後にファウストの義理の母になる女性が名付けたものです。夜の帳《とばり》が下り始めるころ、周囲の森に目を凝らしていると、まず十、次に百、そして数千のホタルが現れ、まるで沈黙のシンフォニーを奏でるように、同時に明滅を始めるのです。

そうした子どものころの体験を通じ、ファウストはエルクモントの虜になってしまいました。後に、彼女はまだ幼い子どもたちを連れ、夫のエドガーとともに毎年エルクモントを訪ねるようになります。一九四〇年にグレートスモーキー山脈国立公園が創設されると、連邦政府はエルクモントに夏小屋を持つ家族に一九九二年十二月三十一日を期限とする長期リースを設定。それまでエルクモントに留まることを許可しました。それから半世紀というもの、指定期限がファウスト一家や他の住人たちに重くのしかかり、エルクモントの魔法が終わる日が刻一刻と近づいていきました。ファウストはその時のことを涙ながらに語ります。大晦日の夜、午前零時きっかり。武装したパークレンジャーがやって来ると、礼儀正しく、しかし断固とした態度で、住民たちをログハウスから連れ出したのでした。数カ月後、すでに熱心なホタルの観察者になっていたファウストは、ジョージアサザン大学の生物学者、ジョン・コープランド博士に連絡を取りました。博士は同期して明滅することで有名なホタル、プテロプティックス属（*Pteroptyx*）の視察のため、遠く東南アジアまで調査旅行に出かけ、ちょうど帰国したところでした。テネシーのホタルの話をファウストから聞いたとき、博士にはそれが信じられませんでした。同期して光るホタルがアメリカに生息するとは考えられていなかったのです。しかし一九九三年の夏、ぜひ自分の目で見てほしいとファウストに説き伏せられた博士は、同僚のアンディ・モイセフとともにエルクモントを訪ねることにしました。後日彼はこの発見を、時に科学者に訪れる心躍る瞬間と評したものです。「外は霧が立ち込め、冷え込み、しかも雨。あたりは暗くなってきたが何も起こらない。私は車の中で眠気を感じていた。ところがふと目を開けると、何とホタルたちが目の前で、一斉に同じタイミングで光を放っていたんだ！」

その後ファウストは調査アシスタントとして、コープランド博士とモイセフ博士のふたりと夏を過ごすようになります。昆虫神経生理学を専門とする彼らは、こうした特定のホタルが正確に同期して明滅し続けられるその仕組みと理由を解明しようと懸命に取り組んでいました。このころファウストは、エルクモントのホタルの行動を正確に観察しようと意識し始めます。夏の間、観察ノートに詳細な記録を残し、冬になるとそれをタイプで清書。自ら撮った写真とともに、らせん綴じのノートにまとめ続けました。一年に一冊ずつ本棚に保管された観察ノートは、今では二〇冊以上に上ります。彼女はまたテネシー州東部に生息するその他の十種以上のホタルについても、詳細な観察を行う努力を続けています。

年を追うにつれ、ある種のホタルが行う求愛行動——主にその主役はフォティヌス・カロリヌス（*Photinus carolinus*）です――が生み出す驚くべき自然現象を一目見ようと、グレートスモーキーに多くの観光客が詰めかけるようになりました。当初、観光客たちは自家用車でエルクモントにやって来ました。ところが人気が高まるにつれ多くの車が押し寄せるようになり、たくさんのヘッドライトがホタルたちを混乱させるという問題が起こります。そこで二〇〇六年からアメリカ合衆国国立公園局が、ホタル観賞のベストポイントとシュガーランド・ビジターセンターを結ぶシャトルバスサービスを運行するようになりました。今では公式名称となったこの「ライトショー」を見るため、六月の二週間に訪れる観光客の数は、現在およそ三万人に上ります。ホタルを見るにはこのシャトルバスを予約しなければなりません。予約はウェブサイトで行いますが、毎年数分で満席になってしまいます。二〇〇八年、私はこの素晴らしい自然現象を体験し、ホタルたちの求愛行動を研究するために、ファウストと会ったのです。

シャトルバスから降りると木々の葉やシダの香り、山間を流れ落ちる水の轟きがファウストと私を包み込みます。他に乗客は、同じ教会の信徒の一団、仲良く手をつなぐカップル、走り回る幼い子どもとそれを追いかける年配者の多世代家族などでした。彼らの来訪目的は神、あるいは大いなる存在との交感、もしくは自らを超える何ものかと通じ合うことだったようです。いずれにせよ、彼らが大いに満足したことに疑う余地はありません。私が言葉を交わした人たちの多くが、これまで何度もこの巡礼を重ねていて、毎年このライトショーを見るためにグレートスモーキーを訪れていたのですから。

リトルリバーに沿って曲がりくねる小道をゆっくり上って行くと、途中で古い建物の姿が見えてきます。かつて法令により放棄させられ、その後公園局に打ち捨てられた数棟の夏小屋でした。私たちは脇道にそれ、ファウスト家の丸太小屋へ行き、スクリーンポーチをのぞき込みます。そこにはまだ古いダイニングテーブルが置かれたまま、家族の帰りを待っていました。人気のないログハウスと歩道、荒れ果てて見る影もない庭。全ては徐々に腐食し、朽ち果てていきます。かつてのエルクモントの街は夕暮れの光の中にぼんやりと浮かんでいました。

丘の上まで来ると、グループに分かれて行動します。森の空き地のあちこちに陣取り、持参した折り畳みの椅子を広げて腰を下ろすと、日が暮れるのを辛抱強く待ち始めます。普通の観光客とは違い、彼らはとても慎ましやかで、どちらかといえば教会の礼拝に訪れた信者のようでした。誰もが静かに席に着き、小声で言葉を交わします。最初の光が現れたのは、陽が落ちて完全に暗くなろうとするその時でした。数秒の後、今度は私たちの周りを十数匹のオスのホタルが飛び交い、素早く六回明滅し、六秒間沈黙するという典型的な求愛の光を放ち始めます。その後、一気にたくさんの光が現れると、森は活気に溢れ始めます。何と最後には数千のホタルが足並みを揃え、同時に明滅を始めました。正確に六回光を放つと、突如目の前にブラインドが下ろされたかのような深い暗闇が訪れます。

これまで多くの科学記事を読んできた私も、こうしたリズミカルな脈動を伴う光景は全く予想しておらず、気がつけばただうっとりと光を見つめながら、その計り知れない生物学的リズムに身を任せていました。スティーヴン・ストロガッツが自著、『SYNC：なぜ自然はシンクロしたがるのか』（スティーヴン・ストロガッツ著、蔵本由紀監修、長尾力訳、早川書房、二〇一四年）で語るように、「宇宙の心臓部では絶え間なく、執拗に鼓動が鳴り響いて」いました。そうした脈動との一体感をもたらす感覚は、私たち人間の心を強く惹きつけます。千のホタルが奏でる、同期する光のシンフォニーの他には、まるで自分ひとりしか存在していないような感覚に陥ったのです。

後でまた説明しますが、その晩エルクモントで私が目にしたものは、生殖活動に必死に取り組む彼らの姿に他なりません。光り輝く光景を生み出すこの明滅する小さなスターたちは、何とか自らの遺伝子を次の世代に残そうと力の限りを尽くしていました。私たちはまさに運よくその場にいあわせ、彼らのその美しい行動を見ることができたというわけです。

ようやく我に返った私は、ファウストとともにメスのホタルの姿を確認することと、その後数晩にわたる綿密な観察計画を組むことに数時間を費やしました。全てを終え、暗い森の小道を躓きつつ戻るころには、とうに深夜を回っていました。私は神秘の森を歩きながら、

[**図2-1**] エルクモントの来訪者を迎える、光が奏でる動くシンフォニー
（フォティヌス・カロリヌス *Photinus carolinus*／Radim Schreiber撮影）

これほどまでに素晴らしい自然の不思議がグレートスモーキーの懐深く、長きにわたり手つかずのまま残っていたことに、ただひたすら驚くばかりでした。

卑しき生まれ

エルクモントの光のショーの立役者も他の多くのホタルたち同様、最初は卑賤な家に生まれ、後にスターとして世に出て行きます。ホタルは一生の間で、完全変態という見事なまでの自己変革を遂げていきます。およそ二億九千万年前に昆虫が編み出したこの複雑なライフスタイルは、進化の過程で非常に有効なものであることが証明されてきました。カブトムシ、チョウ、ハチ、ハエ、アリなどがこの仲間です。完全変態する生き物は、数からすればこの地球上に生息する全ての動物種の約半数を占めています。

昆虫は変身の名人です。ヒトの成長など彼らの足元にも及びません。他の哺乳類同様、人間の赤ちゃんは基本的に大人のミニチュア版です。成長するに従いサイズこそ大きくなりますが、体のパーツの種類に変化はありません。対照的に、昆虫の自己変革力は驚異的です。何といっても、成長過程で自分の体を全くつくり変えてしまうのですから。事実一七世紀まで、イモ虫や毛虫とチョウは全く別の生き物だと考えられていたほどです。

昆虫は変態により姿かたちだけでなく、生きる術まで変えてしまいます。親子で住まいが

異なる場合もありますが、これには互いに食べ物を奪い合う必要がなくなるというメリットがあります。また役割が全く異なるケースもあります。たとえば子どもは食べて大きくなることが仕事（もちろん生き延びることも）ですが、大人の仕事は生殖行為に専念することであり、時には生息地を広げていくのも大切な役目です。

ホタルの一生は多くの矛盾に満ちています。一生の間で役割や個性が大きく変化していく――ハイド氏がジキル博士に変わっていくような――昆虫だと言って良いでしょう。私たちは大人のホタルの極めて上品で優雅な姿を褒めたたえますが、決して幼いころからその姿だったわけではありません。幼虫と呼ばれる子ども時代には、大人のホタルからは想像もつかない大変な生活を送ります。ホタルの幼虫は食欲旺盛な肉食動物で、自分の何倍もある大きな獲物を仕留め、貪り食べてしまう能力を備えています。残念ながら（いや、幸いなことにと言うべきかもしれませんが）、ホタルの幼虫は人目に触れない生活を送るため、私たちが彼らの姿を目にする機会はほとんどありません。アメリカのホタルの多くが幼虫時代を地中で暮らし、ミミズやカタツムリといった軟体動物を餌にします。アジアには幼虫時代を水中で生活する種がたくさんいて、彼らは淡水性の巻貝を食べています。驚くべきことにホタルはその一生のほとんどを幼虫として過ごしますが、その期間は北の高緯度地域では約一年から三年ほど。南に下ると数カ月程度になります。然るべき時が来ると幼虫は安全な場所を探し、そこで蛹《さなぎ》に変わります。蛹でいる約二週間は、ホタルにとって成虫の体に変態するための忙しい期間です。大人になったホタルはわずか一、二週間しか生きることができません。私たちが目にするのはホタルという氷山のほんの一角に過ぎないのです。

ヨーロッパでもっとも普通に見られるグローワーム型ホタルの一種、ラムピリス・ノクチルカの幼虫は、地上で食料を探します。彼らの姿は通常、庭や草地、道端や線路脇などで見ることができます。彼らの習性が比較的よく知られているのも、幼虫が大きく人目につきやすいため、何世紀にもわたり博物学者たちの研究の対象になってきたからです。以下の寸劇には、偶然にもこのグローワーム型ホタルが主役として登場します。

さすらいのスター：若いホタルの肖像

第一幕、第一場：幕が上がる。舞台には苔の上に置かれた卵がひとつ。微かに光を放っている。母親が三週間前に置いていったものだ。時期は七月はじめ。守る者のいない卵はただひとり、乾燥と天敵の危険にさらされ続け——そして生き残った。卵の中の何かが動く。殻から逃れ出ようともがき始め、やがて中から地虫のような幼虫が現れる。目の悪い六本脚の赤ちゃんにとって、この世界で生き延びていくのに、頼るべきは嗅覚だった。

第一幕、第二場：夜。幼虫は空腹が我慢できず、徒歩で狩りに出かける。狙うは大好物、大きくてジューシーなカタツムリ。一時間にわずか数メートルの速さで地面を這って行く。ずんぐりした小さなアンテナが突如、カタツムリの匂いをとらえる。幼虫は粘液の跡を追いかける。最初の犠牲者となるカタツムリはハンサムで大きく、小さな幼虫はいっそう小さく見える。幼虫は誰にも邪魔されずにカタツムリの殻によじ登ると、首を伸ばし、口器でカタツムリの柔らかな表皮を探る。舞台後方のビデオスクリーンに大きくクローズアップされるのは、獲物を捕らえるのに使う恐ろしい形をした武器だ。内側に向けて湾曲し、先の尖った左右一組の鎌状の顎である。先端にはよく見なければ分からないほど小さな穴が開いている。中腸につながる管の開口部だ。カタツムリをそっと噛み、武器の先端を表皮に食い込ませると、開口部から痺れ薬を注入していく。カタツムリは噛まれまいと逃げるが、幼虫はカタツムリの殻にしっかりまとわりついて離れない。噛まれるたびに動きの遅くなるカタツムリ。そしてもう一噛み。とうとうカタツムリは動かなくなる。

第一幕、第三場：食欲旺盛な幼虫はゆっくりと摂取に取り掛かる。獲物は動かないが心臓は鼓動を続けており、まだ生きていることがうかがえる。新鮮さは保証付きだ。幼虫はカタツムリの体に顎を食い込ませ、今度は消化酵素を注入。液化しにかかる。その後三日三晩、大食いの幼虫はカタツムリスープを存分に楽しんでいく。そうして食べ進むうち、体は目に見えて大きくなり、仕舞いには外骨格に収まりきらなくなってくる。体の成長に適応するため、幼虫は古い外皮を脱ぎ捨て、より大きなものに着替えていく。

幕間

第二幕、第一場：真夏——幼虫は自分の仕事に真剣に取り組んできた。これまで食べたカタツムリは七〇匹、脱皮を数回繰り返し、体重は三〇〇倍になった。ところがこの数週間、幼虫はうろうろするばかり。生き方を根本的に変革するため、それに適した場所を探そうと休みなくあちこちを歩き回っていたのだ。さすらいの末、ようやく倒れた丸太の下に這い込むと、すでにそこには他の幼虫たちの姿があった。みな丸くなって横になり、身動きひとつせず数日を過ごすと、最後に幼虫の皮を脱ぎ捨てる。そして蛹になるのだ。およそ二週間、蛹たちは身を寄せ合い、丸太の下に身を隠す。動く気配は全くない。時期が来て目覚めるともぞもぞと動き出し、明るく光り始める。殻の内部では蛹が古い体を脱ぎ捨て、新しい体を身にまとおうと、懸命に仕事に没頭している。

第二幕、第二場：夜。丸太の下では新たな体になった成虫たちが、蛹の殻を脱ぎ捨てようと一所懸命に身をくねらせている。やがて一匹、また一匹と、彼らは新たな命のステージへと飛び出していく。成虫のなかには大きく丸々として、翅のないものがいる。メスのグローワーム型ホタルである。そのわずか十分の一の大きさだが翅を持ち、まさに飛び立とうとしているものもいる。こちらはオスだ。ホタルの成虫たちに食欲は存在しない。頭にあるのは生殖の二文字だけ。命が尽きるまでの二週間、子孫を儲けることに専念する成虫たちは、祝宴三昧だった幼虫時代の蓄えに頼るのだ。丸太の下から飛び立てば、後はそれぞれが手持ちの資本を食い潰しながら、求愛と交尾、そして受精および産卵を目指していくことになる。

さあ、ロマンスの始まり……といきたいところですが、この続きは第三章に委ねることにします。今度は同期して明滅するグレートスモーキーのホタル、フォティヌス・カロリヌスが、光り輝く成虫になるまでいかに薄汚れた幼年時代を過ごすのかを見ていくことにしましょう。

六月のある日、交尾を終えたフォティヌス・カロリヌスのメスは、湿潤土もしくは苔の上に、卵をひとつずつ置いていきます。うまくいけばおよそ二週間で、卵の中から灰色の体をした二〜三ミリ程度の小さな幼虫が現れます。その後一年半の間、幼虫は地中に姿を隠してしまうので、私たちがその姿を見ることはまずありません。この間、幼虫は自分のやるべきこと――大いに食べ、少しでも大きくなること――に全力を傾けます。

彼らもまた、他のフォティヌス属の幼虫と同じように、ミミズを主食にしています。つまり前出のグローワーム型ホタルの幼虫と同じように、自分の何倍も大きな獲物を捕らえることができるのです。その鋭い顎で繰り返し噛みながら、そのたびに神経毒素を注入していきます。時にはフォティヌス属の幼虫たちは、一匹のミミズに数匹で襲いかかることもあります。獲物が動かなくなれば、その後数日間かけて、みなで一緒に食べてしまいます。

調査をしていくなかで、私自身もたくさんのフォティヌス属の幼虫を育てました。そのためには、ほぼ毎週のようにミミズを与え、彼らのご機嫌をとり続けなければなりません。彼らは滑稽なほど大食いで、いつも食べ過ぎては腹部を異常に膨れ上がらせるので、足が地面につかなくなります。仰向けの姿勢しか取れず、足は空中で空回りするばかり。十分消化が進んだところで、ようやくまた歩けるようになります。私たち一家は何度もこの光景を目にしており、食事が美味しくてつい食べ過ぎるたびに誰かがこんなことを言うようになりました。「ホタルの幼虫みたいに食べ過ぎちゃった！」

地中にいるフォティヌス属の幼虫は、最初に迎える夏と秋の間にミミズを捕まえて摂取し、体を大きくします。やがて冬が来るとそのまま休眠状態になり、春に再び食べ始めます。十分な大きさが確保できれば夏には蛹になりますが、ほとんどの幼虫が二度目の夏と秋も餌を探し回り、もう一度冬ごもりします。

そして二度目の春にまたご馳走を食べ続け、五月のある日、湿った土の一区画か腐った丸太の下に身を寄せ合います。土の中に小さなドーム状の部屋をつくると幼虫はそこに陣取り、蛹の期間を過ごします。そして数週間の後、ようやく成虫の姿——眩《まばゆ》い光でグレートスモーキーの夜空を飾る、ライトショーのスターになって現れるのです。とは言え太古の昔にホタルがどうやって光を得たのか、次の話で主役を演じるのはホタルの赤ちゃんたちです。

彼らの光はノーの意味

ホタルの幼虫は、腹部の先端にある小さなふたつの点が光ります。何かの拍子に触れたり、近くで振動を感じたりすると光を放ちますが、這い回っているときにも光ることがよくあります。この光は蛹になっても続きますが、成虫の姿で殻から出てくるときには消えています。ホタルの幼虫が光るのは世界共通。種にかかわらず、みな幼虫のときに光を発します。成虫になると光を失うホタルの場合も例外ではありません。成虫も光を発する種の場合、その発光器は最終的な変態局面でつくり出された完全に新たな器官です。

二〇〇一年、当時オハイオ州立大学の生物学者だったマーク・ブランハムとジョン・ウェンゼルは、系統解析の手法を使い、驚くべき発見をしました。系統解析とは、生命の樹の枝々をたどることで、私たちを進化の歴史を遡る旅へと誘ってくれる手法です。現生のホタルやその仲間の形態形質（体の形の情報）を使って彼らが明らかにしたのは、ホタルが光をつくり出す能力は初期の祖先種の幼虫期に初めて備わったという証拠でした。しかし、なぜ古代のホタルの幼虫は光が必要だったのでしょう。幼虫は繁殖活動を行いません。愛を追い求めるにはどう考えてもまだ若すぎます。

毒を持っていたり不快な味がしたりする動物は、黄色、オレンジ色、赤、あるいは黒といった派手で目立つ体色をしています。潜在的捕食者に警告を発するためです。一方、脊椎動物における捕食者の多くは知能が発達しています。一度そうした獲物を捕らえると、すぐに派手な色と味のひどさを結びつけ、経験として学習し、それ以降は避けるようになります。たとえばチョウの一種、オオカバマダラは、黒地にオレンジ色という特徴的な体色をしていますが、これは鳥やその他の昆虫を捕食する天敵に対して、自分たちは不快な味がするぞと警告を発しているのです。人のいい——明らかに世の中を知らない——アオカケスがオオカバマダラを口にすると、すぐに吐きもどします。そうした不快な経験をすることで、アオカケスは二度とオオカバマダラを口にしようとしなくなります。

しかしホタルの幼虫が活動するのは主に夜、あるいは地中ですから、そうした派手な体色をしたところで何の役にも立ちません。逆に夜間に光を発すれば却って目立ってしまいます。実は、ホタルの幼虫が不味いのはすでに周知の事実なのです。第七章でもう一度触れますが、鳥、ヒキガエル、ネズミなど主に昆虫を捕食する動物も、ホタルには明らかに嫌悪を示します。突き出た鼻やくちばしを拭うように何かにこすりつけ、吐き気をもよおし、慌てて逃げ出します。こうした動物たちの行動から明らかに分かるのは、本来ホタルの発光は、ホタルの赤ちゃんが捕食者を撃退する方法として進化したということです。明々と輝く警告のネオ

[**図2-2**] 赤ちゃんホタルは獰猛な捕食者です。中が空洞になった牙を使い、獲物に痺れ薬や消化酵素を注入します。
写真はヨーロッパの普通種ラムピリス・ノクチルカ *Lampyris noctiluca* の幼虫がカタツムリを襲っているところ。
（Heinz Albers撮影）

[**図2-3**] 全てのホタルは、幼少期に光を発します。写っているのは3匹の幼虫（左）と2個の蛹。（Siah St. Clair撮影）

ンサインのように、「毒あり危険――近寄るな」と伝えているのです。ホタルの成虫が、こうした幼虫の光を求愛行動の合図として使うようになるには、さらに数百万年の時を待たなければなりませんでした。

創造的即興性：進化するホタルたち

世の中には、神が人間を驚かせ、楽しませるためにホタルを創造されたと信ずる人たちがたくさんいます。私は世界中を旅しながら、そうした多くの人たちに出会ってきました。私自身、ホタルがいかに人の心に畏敬の念を起こさせるか、十分理解することができます。実際、何度かホタルの沈黙の光の渦に取り囲まれたことがありますが、そのたびに宇宙と自分との深いつながりを実感したものです。しかし何にもまして奇跡とさえ思えるのは、三八億年もの間、地球上のあらゆる生物を形づくってきた進化という力を、これほどまでに美しく輝かせる生き物は他にはないということです。

進化とは複雑ではあっても、用意周到に準備されたものではありません。いわば創造性溢れる即興的ダンスと言っても良いでしょう。今あるものからスタートし、偶然、何の前触れもなく新たなものを思いつきます。生き物たちは試しに使ってみて、良いと感じることもあ

れば、使い勝手が悪いと感じる場合もあるでしょう。新たなモデルにはそれぞれ異なる特色がありますが、その将来的有用性は進化の条件、すなわち次世代にどれだけ良い成果をもたらすかによって判断されます。つまり、新しいモデルが古いものよりも優れている場合のみ、長い時間をかけてゆっくり交代していくというわけです。生物は何でも形にして試してみようという行為を数十億年続けながら、小さな改善を積み重ねることで、徐々に水準を高めてきたのです。

他の生き物同様、ホタルもふたつの大きな力によって変化を遂げてきました。すなわち自然淘汰（自然選択）と性淘汰（性選択）です。ダーウィンは『種の起源』のなかで、自ら自然淘汰と名付けた、地球全体に浸透する進化の力について説明しています。生物それぞれの個体がもつ遺伝形質のわずかな違いは、必要な力をいかにうまく蓄え、捕食者の手から逃れたかという結果に差となって現れます。ダーウィンはこれを詩趣に富む素晴らしい文章で、こう表現しました。

> 自然選択は、日ごとにまた時間ごとに、世界中で、どんな軽微なものであろうとあらゆる変異を、くわしくしらべる。わるいものは抜きさり、すべてのよいものを保存し集積する。機会のあたえられた時と所において、それぞれの生物を、その有機的ならびに無機的生活条件にかんして改良する仕事を、無言で目立たずにつづける。

（出典：『種の起源』ダーウィン著、八杉龍一訳、岩波文庫、一九九〇年）

ダーウィンの自然淘汰では、生物個々におけるこの変異こそが、最終的には全てか無か、すなわち生き残るか滅びるかという厳しい結果を左右するものだとしています。実際、ホタルが進化によって明るい光を手に入れた原動力こそ、まさにこの自然淘汰でした。あるホタルの子どもたちが捕食者の攻撃意欲を削ぐ化学物質を生み出す能力を身につけると、その形質は長い幼年時代を生き抜くのに役立つことから、さらに多くの子どもたちの間に広がっていったのです。

進化のもう一方の推進力は性淘汰ですが、繁殖成功度には一定の基準がなくその程度はさまざまに異なるため、自然淘汰よりもさらに捉えにくいと言えます。ダーウィンは『種の起源』に次いで有名な著書、『人間の進化と性淘汰』のなかで、多くの生物のオスが誇示する奇妙で大げさな外観的特徴を生き生きとした素晴らしい筆致で書きとめています。カエルの絶え間のない鳴き声、カブトムシの頭に突き出た大きく見苦しい角、クジャクが歩きながら自慢げに見せびらかす羽飾りなどはその例です。確かにそうした途方もないオスの装飾や武器が自然淘汰から生まれたとは考えられません。天敵から逃れたり餌を探したりするのに、それがいったいどんな役に立つというのでしょう。

ダーウィンは、そうしたオスのもつ派手でけばけばしい特徴が何らかの形で繁殖成功の可能性を高めてきたため、今日のような形に進化したのだと唱えました。動物は、種のために生殖行為を行いません。自分のため——そうです、自らの遺伝子が次世代に委ねられるかどうかを見届けるために行うのです。そして、武器や飾りを最も優れた形で譲り受けたオスこそが、配偶行動におけるアドバンテージを与えられるのです。性淘汰は異なるふたつの形として現れます。ひとつはオスのもつライバルたちを打ち負かす能力をさらに高める形質。もうひとつはオスに、メスが抗いがたいほど魅力的だと感じる特徴を与えることで、オスの繁殖を手助けする形質です。

性淘汰は、グレートスモーキーの一夜で目にした心奪われる光景の舞台裏にいる、いわば進化における巨匠のような存在です。私は森の中で、何百というフォティヌス・カロリヌスのオスたちが、木々の下枝にとまる数匹のメスの気を引こうとする姿を目撃しました。彼らが繰り広げた光と情熱溢れる恋愛ゲームは、クジャクが華麗な羽を広げるのと行動的には同じものです。ホタルたちはまた、進化のもつ創造的即興性を示す好例でもあります。はるか昔、ホタルの祖先たちのなかに、幼虫が発する警告の光を全く新たなツールとして、自分たちの求愛行動のために利用したものがいたというわけです。

同期する光のシンフォニー

性淘汰は時に魅惑的な形で表現されますが、おそらくその中でも特に華麗なものは、ある種のホタルたちが同期して輝くことでつくり出される光景でしょう。その理由はまだ解明されていませんが、互いに調和して光ることができるというこの特殊な能力は、数種のホタルにしか備わっていません。

テネシーのフォティヌス・カロリヌスがつくり出すのは動く光のシンフォニーで、近くを飛ぶオスが共に、続けて六回光を放つ求愛動作を行います。一方東南アジアには、「レック」と呼ばれる固定集団を構成し、その場で一斉に同じタイミングで明滅するホタルが存在します。プテロプティックス・テナー（*Pteroptyx tener*）がその一種で、マレーシアではケリップ - ケリップ（kelip-kelip）という名で知られています。毎夜、何千というオスたちが感潮河川〔＊訳注：潮汐の影響を受け、その水面高度、流速、流れる方向などが変動する河川のこと〕沿いにある決まったマングローブの木に飛来し、葉の上にとまると、一斉に同期しながら明滅を繰り返します。昆虫がレックをつくるのは比較的まれですが、クジャク、ゴクラクチョウ、あるいはキジオライチョウなど特定の鳥にとっては有効な配偶システムとして頻繁に形成されます。こうしたレックをつくる目的は、識別能力の高い目の肥えたメスの前で、自らの優雅な飾り物を誇示することにあります。

ホタルが同期する光のシンフォニーには、飛びながら光るものと、一定の場所で光るものの二種類がありますが、そこに音は介在しません。しかし私には、どちらにも個性的な音楽的要素があるように思えてなりません。フォティヌス・カロリヌスの六回連続する眩い光からは、森の中に響きわたるトランペットの音色が聞こえてくるようですし、ケリップ - ケリップの光には、オーケストラのバイオリンセクションが奏でるピチカートを連想してしまいます。しかし面白いことに、ホタルは同期こそしますが、それを率いる指揮者、すなわちリズムをとるために掛け声をかけるようなリーダーは存在しません。

今日、ホタルたちがどうやって同期しているかというメカニズムについては十分な理解がなされていますが、この考察は第六章に委ねることにします。ではホタルたちはなぜ同期して光るのでしょう。オスは、メスを惹きつけるために競わねばならないはずなのに、なぜ求愛の合図を一致協力して送るのか。その行動は大きなパラドックスをはらんでいます。彼らの好意のシグナルがいかにして同期するようになっていったのか。その進化の過程にはいくつかの仮説が存在しますが、いずれも重要なものですので、ここではそれらを検証していくことにしましょう。

まずひとつは、同期とはオスがメスの注意を惹きつけようと競い合うなかで生まれる偶然の産物に過ぎないというものです。カエル、コオロギ、セミなど、多くの生物のオスは、明確な求愛の合図を送るために一カ所に集まり鳴き声を上げ、そしてまた鳴き止みます。その間、彼らのリズミカルな鳴き声はしばしば、数秒間同期することがあります。音を求愛行動の媒介とする動物を対象に研究を行った結果、メスは、オスの鳴き声が一致したとき、その最初のシグナルに惹きつけられることが分かりました。メスにこうした知覚的特徴がある以上、もしオスが互いに鳴き声を同期させることができるなら、自分のチャンスを広げるために、鳴き声を同期させようとする可能性はあるでしょう。ですがこの場合、同期することはメスの知覚的特徴には呼応しても、個々のオスたちには何のメリットもありません。偶然同期したのだと考えれば、多くの昆虫たちが鳴き声を合わせることに対するひとつの説明にはなりえます。ただし、これがホタルにも通ずるかどうかは定かではありません。たとえばビッグディッパーと呼ばれるフォティヌス・ピラリスのメスは、実験によってこうした知覚的特徴を示したものの、オスが光を同期させることはないからです。

　一方で、発光の同期明滅は真に協調的な行動と言えますが、同期明滅に参加する個々の個体にとっても何らかの恩恵があるから進化しえたのだとする考えもあります。その恩恵については、さらに三つの仮説が存在します。いずれも同期することでシグナルが探知しやすくなることに着目したものです。

ひとつめは「リズム認識」仮説です。シグナルを同期させることで、自分たちの種の特徴を示す光のリズムを明確に伝えることができます。偶然、異なる種のホタルが同じ時間、同じ場所に紛れ込んでも、オスたちは同期して光を発するので、メスの側はシグナルを間違えようがないというメリットが生まれます。アンディ・モイセフとジョン・コープランドがエルクモントで行った、同時に明滅しながら飛び続けるフォティヌス・カロリヌスを対象とした研究は、このリズム認識の考えを裏付けています。彼らは、オスの光に似せたLED（発光ダイオード）アレイ光源を使い、同期的または非同期的に発光させ、メスの反応を調べました。するとメスは、同じ六回連続発光でもタイミングを合わせた方が、ばらばらに光らせるよりも敏感に反応することが分かりました。数匹のオスが一斉に異なるタイミングで合図を送ると、明らかにメスの視野は混乱します。オスは空中を飛び、移動し続けるため、どの光がどのオスのものか判断しにくくなるのです。空中に多くのホタルが飛び交う状況下では、フォティヌス・カロリヌスのオスは歩調を合わせ、同期しながら光り続けることが、ひいては自分のためになると分かっているのでしょう。つまり自分の位置を捉えやすくさせることで、メスの反応を促すことができるというわけです。残念なことに同様の実験は、東南アジアのプテロプティックス属のように移動せず、その場で同期して光を発するホタルのメスに対しては、まだ行われていません。

次は前出の見解に対する補完的な考え方です。同期することで光のない「沈黙の時間」が生まれるため、オスはこの間に素早くメスの反応をうかがうことができるというものです。多くのホタルは雌雄間で光のシグナルをやり取りしながら会話を交わします。オスは継続的に求愛信号を送りますが、メスは一般的にその狭間の短い暗闇の中から光を返すのです。

最後に同期して光る理由を説明するのは、「篝火《かがりび》」仮説です。オスが協力して光れば、より明るいシグナルが送れます。植物がうっそうと生い茂る場所にあっても、一致団結して光を放てば、遠い所にいるメスにも届くだろうというのです。メスは、たくさんのオスが光を放つ木々の間を飛びながら、最も明るい光に引き寄せられると考えられています。実験により確かめられているわけではありませんが、この仮説はプテロプティックス属のように特定の木に集まり、一斉に同期して光るホタルの習性をうまく説明しています。

私たちはまだこれらの仮説の真偽を十分に裏付けるだけの証拠を手にしていません。なぜホタルたちが同期するのか。これは今でも多くの人々の興味をかきたてる謎として残されています。しかし、どの仮説も、光を同期させるホタルの方が良き伴侶を得る可能性が高い理由を説明しています。しかしながらダーウィンの性淘汰によれば、オスは配偶者を獲得するために、他のオスと競わねばなりません。実際第六章をお読みいただければ、目の前にメスが登場したとたん、突如としてそれまでのオスの協調的振る舞いが、いかに過酷な競争へと変貌するのかがお分かりいただけるでしょう。

＊＊＊

ホタルの一生は驚くべき変貌への旅です。生まれたときは地面の上を這い回り、ひたすら食べ、大きくなり、生き延びようとするだけの生き物でした。ホタルの赤ちゃんは大食いの捕食者で、恐ろしい顎を巧みに使い、獲物を痺れさせ、液化します。幼虫の光は生存競争を勝ち抜くために自然淘汰により獲得され、天敵を撃退する化学物質とともに少しずつ進化を遂げてきました。そして最後の変態で成虫になると、ホタルの一生はほぼ終わりに近づきます。生殖活動に全精魂を傾け、食べ物は一切口にしません。どの一門のどの一族かにより求愛様式はさまざまに異なるものの、成虫は残りの命を、結婚相手を獲得し、次の世代に子孫を残すことに費やすのです。

さあ、準備が整いました。それでは夜の中に足を踏み入れ、ニューイングランドのホタルたちのなかで、彼らが結婚相手を探す様子を見てみることにしましょう。私たちが訪れるのは、恋愛シーズン真っ盛りの七月。彼らの光に溢れる生殖活動の舞台裏をのぞき、その本質に迫ります。

コラム1

日本のホタル研究

大場裕一

日本でホタルが深く愛されていることは世界的にも有名ですが、研究の世界においても、ホタル学に対する日本の貢献は少なくありません。北米のホタルを紹介している本書の性質上、生態や分類のパートはどうしても北米のホタルの研究成果で占められていますが、発光メカニズムや進化の側面については世界のホタルで共通ですから、そこでは日本発の研究成果が数多く紹介されています。例えば、ホタルのルシフェラーゼの起源が脂肪酸の代謝酵素であるという発見（本書第六章）は、何を隠そう、私の研究グループによる成果です（サラ、紹介してくれてありがとう！）。

ホタルのルシフェリンの化学構造は、一九六一年から一九六三年に、当時ジョンズ・ホプキンス大学にいたマッケロイらが、北米のフォティヌス・ピラリスを使って初めて決定しました。その後の一九六八年に、名古屋大学の研究グループがゲンジボタルから得たルシフェリンの化学構造を決定し、それがフォティヌス・ピラリスのルシフェリンと完全に同じであることを明らかにしました。これにより、ホタルのルシフェリンはホタルの種にかかわらず、共通の物質であることがはっきりと証明されたのです。本書第八章では、マッケロイらがホタルを集めるために賞金を出したエピソードが語られています。では日本のグループが当時どうやってゲンジボタルを集めたかと言いますと、実は、名古屋のデパートで販売していたホタルの売れ残りを買い取っていたのだそうです。

最近大きなホタル学上の進展がありました。日本とアメリカの研究グループが主体となって、北米のフォティヌス・ピラリスと日本のヘイケボタルの全ゲノム配列が解読されたのです。両方のゲノム配列を比較した結果、ホタルの進化の謎を解く面白い事実がたくさん分かってきました。その一つが、本書の第六章で紹介されている、遺伝子重複です。本書の中で著者のサラが予言したとおり、光をつくり出す特殊な酵素ルシフェラーゼは、どんな生物にもある普遍的な脂肪酸代謝酵素の遺伝子が何度も遺伝子重複を起こしながら数を増やしてしてきた中からふいに現れた、進化の奇跡だったのです。

第３章

草中の輝き

Splendors in the Grass

ホタルひとすじ

夏の日差しも徐々に和らぎ、涼しいそよ風が干草の香り漂うニューイングランドの草地を吹き渡っていきます。いくら優れたホタルの観察者でも、油断していれば、昼間の眠りから目覚めたばかりのミニチュア軍団が草むらの中から飛び立っていくのを見逃してしまうことでしょう。一匹また一匹と小さなオスのホタルたちは、葉を茎に沿ってゆっくりと上っていきます。葉先でいったん静止すると、まるでブラックホーク〔＊訳注：シコルスキー・エアクラフト社製軍用ヘリコプター、UH-60の愛称〕のように、音もなく飛び立とうと身構えます。毎夜の捜索活動とはいえ、彼らに侵略目的などあろうはずがありません。ではなぜでしょう。遺伝子を残すためです。ホタルのオスたちは、自分の子孫を次の世代に残したいという差し迫った欲求に突き動かされ、必死に生殖活動に臨もうとしているのです。成虫としての命には限りがあり、今日こそはと愛を求めて夜の中に向かいますが、精一杯に光のシグナルを放ったところで、残念ながら状況はかなり不利だと言わざるを得ません。

　彼らはフォティヌス属。北アメリカで最もよく見られるホタルです。フォティヌス属の生殖活動については、世界に分布する他のホタルに比べ、かなり詳細な部分まで解明が進んでいます。その成果は、ホタルの行動様式を解明するため、人生の多くの夏の夜を研究に捧げてきた数人のアメリカ人科学者に負うところが大きいでしょう。そうした専門家のひとりが、昆虫学者でフロリダ大学名誉教授のジム・ロイドです。彼は一九三三年に生まれ、ニューヨーク州モホークバレーで幼年時代を過ごしました。もっぱら狩りや魚釣りに興じていましたが、時にはひとりであてもなくぶらぶら散歩するのも好きでした。勉強は嫌いで、高校卒業後はアメリカ海軍に勤務。その後は靴の販売に携わり、クラッカー工場でバターをかき混ぜる仕事に就いたころ、少しは勉強してみようかと思い立ち、軽い気持ちで大学に入学します。ある時、クラスの研究課題で近くの沼地に行きホタルを観察したところ、彼はホタルがすっかり気に入ってしまいました。しかも驚くことには、これほど不思議な昆虫の生態がほとんど人に知られていないのです。こうして彼は初めて、夢中になれる相手を見つけました。しかもその情熱は大学院のみならず、人生を通じて衰えることはありませんでした。

一九六〇年代半ば、ロイドは野原や森、沼地にフォティヌス属を追い求め、コーネル大学で博士号を取得します。この間ロイドは、夏になるたびに自分のピックアップトラックを運転し、アメリカ中を回りました。スピードを落とし、ヘッドライトを点けず、運転席から顔を出し、ホタルの光を探しながら、毎晩田舎道を走ったものでした。ホタルがたくさん集まる場所を見つけるとすぐさま道路脇に車を停め、近くにテントを張ります。その後数日間は、ストップウォッチ、フラッシュレコーダー、電池式チャートレコーダーを携え、ホタルの行動パターンと光り方を細大漏らさず記録し、光り方の違うホタルがいればその標本を採集。後日、その種を突き止めるために顕微鏡で特徴を確認していきました。ロイドは今でも自身の非社会性を誇るような人物で、当時すでに自らを世捨て人と呼び、誰にも気兼ねなくフィールドワークに集中できる、人と関与しない孤独な生活スタイルを好んでいました。そして学位論文を書き終えるころには、ホタルのオスとメスが、愛の会話を交わす際に使う秘密の暗号を解読するまでになっていたのです。

その後ロイドはフロリダ大学で教職に就きます。彼が担当した優等課程〔＊訳注：英米の大学で採用されている教育課程で、修了者には優等（卒業）学位が与えられる〕の「ホタルに関する生物学ならびに博物学」は学生に人気でした。講義はあまり好きではありませんでしたが、代わりにホタルに関する深い知識や学生の好奇心をそそるような疑問を盛り込んだ私的論考を配布すると、学生たちは大いにホタルに興味を抱き、求愛儀式、クモとの捕食関係、幼虫の摂食嗜好性などを研究するため、すすんで実地調査に出かけて行きました。

第一線を退いてからずいぶん経ちますが、未だに多くの人がロイドを「ホタル博士」と呼んでいます。実際、これほど彼にふさわしい呼び名は他にありません。ロイドは五〇数年にわたる研究生活のなかで、三〇〇〇泊以上を戸外で過ごし、北アメリカに生息するホタルたちのありのままの姿を丁寧に記録し続けました。彼がこれまでに物した著述——一〇〇本以上の学術論文と一〇冊を超える書籍——は全て、ホタルの行動様式と進化の研究のために捧げられたものです。

この物静かで一途な、豊かな知識をもつ人物と初めて面識をもったのは、デューク大学での講義をお願いし、快諾していただいたときのこと。当時私は、大学で博士号の取得に励んでいました。彼は気難しい人物だというのがもっぱらの評判で、ジャケットとネクタイがいかにも窮屈そうでしたが、実際にはとても穏やかで物腰の柔らかい人物でした。彼の講義はそれまで聞いたことのないほど刺激的かつ学術的なもので、実地調査で解明したさまざまな事実を実に生き生きと語ってくれました。照明を落とした大学の講堂で彼が取り出したのは釣り竿のような機械装置。ただし糸の先にぶら下がっているのは釣り針ではなく、小さな明かりでした。装置についた引き金を引きながら、舞台上を跳ね回り、種によって異なるフォティヌス属の特徴的な光り方を示す彼の姿は、今でも印象に残っています。

北アメリカには約三五種の異なるフォティヌス属が生息しています。一九六〇年、すでにロイドは、オスが発する光は種によってパターンが異なることに気づいていました。［図3-1参照］フォティヌス属のオスは、どの種に属するかで求愛する際の光の放ち方が一回、二回あるいは複数回と異なるのです。短い間隔を置き、オスはもう一度光のパターンを繰り返します。パターンは何回明滅するか、光は一度にどれだけ長く続くか、インターバルの長さはどれほどかで区別されます。

つまり種の識別と雌雄に関する決定的な判断材料は光り方にこそあり、決して色や形にはありません。船乗りたちが海上で、どの灯台に向かっているのかを独自の光の合図で知らせるように、メスのホタルたちが光を放つタイミングも、同種のオスに分かるように、種により異なっています。ロイドが発見したホタルの言語学については、本書の後半で説明します。

定義できないものを定義する

ロイドはフォティヌス属の愛の言葉を解読しただけでなく、いくつかの新たな種も発見しています。しかしながら、彼はどうやってそれが新種だと分かったのでしょう。そして、そもそも「種」とはいったい何でしょう。私たちは生物の多様性を測るのに、この言葉を使って数えます。博物館に鳥の剥製、海藻の押し葉標本、ピン止めされた昆虫標本などが収蔵されると、分類学に従った標本ラベルが授けられます。しかしながら、実は生物学者といえども種の意味は捉えにくく、それを実際に定義するのは非常に困難なことが分かっています。性の存在は生物学的種概念と呼ばれる、広く受け入れられている種の定義の根幹になっています。すなわち、この雌雄がうまく交尾し、繁殖能力を有する子孫が残せれば、そのグループは同一種と考えます。繁殖活動から見た場合、同じ遺伝子プールの中で泳いでいるメン

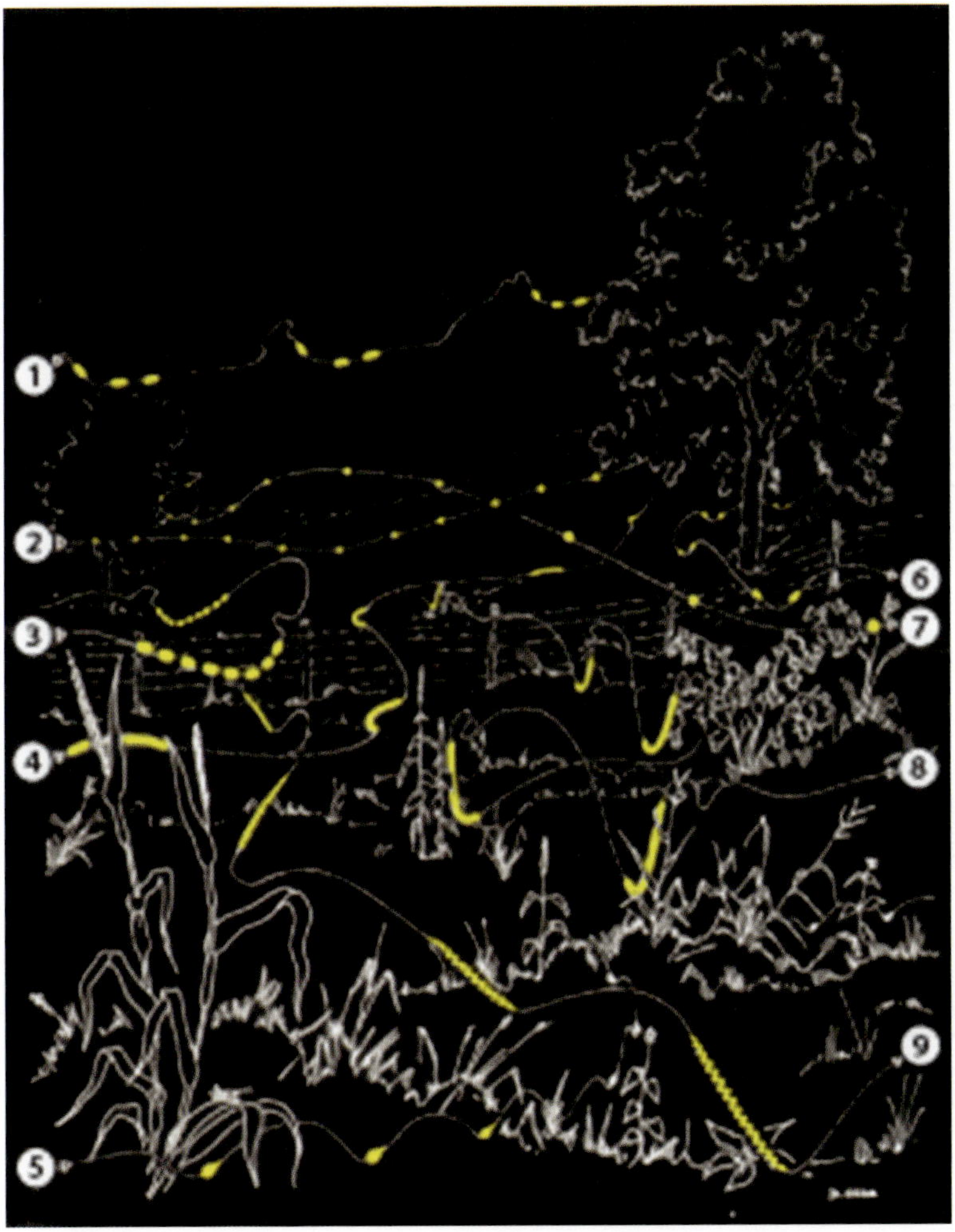

[**図3-1**] 北米に生息する9種のフォティヌス属（*Photinus*）のオスが示す、
それぞれの特徴的な飛翔経路と光のパターン。（Lloyd, 1966より、イラストはDan Otteによる）

バーかどうかが、種の定義の拠りどころとなるのです。雌雄が生殖活動上で融合できなければ——互いに別々の小さな水たまりで泳いでいるなら——私たちはそれを異なった種と考えます。

ロイドはフォティヌス属を捕獲し、自然の状態下で、こうした生物学的知見に基づく種の基準を当てはめてみようと思い立ちます。それぞれが生殖活動上、同じグループか、それとも別のグループに属するのかを確認したかったのです。そこで生息地交換実験を行うこととし、まずニュージャージー州ブランチビルに生息するフォティヌス・シンティランス（*Photinus scintillans*）の個体群から反応の良いメスを六匹捕まえ、メリーランド州シルバースプリングまで車で搬送。翌晩、一匹ずつガラス瓶に入ったホタルを、フォティヌス・マルギネルス（*Photinus marginellus*）の繁殖地に置いてみました。すぐにフォティヌス・マルギネルスのオスたちは、求愛の光を放ちながら瓶の周囲を飛び回ります。果たしてフォティヌス・シンティランスのメスは、これに応えるでしょうか。同じようにフォティヌス・マルギネルスのメスを捕らえ、今度はフォティヌス・シンティランスの繁殖地に運び、オスたちの求愛シグナルにどう反応するかを確認します。彼は異なる種と思われる一四組のホタルに対し、この交換実験を粘り強く続けました。するといずれの場合も、メスは同じ遺伝子プールのオスにだけ忠実であり続けることが分かりました。すなわちメスは、同じホタルのオスの求愛シグナルにしか反応しないのです。フォティヌス属は生物学上の種の基準を立派に維持している――つまり異種交配しない彼らは全く異なる種である――そうロイドは、結論付けたのです。

調査を終えたロイドは、今度は自然史博物館を回り、そこに展示されたホタルを分類学上の参照種とし、自分のホタルと比較を始めます。昆虫種における正式な科学的記述は基本的に死骸を基準に作成されたものであり、種の判断は身体構造上の類似性に頼らざるを得ません。彼が採集したフォティヌス属の何体かは、顕微鏡を通して見る限り、生殖器の艶めかしい曲線に至るまで、全く標本と変わりませんでした。つまり生物学上の記載に従えば、全て同一種だということになります。しかしロイドは、彼らが自然の中で生き生きと命を輝かせていた姿、それぞれ全く異なる求愛シグナルを発していた姿を覚えていました。あれほど機会を与えても、シグナルの異なる者同士で異種交配することは決してなかったのです。死んでしまえば区別はつきませんが、生きていればその違いを判断するのは難しくありません。ロイドはそれまで誰も気づかなかった種の秘密について、光の発し方の違いをもとに、新たな記載を作成し続けていきました。

この他のホタルの種を定義するには、さらに困難が伴いました。北アメリカに生息するフォトゥリス属もそのひとつです。フォトゥリス属は光を発するパターンをすぐに切り替えることができるため、求愛シグナルを根拠に分類することができません。時には全く異なる種のように見えたものが、実は交配が可能な場合さえあるのです。種に関する考察にかなりの時間と労力を注いだチャールズ・ダーウィンでさえ、その定義については明言を避けています。彼は書簡にこう記しています。「こと種に関しては、生物学者はみなそれぞれ自分なりの意見や定義をもっている。全くばかげた話だ。その原因は、これはあくまで私見だが、定義できぬものを定義しようとするところにある」と。現実には生物学上の種は間違いなく存在します。けれども多くの場合、その境界線は実に曖昧なのです。

夜の中に出かけよう

ここでニューイングランドの草地に戻り、愛を求めて夜の中で光を放とうと待ち構える小さな昆虫へ、もう一度目を向けることにしましょう。この草地はフォティヌス・グリーニ（*Photinus greeni*）の名で知られるホタルの生息地です。オスには、一・二秒の間隔を置きながら素早く二回光を発するという特徴があります。葉先でいったん静止したオスの一団は、そこでじっと暗くなるのを待ち続けます。さあ、時間です。一匹ずつ空へ飛び立つと、夜間パトロールへと出かけて行きます。オスは飛んでいる間中、四秒ほどの光のパターンを繰り返しながら、どこかで見ているだろうメスに向けて自分の存在をアピールします。「グリーニのオスは、ここ！　グリーニのオスは、ここ！」光を発しては、反応するメスがいないか一瞬の間を取ります。端から端まで草地を行ったり来たり。ぴかっ、ぴかっ、誰かいないか……、ぴかっ、ぴかっ、誰かいないか……、ぴかっ、ぴかっ、誰かいないか……。オスは、メスがよく集まりそうな場所で光り続けますが、それでも反応がなければ次のスポットへ移動していきます。気がつけば草地の上を飛び交う何百というオス。彼らが放つ光は、まるできらきらと海面に反射する太陽の光のようです。

ホタルにとって、一番の心配の種。そのひとつが求愛活動に飛び立ったとたん、突然襲ってくる暴風雨です。ある晩、私が目撃したのは、まるで流星のように激しく降り注ぐ雨粒に、彼らの小さな体が次々と地面に叩きつけられていく様子でした。一度翅が濡れてしまえば、もうその晩は飛ぶことができません。びしょ濡れになったオスたちは、求愛行動を続けようと歩き始めます。メスを探して、草の間を重い足取りでとぼとぼさまよいながら、時おり光を放っていました。

しかし、これほど人目につかない彼らの情熱の対象、メスたちは、いったいどこにいるのでしょう。フォティヌス・グリーニのメスも飛ぶことはできます。ですが貴重なエネルギーをそんなことで消耗させたりはしません。彼女たちは、あたかも独身者が行くシングルズバーの止まり木に座っているかのように、静かに葉先にとまっていて、時おり訪れるとりわけ魅力的なオスの口説きに喜んで応じます。発光器をオスの方に向け、魅惑的な誘いの光を投げ返すのです。通常、フォティヌス属のメスはやや長めに一回光を放ちますが、その光は最初に強く輝き、その後はゆっくり薄れていくという特徴があります。いずれにせよ、タイミングが最も重要です。フォティヌス属にはさまざまな種がありますが、メスが光を投げ返すまでの間がそれぞれに異なるのです。オスはその間によって、同じ仲間のメスかどうかを判断します。フォティヌス・グリーニのメスがとる間は非常に短く、オスの光に対して一秒以内。独特の強い光で反応します。

光る軽食

ホタルのオスは空を飛び、光りながら、考えるのは交尾のことばかり。一方、夜行性生物も活動中で、夕食を手に入れようと懸命です。この草地はコモリグモや、同じ造網性のいとこのクモたちの生息地でもあり、彼らは今晩のメニューはホタルの肉と決めていました。背の高い草の間に巣を張り巡らせ、見えない罠でホタルを捕まえようと待ち構えます。今晩ホタルたちは、運が悪ければクモの糸に音もなく絡めとられ、ぐるぐる巻きにされ、ぶら下げられ、可哀そうな死に方をすることになるでしょう［図3-2参照］。死に瀕しながらも、その不運なオスの発光器は光り続けます。私たちの観察ノートには、クモの糸に絡めとられたホタルが、動けなくなってからも一定のリズムで光り続ける様子を書きとめた観察記録がたくさん残っています。その光はさらに他のオスの興味を惹きつけるため、時には別のホタルが同じクモの巣に捕まることさえあります。クモたちはおそらく、彼らの捕虜が光のおとり、釣りでいうルアーの役目をすると分かっているのでしょう。

交尾か死かというこのギャンブルが成功する確率は、果たしてどのくらいでしょう。ジム・ロイドはこれを確かめようと、フォティヌス・カロリヌスの繁殖地になっている、フロリダのゲインズビルのとある草原へ向かいました。ウォーキングメジャーと数取器を携え、幾晩かをそこで過ごしながら、一度に一匹ずつ、全部で一九九匹のホタルを辛抱強く、油断なく追い続けます。彼らの累積飛行距離は一〇マイル、発光回数は八〇〇〇回に及びましたが、そのなかでメスを見つけ出すことができたのは、わずか二匹。天敵に捕食されたオスも同数の二匹でした。フォティヌス属にとってメスを探し求めることは、繁殖というルーレットに対する一か八かの賭けなのです。

接近遭遇

さて、再びニューイングランドのホタルに戻りましょう。ホタルのオスたちはすでに二〇分近く、辛抱強く空を飛び続けています。そしてついに一匹のオスが、眼下の草むらから光が返ってきたのに気づきました。その間合いは間違いなく相手も同じ種であることを示しています。ついに、彼の呼びかけにメスが応えてくれたのです。彼はすぐさま急降下し、近くの地面に降り立ちました。メスが待つ草の葉先へよじ登る間、すでに光を使った愛の囁きが始まっています。葉先へと急ぎながら途中で立ち止まると、もう一度光を放ちます。確かに返事はあるのですが、何ということでしょう。どうやら一所懸命上ってきたのは違う草のようでした。もう一度戻らなければなりません。オスが、メスの姿を探しながら草の茎を一心不乱に上り下りする間中、この愛の会話は断続的に続きます。そして一時間後に頭上に見える光——彼女は間違いなくこの先にいます。先を急ぎ、ようやく彼女の姿を認めると背中にのしかかります。交尾は生殖器同士を接触させて行いますが、そうするためにはオスはくるりと反転し、メスと反対方向を向かなければなりません。細い葉先は実に不安定です。落下せずにその体勢になるには、軽業師のような技術が必要です。ようやく尻尾同士が接触する格好に落ち着くと、二匹はもう光らなくなります。

しかし待ってください。光が消えた後はいったいどうなるのでしょう。私がホタルの調査を始めたのは一九八〇年代。当時、ホタルの求愛行動に関する調査の多くは、主として光の側面にしか関心が向けられていませんでした。まともな科学者なら、いったん交尾が始まれば荷物をまとめ、家に帰って気持ちの良いベッドに潜り込んでいました。しかし私は、ホタ

[**図3-2**] 求愛の日々に突然打たれる終止符——不幸にもクモの巣に捕まり、クモの糸でぐるぐる巻きにされたオス。
(Van Truan撮影)

ルの性生活に大きな興味を抱いていました。ホタルはどれほどの間、恋人同士で過ごすのでしょう。その時だけなのでしょうか。ホタルは単に出会いを求めているだけで、その場限りで相手を代えては、一晩のうちに新たな関係を重ねていくのでしょうか。

その答えを探すため、私は学生たちとボストン近郊の草地でフォティヌス属を追いかけ、蚊に悩まされながら、何日も徹夜を繰り返したものでした。クリップボードと、青いフィルターを取り付けたヘッドライト――ホタルは青色がうまく識別できないのです――を手に、毎晩午後八時三五分までに調査地に向かいます。午後九時、オスが飛び始めます。私たちもあたりを駆け回り、反応の良さそうなメスを見つけては、その体に毒性のないペンキで小さな印をつけ、位置が分かるようにその草の脇に旗を立てていきました。作業を終えると折り畳み椅子に腰掛け、印をつけたメスが、空中を通り過ぎていくオスと交信を始めないかじっと見守ります。その後はひたすら、待って、待って、待ち続けるだけ。ホタルが交わす求愛の会話は、時には数時間にも及びます。ようやく二匹が接触すると、交尾の開始時刻を記録。その後、私たちは三〇分ごとに巡回を行い、交尾が終了したかどうか、一晩中二匹の様子を確認していくことになります。東の空が白み始め、夜明けの鳥のさえずりが聞こえてきても、私たちはまだ依然として律義に、データシートに「交尾継続中」と書き込みます。そして夜が明けると、ようやく二匹は体を離し、婚姻の儀が行われた草を下り、それぞれの道へと別れていくのでした。彼らのおかげで眠ることこそできませんでしたが、フォティヌス属の交

[図3-3] フォティヌス属(*Photinus*)の交尾(上がメスで下がオス/著者撮影)

尾は一晩に一度だけと分かり、その発見に私たちの気分は高揚していました。彼らの長時間に及ぶ関係は、まさに科学者の唱える「配偶者防衛」でした。交尾の後でメスを手放せば、その晩のうちに別のライバルに奪われかねません。これを防ぐためにオスのとる行動が、配偶者防衛なのです。

だからこそ私たちが観察したカップルも一夜を共にし、夜明けとともに名残惜しそうに別れていったというわけです。何とロマンティックな話でしょう。ですが、ホタルのラブストーリーは本当にそれほど単純なものなのでしょうか。

戦利品は勝者のもの

いや、そんなはずはありません。一九八〇年代初頭、新たに生まれつつあった行動生態学が、それまで主流だった動物行動学に取って代わろうとしていました。動物行動学は、生き物の常に変わることのない行動様式を捉え、理解しようとしますが、行動生態学はさらにそこに進化論的アプローチを取り入れようとしたものでした。つまり個体間における行動様式がいかに異なり、そうした差異が生存および生殖能力にいかに影響を与えるかを解明しようとしたのです。ジム・ロイドは、ダーウィンの性淘汰を早くから昆虫全般、特にホタルに適用すべきだと主張していました。彼は手元のホタルに関する詳細な観察データをもとに、ホタルの形態や行動が性淘汰によってどのように形成されていったのか、常に深く考えを巡らせていました。ロイドの考えに影響された私は、さっそく自宅の裏庭で調査を開始。結局数十年に及ぶこの研究から、ホタルの性生活に関する多くの秘密が明らかになったのです。

偶然にもホタルのある驚くべき事実を知ったのは、ある夏の汗ばむような晩でした。それは愛犬のラブラドルレトリバーのオス、オルフェウスと一緒に、ノースカロライナ州ダーハムにある自宅の裏庭のベランダに腰を掛けていたときのことです。オルフェウスと私は、草の間から雲のように湧き上がるホタルたちの姿に見とれていました。すると、私の頭をふとある疑問がよぎったのです。この群れのオスとメスの割合は、ほぼ同じくらいなのかしら。すぐに捕虫網を手に取り（生物学専攻の大学院生は、たいてい捕虫網を手元に置いています）、裏庭に飛び降りると、網を振るいホタルの採集に取り掛かりました。すぐに数百匹のホタルを捕まえると、いくつかの大きなプラスチック製の水差しに分散して放します。その後数時間かけて一匹ずつ取り出しては、発光器の形を確認し、オスかメスかを判断していきました。驚いたことに、二〇〇匹以上確認したにもかかわらず、そこにメスの姿はひとつもありませんでした。

その後、大学図書館に足を運んで分かったのは、フォティヌス属のメスの姿は、草むらの中を探さなければ見つからないということでした。その後数晩かけて私がそうしたことは言うまでもありません。狩猟に最も適したラブラドルレトリバーのオルフェウスは、私の最初のフィールドアシスタントでした。私たちは深夜を過ぎてもなお、光を頼りにメスの姿を探し続けました。見つけると地面に目印の旗を立てていくのですが、すぐにオルフェウスは私が何をしているか理解すると、獲物の位置を知らせる本来の力を発揮し始めます。ふと顔を上げて見回すと、鼻孔を膨らませたオルフェウスが前足を上げ、メスを見つけたと合図していることがよくありました。最終的に旗の数を確認すると、驚いたことに私たちが立てたのはわずか一二本。この一二匹に、二一八匹のオスが熱心に愛の光を投げかけていたことになります。オスのホタルは、何という厳しい競争を勝ち抜かなければならないのでしょう。私はそうして過ごした幾晩かの間、あまりに生殖の可能性が低いにもかかわらず、必死に求婚の光を放ち続ける彼らの姿に、大いなる尊敬の念を抱かずにはいられませんでした。

あらゆる生物には、まさにそうした雌雄間での立場の違いが存在しますが、これは繁殖投資における根本的な非対称性が原因で、全てはその配偶子〔＊訳注：有性生殖において合体や接合に関与する生殖細胞で、精子や卵子がその例〕に起因しています。定義によれば、メスは卵を生み出しますが、この大きくて動くことのできない細胞は、たくさんの細胞小器官〔＊訳注：細胞内にあり、原形質の一部が特殊に分化した構造物の総称〕やその他の細胞質〔＊訳注：細胞で核を除いた部分。細胞小器官や顆粒が存在する〕をつなぎ留めています。一方オスの精子は、ほんのわずかなＤＮＡを持った運動性のある細胞に過ぎません。また、この配偶子の非対称性にかかわらず、一般的にメスは出産前、時には出産後であっても、子孫を残すうえで繁殖投資を行います。一九七〇年代、生物学者のロバート・トリヴァーズは、親の投資〔＊訳注：進化生物学において、ひとりの子の利益のために親が支払う、時間、餌、エネルギーなどのあらゆる資源を指す〕における根本的な性差は、最終的には動物界の至るところで頻繁に見られる求愛行動上の進化に影響を与えていると唱えました。一般的にオスは、メスをめぐって争う習性があると考えられます。実際オーストラリアにいるタマムシの仲間のオスがメスを求めるあまり、破棄されたビール瓶と交尾しようとして死んだ例さえ観察されています〔＊訳注：この種のオスは、ビール瓶の底近くにある突起や色によって、それを魅力あるメスだと勘違いし、絶え間ない交尾を続けている間に暑さで死んでしまうことが発見された。ビール瓶はメスの羽根と同じように光を反射する構造をもち、オレンジと茶色の混ざった色もオスを引き付けるという〕。一方メスは控えめですが、相手に対する好みは結構細かいようです。両者のこの普遍的な違いは、子孫を残そうとする場合に必要となる繁殖投資の性差が原因です。オスという投資額が少なくて済むメンバーは競争にさらされる運命にあり、メスという巨額の投資が必要なメンバーは選り好みできる立場にあるのです。トリヴァーズの言う親の投資の考えに従えば、オスはこと求愛行動に関しては、よりエネルギーが必要でコストのかさむ立場を引き受けなければなりません。このコストには、オスの高価な外見的装飾や武器だけでなく、メスを追い求めたり、危険をも顧みない求愛行動をわざと見せたりすることも含まれています。

ノースカロライナの自宅の裏庭で驚いたような、オスに偏った性比は、昆虫の世界では繰り返し、繰り返し現れます。そうしたオスの配偶競争は、多くの異常な婚姻行動へと進化を遂げていきます。オスの方が、メスよりも早く変態し成虫になるケースが多いというのもその一例でしょう。オスが一足早く羽化するのを雄性先熟と言い、一般的にチョウ、カゲロウ、カ、ホタルに見ることができます。時には昆虫は幼な妻を娶《めと》ることさえあるのですが、これも配偶競争が原因です。ある種のカやクモやチョウは、まだ成熟していないメスを用心深く見張り続け、ライバルのオスが現れるとすぐさま追い払いながら、メスが性的に成熟するのを辛抱強く待ち続けるのです。熱帯に生息するチョウの仲間、ドクチョウ属（*Heliconius*）などは、メスの蛹を何日も見張りながら、自分の生殖器を繭に密着させ続け、メスが現れるや、すぐさま交尾にかかります。ホタルのなかにも幼な妻作戦をとるものがいて、同じように蛹を見張り、メスが殻から這い出たとたんに交尾します。

配偶競争は、メスに真っ先に接触することに留まりません。古くから人気のあるアニメ映画『バンビ』には、まだ若い二頭の雄鹿が共通の恋人をめぐり、大きな枝角を突き合わせるという、熱のこもった配偶競争の様子が描かれています。多くの甲虫類や爬虫類、鳥類、そして哺乳類のオスたちは、ライバルたちとの激しい闘いを勝ち抜くために、角や枝角や蹴爪〔＊訳注：ニワトリやキジなどのオスの足の後ろ側にある角質の突起で、攻撃や防御に用いる〕を進化させてきました。しかしながらホタルの場合には、ぶつかり合うほど激しいオス対オスの敵対関係は見て取れません。しかしメスを見つけ、光の会話を交わすことができた幸運なオスであっても、メスと一対一でやり取りを交わすことはほぼ不可能です。光のシグナルはまるで磁石のように他のオスも引き寄せてしまうからです。メスの周りを取り囲んだ求婚者たちは、彼女の気を惹こうと互いに競い合いながら光り続けます。

もしあなたが折り畳み椅子に座り、激しい競争のなかで行われるオスの求愛行動をしばらくの間注意深く観察していれば、そこに違った動きをするオスが紛れていることに気づくかもしれません。オスたちが一匹のメスに夢中になって求愛している最中、その狡猾なオスはライバルたちの求愛に、メスに似せた偽物の光、つまり最初は強く、そして次第に消えていくメスそっくりの光を放ちます。しかも光を返すまでの間隔も、メスと同じにするという念の入れようです。メスの居場所を探そうとした経験のある私も、その偽の光にまんまとごまかされるところでした。どうやらそうしたオスたちは、本物のメスからライバルたちをおびき寄せるうまい方法を身につけたようです。

ホタルは明らかにそれと分かるような武器こそ持っていませんが、さすがにオスたちは時には荒々しい行動に出ることがあります。ビッグディッパーことフォティヌス・ピラリスは、一匹のメスの周りを二〇匹ものオスが取り囲む場合さえあるのですが、そうした時オスたちは、頭を保護する固い甲羅のような部分を武器に、互いに激しく押しのけ合い、相手を排除しようとします。最終的には一匹のオスが勝ちを収め、メスと交尾するのですが、何が勝ち残る条件になるのかは、今のところ解明できていません。不幸な敗者たち、いや未だ諦めざる者たちと言うべきでしょうか、彼らは、幸せに浸るカップルの上に平気で折り重なっていきます。東南アジアに生息するプテロプティックス属（*Pteroptyx*：「曲がった翅」の意）のオスは、交尾時にメスの腹部を固い鞘翅でしっかり覆いますが、これはライバルたちにメスを横取りされないようにする良い方法だと言えるでしょう。

　性淘汰というレンズを通せば、この草地で繰り広げられる美しい光が織りなす光景も全く違ったものに見えてきます。つまり何百という数のオスのホタルたちは、遺伝子を賭けた生存競争に勝ち残ろうと空を飛び、思いの丈を精一杯伝えるために光り輝いているのです。オスたちは毎夜毎夜、わずかな数のメスの反応を得るため、たくさんのライバルたちを向こうに回し、光の競争に挑んでいるというわけです。夜間飛行は相当なパワーを必要としますが、それを支えているのは幼虫時代に蓄えてきたエネルギーです。さらに今まで見てきたように、オスが覚悟しなければならないのは、飛ぶことに対するコストの負担だけではありません。メスを獲得するという大切な使命は、同時に天敵に襲われる大きな危険もはらんでいます。ホタルにとって求愛行動は高くつく行為であり、そのコストは全てオスの肩に重くのしかかってくるものだと言えます。

淑女のお好み

ダーウィンの性淘汰における二番目に重要なメカニズム、メスによる配偶者選択の概念は、大きな論争を巻き起こしました。一八七一年の『人間の進化と性淘汰』では、彼は甲殻類から昆虫類、魚類、両生類、そして爬虫類に至るまで、動物界の至るところに現れるオスの過剰な装飾の数々について、苦労を重ねながら系統的に整理していきました。鳥類に見られる性的装飾についても同じように、数章にわたり丁寧にまとめています。

鳥の雄は（中略）音声によるものも装置を使った音によるものも含めて、実にさまざまな種類の音楽によって雌を魅了する。彼らはあらゆる種類の鶏冠、肉垂れ、突起、角、空気でふくらます袋、頭飾り、裸の羽軸、羽衣、そしてからだのさまざまな場所から優美に伸びた、長い羽で飾られている。くちばしや頭部の裸の皮膚、羽は、しばしば豪華な色彩をしている。雄たちは、ときにはダンスで、ときには地上や空中で繰り広げる素晴らしいアクロバットによって、雌に求愛を行う。また、少なくともある一種では、雄は雌を惹きつけるためか興奮させるかするために、麝香のような匂いをだす。（出典：『人間の進化と性淘汰』チャールズ・ダーウィン著、長谷川

真理子訳、文一総合出版、一九九九年）

どこにでも見られるそうしたさまざまなオスの装飾は、どのような過程を経て進化してきたのでしょう。ダーウィンはこれを、理由は別として、メスがそうした特徴を評価し、婚姻相手に選んだからに違いないと考えました。メスは、オスの求愛の仕方、発声法、羽飾りやその他の装飾の是非を判定し、特に「美しい」と感じた相手を配偶者として選択するという自身の仮説を裏付けるたくさんの実例を整理し、まとめていきました。予想される反論に対して機先を制するかのように、彼はこう続けます。「もちろん、こう考えるためには、メスの側に区別する能力と好みがあると仮定せねばならず、一見したところそんなことはほとんどあり得ないように思われるだろう」（出典：同上）

そして彼は正しかったのです。十九世紀後半、ダーウィンの研究者仲間だったアルフレッド・ラッセル・ウォレスを含む多くの科学者たちは、配偶者選択には、メスが本来もつと思われている能力をはるかに超えた識別能力が必要だと確信するに至ります。ところがヴィクトリア朝時代におけるイギリス社会では、オスは、メスをめぐる厳しい競争に臨まねばならないという主張こそ容易に受け入れられましたが、メスが、とりわけ人間の女性が、物事に積極的にかかわっていくというような考えは、当時の文化的背景に反するものでした。二〇世紀初頭から数十年間は、進化生物学者たちは、ダーウィンの自然淘汰とメンデルの発見した遺伝の考えを合わせた統合説に大きく傾倒していきます。彼らが注目したのは自然淘汰と、その原材料ともなる遺伝的変異株を創り出す変異の役割でした。そうした新たな科学が認知される一方で、その後数十年にわたりダーウィンの性淘汰は誰からも顧みられることなく、メスの配偶者選択の概念は棚上げされてしまったのです。

二〇世紀も半ばになると、メスが積極的に伴侶を選ぶというダーウィンの考え方に、ようやく科学の精密な調査のメスが入るようになります。メスの配偶者選択に対し、同時にふたつの異なるルートから調査が行われ、ようやく性淘汰という考え方が広く認知されるようになりました。まず一九三〇年、アノールトカゲ属（*Anolis*）を対象に行われた動物実験で、メスは、オスが求愛を意図して行う腕立て伏せのような動きや、頭をさかんに細かく揺らす行為はもちろん、オスの真っ赤な胸垂〔＊訳注：ウシ、オンドリ、トカゲなどの動物の首の下部に垂れ下がっている皮膚のだぶついた襞のこと〕にも強い興味を示すことが分かりました。一方、集団遺伝学者で統計学者でもある、サー・ロナルド・フィッシャーは『The Genetical Theory of Natural Selection（自然淘汰の遺伝学説）』を著し、そのなかで一風変わったオスの特徴に対するメスの配偶者選択が、その特徴を進化の過程でいかに誇張させていったか、理論的に説明しようと試みました。これ以降、この分野における議論は加速します。性淘汰の研究者たちは数十年にわたり、配偶者選択に関する研究を積み重ね、一九九〇年代までには多くの研究成果が得られました。そこではメスが実際に配偶者を選んでいること、その選択がオスの外見や行動上の小さな差異に由来していることなどが明らかにされたのです。

数年間、ホタルの求愛行動における意思の疎通を実際に間近で観察してみて分かったのは、フォティヌス属のメスは選り好みが激しいということでした。メスの関心を惹こうと、とりわけ情熱的に求婚活動を行うオスであっても、メスの反応が得られることはありません。メスが光を返す割合は、その晩に見た求愛の光の半分にも満たないのです。特に好みの求愛者が現れると、今までよりはっきりと光を返すことで、その思いを伝えます。こうしたメスの確実な反応をより多く得ることのできるオスが、最終的にガールフレンドを捕まえます。繁殖というレースを考えた場合、メスに反応させることさえできれば、彼はその時点で、かなり有利な立場にあると言えます。

それではホタルのメスは実際に、オスのどんなところに性的魅力を感じているのでしょう。

これまでの一五年間、生物学者たちはこの問いに対する答えを導き出そうと、さまざまな実験方法を開発してきました。すでに何年も前にジム・ロイドは、フォティヌス属のメスは、オスが光を発するタイミングの違いにより、種の相違を判断していることを突き止めています。しかしながら、たとえその場にいるのが全て同じ種のオスだとしても、それぞれの光はわずかに異なるのです。こうした光り方の相違はあまりに微妙で、人の目では区別がつきませんが、一度光を記録し、コンピューターで解析すれば、簡単に違いが分かります。フォティヌス属では同じ種のオスでも光の持続時間が、種が異なれば明滅の速度が微妙に異なっているのです。ホタルのメスも、この違いを明確に認識しています。

オスの求愛行動が行われている間、メスが何に対して注意を向けているのかを正確に読み取るのに、動物行動学者たちはしばしばプレイバック実験を行います。たとえばコオロギやカエル、あるいは鳥のオスのどんな鳴き声がメスに好まれるか把握しようとする場合、科学者たちはスピーカーを用意し、さまざまな鳴き声を反復再生しながら、実際にどんな鳴き声が最もメスを惹きつけるか確認していくのです。LEDをコンピューターに接続すれば、ホタルのオスの光を再現することはそれほど難しいことではありません。そうした光を確認したメスが、それを魅力的だと感じれば光で反応する——実に簡単な仕組みです。こうした光のプレイバック方法を用いて、さまざまなホタルのメスに、ある極めて重要な質問に対する聞き取り調査を行いました。それは「一番魅力的に感じる光は？」というものでした。

一九九六年、ホタル研究家のマーク・ブランハムとマイク・グリーンフィールドは、初めてカンザス大学でこの手法を用い、フォティヌス・コンシミリス（*Photinus consimilis*）のメスの好みを発見しました。この種のオスは求愛の際、光を六回から九回明滅させ、それを一定の間隔を置きながら繰り返します。ふたりはミズーリ州にあるロアリングリバー州立公園を訪れ、メスを探して飛ぶ六一匹のオスの光のパターンをビデオに収めました。記録した光を分析すると、ホタルのオスの光は、互いに異なっていることが分かりました。彼らはまた、同じロアリングリバーで採集してきた数匹のメスに、注意深く加工したオスの光のパターンを放ってみました。その光は、色と明度はそのままに、一度に放つ光の数と速度、個々の光の長さを少しずつ変えたものでした。それぞれの光にメスが反応するかどうかをつぶさに記録したところ、メスは光る回数や個々の光の持続時間には全く関心を示しませんでした。ところがどうでしょう、明滅の速度を変えたとたん、フォティヌス・コンシミリスのメスは強く反応を始めます。明滅の速度を速めると熱心に光を返しますが、通常よりも遅くなると完全に無視することが分かったのです。これは画期的な研究でした。まず同じ種におけるオス同士の光のパターンにはかすかな違いがあるということ。次にホタルのメスは、関心を寄せるオスの光の速度には非常に敏感だということ。最後に性淘汰から見た場合、メスは早く明滅することに惹かれる、つまりそうした光り方を好むことが分かったのです。

その後、同様のプレイバック実験が、他のフォティヌス属にも行われました。そこから明らかになったのは、いわゆる好ましい光り方をすることが、ホタルのオスにとってメスの心をつなぎとめる大事な鍵なのだということでした。私の教え子のクリス・クラツリーが、当時タフツ大学の大学院生として博士号の取得のために二種のフォティヌス属に関する研究を行っていたときのこと。研究対象としていたホタルのオスは、どちらも求愛の際に一回だけ光を放つタイプでした。クリスはそのうちのひとつ、フォティヌス・イグニトゥス（*Photinus ignitus*）のオスが放つ光の持続時間に、二〇分の一から一〇分の一秒程度の自然変異が存在することに気づきました。フォティヌス・イグニトゥスのメスに、そうした持続時間の異なる光を放ってみたところ、メスはより長く光り続ける方を好むということが分かりました。またフォティヌス・ピラリスも同様に、オスの光には同種の自然変異があり、メスはより持続性のある光を好むことが示されました。つまりフォティヌス属にとってオスが放つ光は、その種と性別を知らせる情報を送るだけではなく、その光がどれだけメスにアピールできるかを決定づけるものだったのです。ホタルのメスは明らかに、より速く明滅する光、あるいはより長く持続する光といった特徴の明確な求愛シグナルを好む傾向にあります。ただしこの事実は、さらに私たちに面倒な問題を突き付けます。他の生物のオスたちでさえ求愛シグナルの重要さを十分に理解し進化してきたのに、なぜこれほど生殖に貪欲なホタルのオスが、メスの嗜好に応えようと、より早く、より長くシグナルが送れるように進化してこなかったのかという疑問です。これについては後で見ていくことにしましょう。

大逆転——求愛における雌雄の役割が入れ替わる

ダーウィンの唱える、オスは競いメスは選ぶ、という求愛上の雌雄の役割を用いると、ホタルのとる行動のほとんどが説明できることは、すでに見てきた通りです。ところが、時に形勢が逆転することもあります。オスはメスよりも一足早く成虫になりますが、その分天敵に捕食される可能性が高くなります。そこで夏も終わりに近づくと、今度はメスが供給過剰気味になってきます。彼女たちは相変わらずいつもの場所でオスを待ち受けますが、オスの数は限られています。もう選り好みしている余裕はありません。それどころか、光るもの全てに返事を返していくようになります。

実際、あなたにも返事をしてくれます。行き遅れた彼女たちを探すには、オスの求婚活動がピークを過ぎ一週間程度経ったころに、その草地を歩いてみるといいでしょう。ペンライトであたりを照らしてみてください。止まり木で待っている彼女たちから、いっぺんに返事が返ってきます。私はこのいたずらが大好きです。あれほど見つけるのが難しかったメスたちが、私のペンライトに一斉に返事を返してくるなんて、ちょっとした興奮を覚えてしまいます。

季節も終わりに近づくと、数少ないホタルのオスたちの活動は最高潮。今度は彼らが、メスを選ぶことができるのです。いや、待ってください。なぜオスは相手を選ぶのでしょう。それは、どのオスも子孫を多く残したいからです。一九九〇年代半ば、私の教え子であるタフツ大学の学生チームは、この時期、ホタルのオスたちは卵子をたくさん持っていそうなメスを積極的に選ぶことを発見しました。ではどうすればそうしたメスが分かるのでしょう。オスはメスの背中に上ると、自分の足で胴回りを計り、一番スタイルの良い——一番お腹周りの大きい――メスを探すのです。つまり彼女こそ、受精できる多くの卵子を抱えているのです。求愛を行い、草の間から探し出し、さらに自分の短い脚を使ってまでメスを計測し、ようやく肉付きの良い伴侶を選ぶのは骨の折れる仕事ですが、これこそ進化の上での重要な戦略だと言えます。

それではそろそろ、フォティヌス属の交尾の習性についてこれまで行ってきた夜間調査を終えることにしましょう。私たちが追跡してきたフォティヌス・グリーニのオスにすれば、熱烈な求愛と情熱的な光の交信に費やした大変な一晩でした。しかしながら、首尾良く婚姻関係を結ぶことができたとしても、それで終わりではありません。ダーウィンの性淘汰は、もっぱら繁殖成功度だけに着目していますが、ホタルのオスにとっては、単に交尾したことだけでは不十分なのです。首尾良く子孫を残すための足掛かりを得たオスであっても、また翌日も求愛活動を継続します。なぜなら今夜の彼女は、明日になればまた別の相手を見つけるかもしれないのです。つまり進化というスロットマシーンでジャックポットを引き当てるには、彼女が産む子どもの大半が自分の子孫であると確信する必要があるのです。そのためにホタルのオスは、全く異なるいくつかの才能を駆使しなければならないのですが、これは次章に委ねることにします。

戸外でホタルを観察しながら時間を過ごすたびに、私の頭には、努力の末にホタルたちの沈黙の会話を解読するヒントを得たある人物が思い出されます。それはジム・ロイド——誰もが認めるホタルの言語に関する専門家です。数年前のある暑い夏の晩、彼はボストン郊外にある私の調査地にやって来ると、自分用の使い古して汚れた折り畳み椅子に腰掛けました。その後ふたりで数時間かけて、背の高い草の生えた、泥だらけの草地を歩き回り、ホタルたちを観察しましたが、その間、ロイドは明らかに高揚していました。外面的には気難しい風を装っていましたが、私には、彼がその晩、野外でホタルたちに囲まれながら無上の喜びを感じていることが手に取るように分かりました。その点においては、彼はまさに生まれついてのホタル信奉者なのです。

第4章

この宝もて、我汝を娶る

With This Bling, I Thee Wed

光が消えた後

どういうわけでホタルに関心をもつようになったのかとよく聞かれます。意外に思われるかもしれませんが、子どものころにホタルを追い回したり採集したりした記憶はあまりありません。本気でホタルの勉強をしようと決めたのは、博士課程修了後にハーバード大学で研究生活を始めてからのことでした。ではなぜホタルだったのでしょう。誰の目にもはっきり映る、分かりやすい求愛シグナルや、成虫としての短い寿命が、実は性淘汰という進化ゲームと大きく関係していることを知るにつけ、いっそう興味が深まっていったためでした。この三〇年間はタフツ大学でホタルの研究を進めてきましたが、幸いなことに、これまで多くの優れた熱心な学生たちがチームに参加してくれました。情熱と洞察力、そして好奇心に溢れた若き科学者の卵たちは、激しい雷雨、つきまとうカの群れ、スカンクやダニ、あるいはウルシなどの障害にもめげず、ホタルの性行動と進化に関する理解を深めるために尽力してくれたのです。

特に慌ただしかったある夏。臨床心臓病学の専門医研修が始まった夫は、夜も病院で忙しく過ごすようになり、これをきっかけに生後五カ月となる息子のベンは、私の研究チームに

最年少メンバーとして加わることになりました。野外調査へ連れ出しては、ベビーシートを蚊除けネットで入念に包み、動かないように草の上に固定したものです。毎晩、学生たちとホタルの性生活に関するデータを集めている間、いつも彼の頭上では星が輝き、ホタルたちが飛び交っていました。今では理論物理学の道に進み、宇宙の神秘を研究するベンですが、それは幾晩も星空の下で眠って過ごしたせいではないかと、ふとそんなことを考えてしまいます。

ホタルに関する大きな新発見のいくつかは、一九八〇年代後半、ホタルが交尾を始め、その光が消えた後はいったいどうなるのか、科学的に調べようと思い立ったのがきっかけでした。前章で触れたように私たちの研究から、フォティヌス属のメスは毎晩一度だけ交尾することが確認されています。それでは、これらのメスは次の晩には他のパートナーと交尾するのでしょうか。

ホタルの交尾歴を個体別に記録する方法は、ローテクながらも効果的なものでした。メスを見つけるとそこに旗を立て、鞘翅に塗料で分かりやすい小さな印を注意深くつけていきます。メスたちの行動範囲はそれほど広くないので、放した後でもう一度見つけるのは難しいことではありません。それから私たちは次の晩、その次の晩、そのまた次の晩と同じ場所に戻り、個体ごとの行動を調べたのです。オスの求愛シグナルに応えたか否か、応えたとすればいつか、交尾したかどうか、それはいつでどのオスと交尾したのか、全てを書きとめていきました。私たちは夏の間ずっと、ホタルたちの夜ごとのデートを観察し、忠実に記録し続けたのです。

そこで分かったのは、ホタルは毎晩一度しか交尾しませんが、成虫期の二週間は両性とも多くの異なる相手と交尾していたという事実でした。これはあまり公言するような類の話ではないかもしれません。しかし、オスが遊び歩くのは驚かないにしても、メスにも複数の交尾相手がいたという発見には、実は重大な意味が隠されていたのです。

一九八〇年代後半に行われた動物の交配システムに関する研究は、予想外の展開を見せ始めます。遺伝子による精緻な実父確定検査によって、メスの著しい乱交状況が明らかになったのです。これは生物学者が調査した自然界のありとあらゆる場面に見られる現象で、フンバエからヘラジカ、アリからジリス、ノネズミからオーストラリアムシクイ、ハチからツバメに至るまで、そして言うまでもなくホタルにも当てはまるものでした。それらの生物のメスは例外なく複数のオスと交尾し、そして子どもを産みます。生物学者たちが特に驚いたのは、いかに多くの鳥類が性的に乱れているかということでした。私が学生時代に受けた動物行動学の講義では、鳥類は一夫一婦主義の模範としてよく引き合いに出されたものです。二羽で仲良くさえずったり、協力しながら巣をつくったり、一緒に雛鳥に餌を与えたりと、鳥類に見られる家族の強い絆の証しは、私たちの周りに溢れていました。ところがそんな姿と

[**図4-1**] 短い成虫期間に夜ごと行われる交尾を記録しようと、個体別に印をつけたメスのホタルを探す著者。
（Dan Perlman撮影）

は裏腹に、メスはしっかり浮気をしていたのです。しかも生物学者たちは、このようないわゆる婚外交渉が単に快楽のためだけに気まぐれに行われているのではないことに気がつきました。オーストラリアの可愛い鳴き鳥、あの美しいルリオーストラリアムシクイ（*Malurus cyaneus*）を例にとってみましょう。この鳥はメスもオスもつがいの絆は一生続き、同じ相手と仲良く子育てをします。ところがどの巣を調べても、そこでさえずる雛鳥の三分の二は、母親の目の前の相手とは異なるオスが父親なのです。

だからどうしたと思われるかもしれません。ですが、そこには重要な問題が隠されているのです。メスが多くの相手と交尾するという事実は、実はそれまで多くの人に理解されてきた性淘汰という概念の一端を揺るがす可能性がありました。ダーウィンは、オスはメスと交尾することで進化上の成功を確保していると考えていました。しかし単に交尾という行動だけでなく、その先にも進化の重要なプロセスが存在することが明らかになってきたのです。メスが複数の相手と交尾するのであれば、繁殖ゲームには延長戦があることを意味します。そこでは交尾は必要条件であっても、十分条件ではありません。なぜなら交尾したオスが、必ずしもメスの卵を受精させるとは限らないからです。それどころか、オスは交尾を終えても子孫を残すためにオス同士で競争しなければなりませんし、交尾相手を選んでも、どのオスの子孫を残すかの決定権はメスにある場合さえあるのです。まさにメスの浮気性が発見されたことで、交尾後の性淘汰という興味深い領域が新たに拓かれたのです。この二〇年行動生態学者たちは、動物たちが交尾するだけでなくその後も続く繁殖ゲームに勝つために、交尾の最中や後で驚くべき戦略を駆使していることを発見してきました。

精子における愛と戦い

では、オスはどうすれば良いのでしょう。誰よりも多くの子孫を残すには、進化上の重大な賭けというルーレットでジャックポットを引き当てなければなりません。そのため、オスはより多くのメスと交尾しようとします。それだけでなく、自らの父性をより確実にするため、メスが卵を受精させる際に自分の精子が優先されるよう、他のオスと争わなくてはなりません。

厳しい精子間競争にさらされたオスは、動物界にそれまでなかったような奇妙な行動や不思議な組織を発達させてきました。実戦でも使用できるヘラジカの枝角やカブトムシのツノといった武器は、性淘汰の過程で創られたものです。しかし精子間競争は動物の生殖器をより巧妙な武器に仕立て上げ、メスの生殖器の奥深くで繰り広げられる秘密の戦いに巧みに用いられることになります。昆虫のメスのほとんどは、交尾の最中に受け取った精子を貯蔵する専用器官を備えています。精子は卵の受精に使われるまで、この器官の中で数週間、時には数カ月も生き続けます。そのためオスは交尾中に自分の配偶子を移動させるだけでなく、メスの精子銀行にすでに預けられた競争相手の精子との入れ替えを図らなければなりません。この難題に対処するため、オスの生殖器はジム・ロイドが言うところの「まさにスイスアーミーナイフ並みの小道具」になることが多いのです。

昆虫のペニスには驚くほどさまざまなスコップ、刷毛、突起、トゲが備わっています。形状は排水管掃除に使うスネークワイヤーと呼ばれる長い針金そっくりで、複雑な経路をジグザグしながらメスの生殖器官の奥深くまで進んで行きます。たとえばイトトンボのペニスには、逆立った毛があしらわれた風変わりな渦巻きやツノがついています。自分の精子を送り出す前にこの仕掛けを使い、それまでの交尾でメスに蓄えられた精子の九〇〜一〇〇%をかき出します。イトトンボのオスはその種ごとに、メスの生殖器官に届くよう巧妙に蛇行する異なった形状のペニスを発達させています。

ほとんどの鳥のオスはペニスを持っていないので、自らの父性を守るためにいくつかの奇妙な行動をとります。ヨーロッパカヤクグリはヨーロッパを中心に生息する、淡褐色のスズメほどの大きさの鳴き鳥です。メスは繁殖期になるとオスの間を飛び回り、交尾を誘うことがよくあります。そのためオスは、巣を共にするメスのお尻を突つき、前に交尾した競争相手の精子を含んだ飛沫が排出されるのを確認してから、ようやく交尾します。

精子間競争では、オスは同時にふたつの戦いを強いられます。首尾良く交尾に成功し自分の精子をうまく移しても、次はライバルの攻撃をかわさなければなりません。今度は守勢に立ち、メスに再び交尾させないようにするのです。さもなければ、後から来るオスが自分の父性を脅かしかねません。前章で示したように、フォティヌス属のなかには夕暮れから夜明けまで交尾するものもいますが、これはその晩ずっとメスをつなぎとめることで、他のオスと再び交尾させないようにする戦略なのです。とは言え、こうしたホタルのオスのスタミナも、ナナフシと比較すれば色褪せます。この痩せっぽちなのに疲れ知らずの連中は、何と記録破りの七九日間もメスと交尾したままでいられるのです。他にも、メスの卵を間違いなく受精させられるよう、化学物質を貞操帯のように利用する昆虫もいれば、ドクチョウの仲間のオスのように、交尾する際、他の若いオスたちを意中のメスから遠ざける、持続性のある性欲抑制効果をもつ香りのブーケをメスに渡すチョウもいます。

通常、交尾した後の性淘汰はそのほとんどがメスの体内で行われるため、メスがオスの繁殖成功度に影響を及ぼすのは当然です。科学者たちは、交尾相手をどう選択するかを「cryptic female choice（メスの密かな父性選択）」と呼んでいます。甲虫、コオロギ、クモの研究では、卵を受精させるためにどのオスの精子を受け入れ、蓄え、使うかはメスがコントロールしていることが分かっています。さらにメスには、新たな相手と交尾するという選択肢もあるのです。ホタルに関する「メスの密かな父性選択」はまだ実証されていませんが、私の実験室で行われた甲虫の研究では、メスは強く健康なオスを選り好みし、そうすることで子孫の繁栄に臨んでいることが明らかになっています。

というわけで、私たちが発見したフォティヌス属のメスが不特定多数と関係を結ぶという事実は、結果として広範囲に影響をもたらすことになりました。ホタルの性行動はますます不可解なものになりつつあります。もはや単に自然の中で観察していくだけでは理解することはできません。なぜなら性淘汰は交尾だけでは終わらないからです。恋に身を焦がすホタルのオスは、愛する異性の心をつかむだけでは不十分で、確実に子どもたちの父親にならなければなりません。しかも厄介なことに、メスの体の奥深く、目には見えない部分では実に多くのことが起こっているのです。

愛の塊

ホタルの生殖器については多くの人が研究を行いましたが、ホタルの内部まで注意深く調べようとした人はいなかったため、これは未開の領域でした。交尾後の性淘汰を念頭に置き、すぐに私は解剖顕微鏡の前に座ることにしました。その後数週間というもの、ホタルの体の内部をのぞき込んだり、綿密に生殖器を調査したりして過ごしました。競争相手のオスの精子を排除するスコップやブラシのようなものこそ見つかりませんでしたが、思いがけず、ホタルの性行動に対する理解を根底から覆すほどの発見をすることになります。

顕微鏡でホタルの生殖にかかわる形態的特徴を観察するのはとても興味深いものでした。この作業に必要だったのは素直な好奇心、顕微鏡手術用の道具、そして確実な手際の良さだけでした。それまで明かされてこなかったホタルの体内世界を初めて目にしたときのことを、今でも鮮やかに思い出すことができます。三階にある実験室の背の高い窓から陽の光が差し込み、大型のポータブルステレオからアリソン・クラウス〔＊訳注：イリノイ州出身のカントリーやブルーグラスの歌手でフィドル奏者〕の歌が流れていました。初めてなのに居心地の良さを感じる、そんな家を訪ねるような気持ちがしたものです。玄関前の階段を上り、ドアを開けて中に足を踏み入れます。廊下を進みながら次々と部屋をのぞき込み、家の中を探検し始めます。家具、絵画、部屋の内装など小さな手がかりをつなぎ合わせることで、家の中で何が起こっているのか、少しずつイメージが出来上がってきます。床に散らばるおもちゃ。これはたぶん子ども部屋。キッチンにレンガのピザ窯。家主はプロ並みの腕前に違いない。

私の見る限り、ホタルのオスの体内空間はぎっしりと詰まっていました。しかもこれらの詰め物のほとんど全てが、何らかの生殖目的に特化されているようでした。精子をつくる精巣もありますが、鮮やかなピンク色（なぜかは分かっていません）なので見つけるのは簡単でした。ところがオスに必須のこの器官も、生殖腺のねじれた大きな塊に比べれば小さなものに過ぎません。特に目立つのはパスタのロッティーニによく似た形状の、一対の大きならせん状の生殖腺。これは今でも私のお気に入りです。さらにスパゲティの管を思わせるふたつの生殖腺が、渦を巻いた複雑な形で収まっています。このもつれをどうにか解いてみると、一本の長さは何とホタルの体長ほどもありました。他にふたつの小さな塊を加えると、オスの生殖腺は全部で四対になります。

曲がりくねった通路をたどっていくと、最終的には全てオスの射精管へと続いていくのが分かりました。オスの生殖腺は明らかに外へと出されるべき物質をつくっています。では、この余分な装置はいったい何をつくっているのでしょう。

フォティヌス属は通常、何時間も交尾を続け、その間ほとんど動きません。表面上静かな二匹の内部で何が起こっているのかを探るには、交尾状態のまま、何組かのカップルを解剖しなければなりませんでした。交尾中のホタルはフリーザーに入れても、そのままの体勢でうまい具合に私たちに協力してくれました。体内の状況を時系列ごとに調べられるよう、交尾開始からそれぞれ異なる時間が経過したカップルをフリーザーに入れ、注意深く解剖します。するとオスは、チューブから練り歯磨きを絞り出すように、自分の体から不透明でドロドロした物質をせっせとメスの中に送り込んでいることが分かりました［図4・2参照］。ほどなくして予想通り、メスが精子を蓄える小部屋である貯精嚢の中にオスの精子が姿を現します。

一方、メスの身体内部の配管系統は実に複雑です。他の昆虫でもメスの体内を数多く観察してきましたが、ホタルにはそれまで見たことのない生殖器官がいくつかありました。大きくて妙に伸縮性のある小袋はその一例です。この小袋は交尾が始まるときにはしぼんだ風船のようですが、結合して一時間も経つと大きく膨らみ、中にロッティーニのような形をした物質が現れます。

その時私は、何日も続けて顕微鏡をのぞいていたせいで背中は痛く、目も霞んでいました。すると突然、私の頭の中で全てがすっきりと結びつきました。オスの生殖腺がせっせとつくり出していたのは愛の塊だったのです。フォティヌス属のオスは交尾する際、自分の精子を綺麗なパッケージにしてメスに贈るのです［図4・3左参照］。精包として知られるこのゼリー状のパッケージの形は、オスの生殖腺のらせん形を見事になぞっています。この塊がメスに届くと、オスの精子は貯精嚢に入り、精包の他の部分はメスの小袋の中に落ち着くというわけです［図4・3右参照］。オスの精包はその後数日の間に徐々に消化され、やがて形のはっきりしない小さい染みになり、消えていきます。

私の想像をはるかに超えるホタルの交尾とは、何と魅力に溢れたものでしょうか。数週間というもの、ホタルの体内にある暗い小部屋をのぞき続けた結果、彼らは全く新たな事実を私たちに指し示してくれたのです。それは光り輝く「宝物」の存在でした。ホタルのオスは精子のパッケージを美しく飾り立て、「婚姻ギフト」〔＊訳注：動物界で見られるオスがメスにプレゼントする行動のこと。特に昆虫でよく見られるもので、メスに贈り物をすることで他のオスとの競争で有利になるとされる」としてメスに贈っていたのです。生化学的成分こそ未だにはっきりとは分かっていませんが、これらの愛の塊のコストと効果については多くのことが明らかになっています。ホタルの交尾は単なる配偶子の移植行為にとどまらず、複雑な経済取引でもありました。この後ですぐに分かりますが、その宝物はホタルにとって欠かすことのできない必需品だったのです。とは言え、繁殖の成功を目的とした贈り物の習慣は動物界では珍しくはありません。それでは、他の生き物たちはどのようにしているか見てみましょう。

最高の贈り物を求めて

来る日も来る日も、人類、鳥類、トコジラミにチョウ、カニ、コオロギとミミズ、イカ、クモやカタツムリに至るまで、ありとあらゆる生き物が恋人への求愛や交尾相手を求めて贈り物を交わしています。人類は最高のプレゼントとしてバラとチョコレートを選ぶようですが、他の動物たちは、死んだトカゲ、体の一部、血液、唾液の玉、精包、致死性化学物質、恋矢《れんし》などを好みます。こうしたいわゆる婚姻ギフトの多様性には驚くばかりですが、いずれも目的はただひとつ。渡すタイミングこそ交尾の前、最中あるいはその後とさまざまですが、いずれにしても贈る側の繁殖の成功を促すためです。

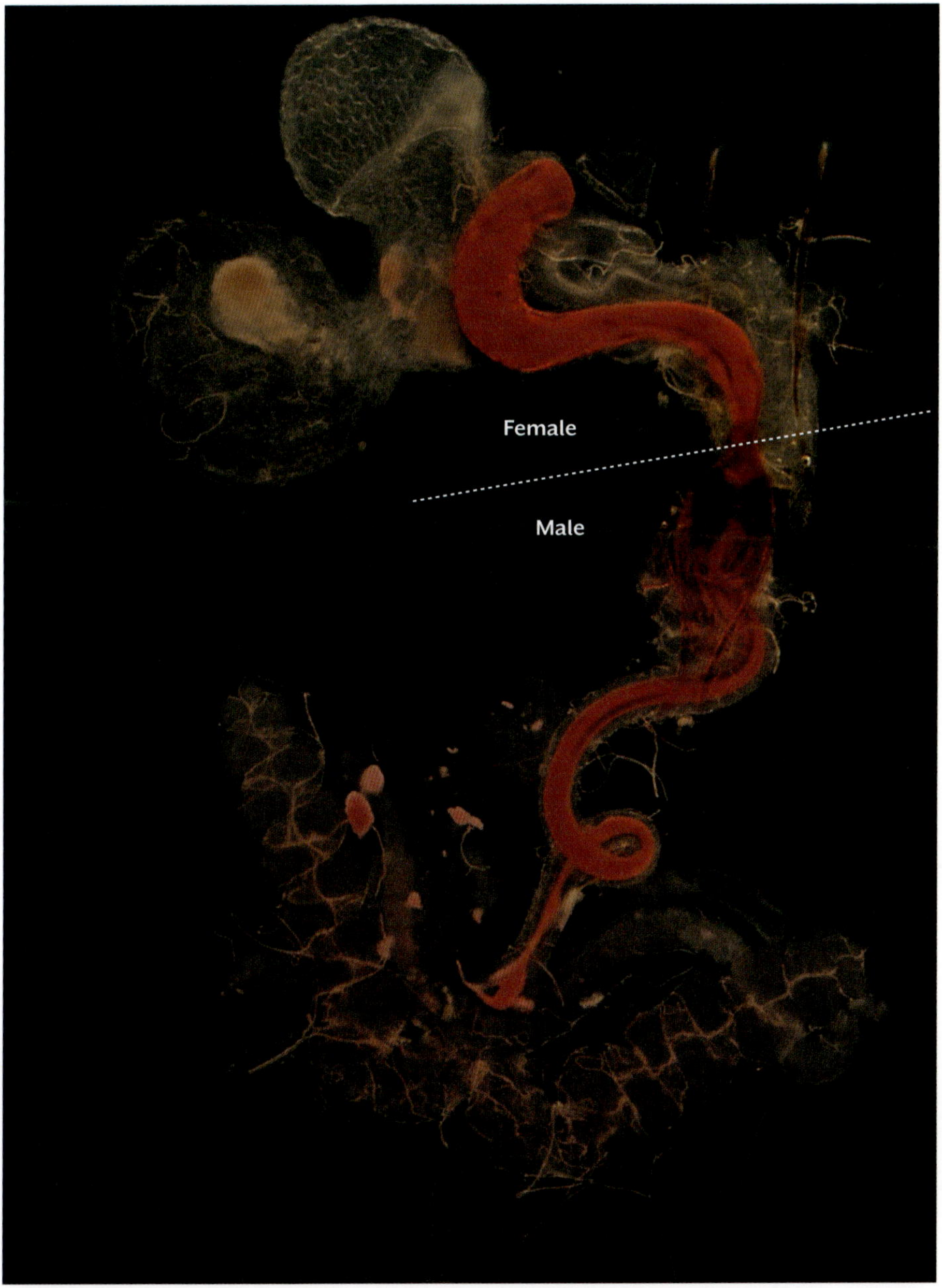

[**図4-2**] 交尾のあいだフォティヌス属（*Photinus*）のオスはメスに婚姻ギフトを注入します。
上半分がメスの体内、下半分がオスの体内の様子。送り込まれるギフトを分かりやすくするために赤く着色しています。
（Adam South 撮影）

多くの種にとって、獲物の死骸はとても実用的な贈り物です。オオモズとして知られる鳴き鳥なら、これは間違いなくメスの心をとらえます。オスは交尾させてもらう代わりにノネズミ、ハツカネズミ、クマネズミ、トカゲ、ヒキガエルなどさまざまな獲物を捕らえ、愛情を込めて棘に突き刺してから、愛する相手に捧げます。

自分で贈り物を準備するのが好きなオスもいます。シリアゲムシのオスは自分の巨大な唾液腺を使って唾液の玉をつくり、メスに差し出します。オスが交尾している間は、メスは大人しくこれを吸い続けます。唾液がなくなれば、代わりに昆虫の死骸を贈ります。自分自身を惜しみなく捧げる場合もあります。コオロギのオスのなかには、自分の後肢にある端刺《たんし》〔＊訳注：足の後ろ側にある突起物。鳥類でいう蹴爪《けづめ》のようなもの〕をメスに噛ませ、その傷から染み出す血液を舐めさせながら交尾するものまでいます。

手際の良さでいえばキシダグモです。オスは手近なものを拾い、そこに手づくりの何かを加えます。まずは昆虫を捕まえ、殺したばかりの獲物を柔らかい糸で包み、プレゼント用に包装します。オスは交尾させてくれそうな相手に求愛する際、お食事はいかがと、この綺麗な包みを優雅に差し出します。メスが受け取り、贈り物を貪り始めると、オスは交尾にかかります。なかには花や獲物の残飯など、安物をしゃれた柔らかい包みに隠して騙そうとするオスもいますが、メスがその正体に気づいたとたん、ロマンスは終焉を迎えます。

メスはこうした美味しくて栄養のある、食べられる贈り物を喜びます。オスの側から見れ

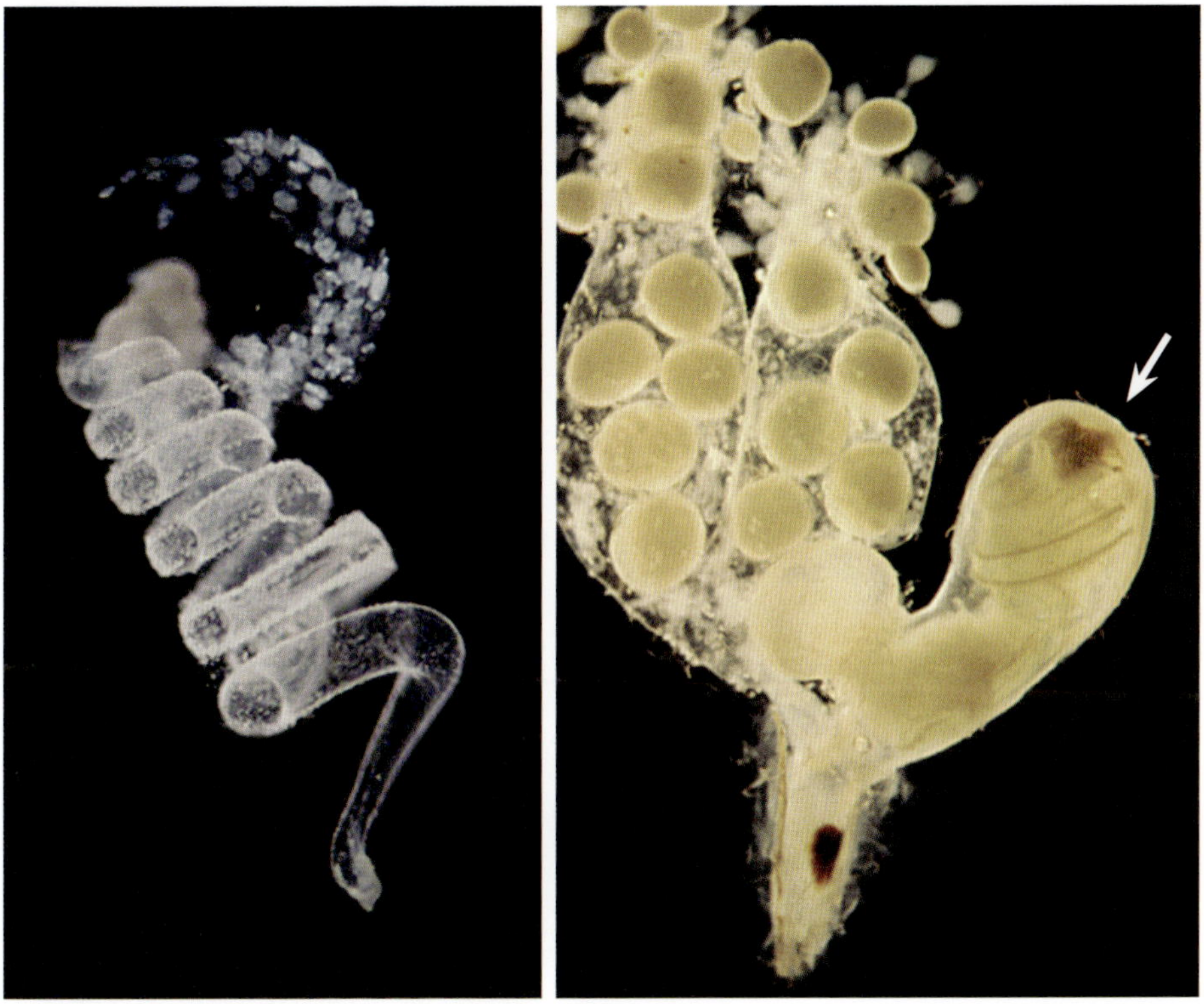

[**図4-3**] 左:らせん状の精包。精子の塊とともに上端から放出される。
右:新たに贈られたオスからの贈り物は、特別な小袋(矢印)に蓄えられる。

ば、時宜を得た婚姻ギフトは交尾相手を勝ち取る機会を増やしてくれます。価値のある贈り物は交尾時間をより長くし、精子をより多く移すのに役立ち、結局のところそのオスの精子でメスの卵を受精させられる確率を高めるのです。

しかし婚姻ギフトのなかには、メスが目にすることも、口をつけることもできないものがあります。カニ、エビ、カイアシ類〔＊訳注：エビやカニと同じ甲殻類の仲間で、海や湖沼に普通に生息している小型のプランクトン。名前は船を漕ぐオールを意味する「橈《かい》」のような脚をもつことに由来する〕、チョウ、そしてもちろんホタルを含む一部のオスは、メスの体内に蓄えられる精子の入ったパッケージ、精包をつくり出す生殖腺に多大な投資をします。メスの体内に届けられる婚姻ギフトは、食べ物と同じように、メスが産む卵の数を増やすための栄養分として提供されるのです。しかしながらこのような贈り物には、同時にメスの欲望を抑える物質も含まれます。つまり他のオスと交尾したくならないようにすることで精子間競争を抑え、自分が子どもの父親になれる確率を高め、婚姻ギフトに対する投資を回収しようというわけです。

婚姻ギフトとして、栄養分だけでなくメスと卵を守る化学的なボディーガードが提供される場合もあります。ヒトリガの仲間には、赤みがかったオレンジ色に白黒の斑点がある翅を持つものがいます。この鮮やかな体色はホタルの幼虫が発光するのと同じように、潜在的な捕食動物にこの小さなガが有毒であることを知らせています。これは効果てきめん。クモ、鳥、コウモリたちはまるで近づこうとしません。それでは彼らは毒素をどこから手に入れるのでしょう。実は幼虫のときに餌として食べる植物から、自身の身を守るためのアルカロイド〔＊訳注：植物界に広く分布し、動物に対して特異な、しかも強い生理作用をもつ塩基性窒素を含んだ有機化合物の総称。多くは苦味があり、毒性等を有する〕を取り込みます。アルカロイドは苦味をもつ化合物で、成虫へ変態する際にもこれを携えていきます。さらに交尾行動にもこのアルカロイドが関与します。オスの生殖腺にはこの化学物質を濃縮する機能があり、彼らの精包は栄養分とともに化学兵器も供給しているのです。メスはこの婚姻ギフトに依存するところが大きく、時には一〇匹以上ものオスと交尾を繰り返し、そのたびに贈り物を受け取ります。贈られたアルカロイドの一部は自分の防御のために保存し、残りは自分の卵を捕食動物から保護するために使います。

ただし、こうした贈り物の習慣を、必要以上にロマンティックに捉えてはいけません。常にそうだとは言えないからです。生殖とは一般的に共同で行う、場合によっては楽しい冒険ですが、時にはオスとメスの利益が相反することもあります。贈り物を選ぶ際に、オスは常に相手の利益ばかり考えているわけではありません。なかにはメスが健康を損なうほど多くの卵を産むよう、巧みに操作する婚姻ギフトもあれば、卵にどの精子を受精させるかを決めるメスの支配力を奪い取る婚姻ギフトもあります。さらに、メスが他の相手と交尾する欲望を抑えつけ、彼女から交尾相手の選択権ばかりか、贈られた栄養分まで奪うようなものもあります。要するに全ての贈り物が相手に歓迎されるとは限らないということです。誰にでも、できれば返したいと思うようなプレゼントをもらった経験があるでしょう。

カタツムリがやり取りする婚姻ギフトは、時には受け取る側より与える側が有利になる、大変分かりやすいケースです。私もそうですが、普通カタツムリの交尾行動について考えたことのある人などまずいないでしょう。ですが、カタツムリは性的にかなり珍しい生き物なので、ここで少し触れることにします。実はカタツムリは、通常のオスとメスに分かれる手間を省いた同時的雌雄同体生物〔*訳注：同一個体が同時に雄雌両方の生殖機能をもち、雌雄どちらとしても生殖できる生物〕です。カタツムリの個体は精子も卵も共につくれるので、交尾はたいていダートシューティングという呼び名の奇妙な行動から始まります。二匹のカタツムリが求愛行動を始めると、一方のカタツムリが相手の体に「恋矢」を深く突き刺すのです。この粘液で覆われた婚姻ギフトには薬物が混じっており、受け取った側が次に交尾する際に受け入れる精子の量を抑制し、受精する見込みを低減させます。同時にこの贈り物は刺し手の精子をたくさん蓄えるように促すため、受け手の卵が刺し手の精子で受精する可能性を最大化することにもなるのです。つまりこの婚姻ギフトは生殖ゲームで有利になるように仕組むことで、主に贈る側に恩恵をもたらすものだと言えるでしょう。

私の目には、婚姻ギフトは限りなく魅力的なものに映ります。次から次へと現れる異様な行動の数々、突飛な習慣、奇怪な体の部位、これらはいったいどのように進化してきたのでしょう。ある種の生き物たちが婚姻ギフトを活用する一方で、その近縁種であっても贈り物を使わない生き物が存在するのはなぜなのでしょう。科学者たちは未だにその答えを求めて努力を続けていますが、私たちの行っているホタルの婚姻ギフトのコスト対効果に関する研究は、そうした疑問に対していくつかの重要な手がかりを提示しています。

オスの性行動経済学

まず始めにホタルのオスの視点から婚姻ギフトを考えてみましょう。多くの昆虫と同じように、ホタルも成虫になると食べるのを止めてしまいます。そこで両性ともに幼虫時代に摂取した蓄えを使い、生殖に対して執念を燃やすことになります。生態学者はこのような生物を「キャピタルブリーダー（capital breeder：絶食しながら繁殖期を過ごす生物）」と呼びます。ホタルのオスは、毎晩行う求愛飛行のエネルギーを賄うだけでなく、気前よく贈り物を贈るときにも、蓄えられたこの資源を使います。ではオスはどのようにして婚姻ギフトを贈り、そこからどのような利益を得るのでしょう。

ある夏私たちは、ホタルのオスに交尾の機会を毎晩与えたら、何回まで交尾できるのか調べてみました。同時にこの実験で、精包をつくるには大きな代償が必要だという見解も検証できます。ボストン近郊の草地では、フォティヌス・イグニトゥスの交尾期が始まろうとしていました。私たちはヘッドライトを装着し、ストップウォッチを手に草の中に分け入ると、交尾前のオスを何匹か捕まえ、草の上に置いた網の捕虫器の中に一匹ずつ放していきました。その後行ったのが、後に夢精実験と名付けた手法です。私たちは毎晩メスを捕まえては彼らに届けていきました。そして交尾が行われるたびに精包を採取。そのサイズを計測します。オスたちは毎晩やって来るメスと交尾を続け、一四夜で一〇匹と交尾したのが最高記録。全くたいしたものです。しかもオスたちは偉いことに、交尾するたびに婚姻ギフトを与え続けましたが、同時にみるみるうちに活力を失っていきました。平均すると、二回目の贈り物は一回目のようやく半分くらいの大きさで、五回目の交尾になると、わずか四分の一程度しかありませんでした。つまり、オスは精包をつくり続けることはできても、それらは交尾するごとに小さくなっていくのです。さらに、数回交尾を繰り返した後では、精包をつくることにより長い時間が必要になると分かりました。

ホタルのオスにとって、贈り物をつくるための代償は明らかに大きいのです［図4・4参照］。それにもかかわらず、婚姻ギフトは進化の過程を経て続いてきたのですから、それなりの利点があるに違いありません。たぶん、贈り物が大きければ大きいほどそのオスは交尾後の性淘汰で優位に立ち、ライバルのオスたちを打ち負かし、より多くの子孫を残せるのだと考えられます。

この仮説を検証するには、まず婚姻ギフトの大きさが異なる二匹のオスを準備し、次にこの二匹を特定のメスと交尾させ、最後にどちらのオスが父親になることに成功したかを評価しなければなりません。タフツ大学のバーナムホールにある私の研究室には、当時、博士課程で学ぶアダム・サウスという学生がいて、この面倒な実験に意欲的に取り組んでくれました。家族が経営するインディアナ州の農園で育ったアダムは、きつい仕事には慣れていましたし、動物飼育がどれほど大変かも分かっていました。また私たちはすでに、オスのホタルから小さい精包でも大きい精包でも手に入れる方法を学んでいました。上述の通り、初めて交尾するオスと、すでに一回交尾しているオスを使えば良いのです。さらに私たちは、子孫のDNAパターンを異なる何匹かのオスのDNAパターンと照合する実父確定検査のやり方も習得していました。

ホタルの活動期間中は、科学研究は昼間だけの仕事ではなく、かといって夜だけでもない、昼夜兼行の仕事になります。実験のほとんどはルイス（著者）研究室の「フラッシュルーム（Lewis Lab Flash Room）」で行われるのですが、そこは窓のない小さな部屋で、明かりをタイマーで調整し、昼夜のサイクルを逆転させています。夕暮れはおよそ午前十時、陽が昇り朝を迎えるのは真夜中です。つまり私たちは、フラッシュルームのホタルには昼間が夜であると思い込ませることで、日中はそこで実験を続け、夜間はホタルの野外調査をするというわけです。こうして私たちは毎年夏になると、まさに言葉通り、夜を日に継ぐ忙しい毎日を送ることになります。

この夏、アダムはフォティヌス属の仲人であり、かつ子育てを担う代理父にもなっていました。彼の実験でメスは、一回は贈り物の大きなオス、もう一回は贈り物の小さなオスと、合計二回交尾するようにうまく仕組まれていました。二回目の交尾が終わると、メスを湿った容器に閉じ込めます。容器の中には、私が裏庭で集めた苔が入っていました。これはメスが好んで卵を産み付ける種類のものです。アダムは毎日、それぞれのメスの容器から、苔に産み付けられた卵を注意深く採集しては家系別の識別番号をつけ、温めた恒温器に入れていきました。

数週間後、六五〇〇匹を超える赤ちゃんホタルが誕生。代理父であるアダムの感激はひとしおでした。彼には新しく孵化した異なる三六の家系から生まれた幼虫の母親が誰であるか、はっきりと分かっていました。つまりDNA実父確定検査を行えば、メスの交尾相手の二匹のうち、どちらが幼虫の実の父親か判定することもできるのです（私たちは、実験のためにホタルを野外で採集するたびに常に卵と新たに孵化した幼虫の一部を採集地に戻すことで、ホタルの個体数を維持しています）。

アダムが全ての実父確定検査とデータの分析を終えるにはほぼ一年かかりましたが、そこ

［**図4-4**］ホタルの婚姻ギフトにはかなりの投資が必要。写真はフォティヌス属（*Photinus*）のオスがつくり出す大きな精包（Wilson Acuna撮影）

で得られた結果は、最初の私たちの予想を見事に裏付けるものでした。贈り物の大きなオスは小さなオスに比べ、交尾相手のメスが産む子どもたちの父親になる確率が四倍も高かったのです。ホタルの婚姻ギフトは子孫繁栄に利益をもたらすことで、その製造コストの高さとバランスを保っている、つまりオスの父性を確保することに役立っているというわけです。

華やかな光と宝物：それがメスにもたらすものは？

二〇一四年初頭、インターネット上では、珍しい生殖器が発見されたという話でもちきりでした。ブラジルの洞窟にすむトリカヘチャタテ属（*Neotrogla*）という昆虫がそれで、メスがトゲ状のペニスのような生殖器を持っているというのです。チャタテムシの一種である彼らの交尾は実に時間のかかるもので、まずこのメスの生殖器は、オスの交接嚢深くまで貫通。その後膨らみ、トゲ状になるため、カップルは絡まったまま最長七三時間離れることができません。科学記者たちはメスのペニスにはかなり興奮したようですが、この話の最も注目に値する部分に気づくことはありませんでした。

チャタテムシは洞窟の中では食べ物をあまり見つけられません。ところが、トリカヘチャタテのオスは巨大な贈り物をつくることが分かったのです。それは大きく栄養豊かな精包で

した。メスのペニスはオスの中に入り込み、掃除機のようにその精包をオスの体内から直接吸いとります。つまりトリカヘチャタテのメスが持つ類まれな生殖器は、オスの価値ある贈り物を奪い取るためだけに進化してきたと考えられます。

生き物の全てが洞窟の中にすんでいるわけではありません。ですが、少なくともホタルのメスの性行動における経済活動を考えた場合、こうした婚姻ギフトは非常に重要な役割を担っていることは確かです。成虫になると食べることを止めるので、メスにとって卵をつくるのは困難な仕事です。個々の卵は、胚が自分で餌がとれる自立した幼虫になるまで発育するのに必要な全ての栄養分を含んでいなければならないのですから。

それではメスにとって、オスの婚姻ギフトは本当に価値があるのでしょうか。ある七月のこと。私が指導する大学院生のジェン・ルーニーは、メスの栄養分のやりくりに贈り物が貢献しているとする見方を検証するため、実験を行うことにしました。その夜ジェンは野外に出て、交尾期初めのホタルを採集し、研究室に持ち帰りました。ホタルの重量を計測し、一匹ずつラベルを貼った容器に入れ、全ての作業を終えたのは午前二時近く。それでもジェンはその日の早朝、もう一度研究室に戻ると、メスたちをふたつのグループに振り分けていきました。フラッシュルームがつくり出す人工の「夜」の中で、片方のグループのメスには一度だけ、もう片方のグループには三日続けて異なるオスと交尾させるためです。交尾が終わると、ジェンはそれぞれのメスに産卵に適した苔と環境を与えました。最終的に生まれた卵の数を全て数えてみると、オスの婚姻ギフトはメスがより多くの子孫を生むのに役立っていることが分かりました。三回交尾したメスは一回しか交尾しなかったメスに比べ、生涯に生む卵の数がほぼ二倍に達していたのです。

後に私たちは別のフォティヌス属の個体を使い、今度は贈り物の数ではなく大きさを変え、似たような実験を行いました。そこでは、より大きい贈り物を受け取ったメスの方が長く生きる傾向が見られました。どうやらオスからの婚姻ギフトは、より大きな贈り物はより長い命を、より多くの贈り物はより多くの子孫をという、ふたつの恩恵をメスにもたらしているようです。

私たちは、ホタルのメスが交尾を終えると、贈られた精包を特別な小袋にきちんとしまい込むのを見てきました。これらの贈り物は、それから数日の間に消えてしまいます。いったいどこに行ってしまったのでしょう。いくつかの昆虫のメスがそうするように、精包からオスの精子だけ取り込み、後は排出してしまうのでしょうか。それとも精包を分解し、メスの体を維持するために再利用するのでしょうか。あるいは卵に栄養を与え続けるために使われるのでしょうか。私たちが特に知りたかったのは、贈り物のタンパク質がどうなるのかということでした。メスが卵をつくるためには大量のタンパク質が必要で、特に貴重なものだと分かっていたからです。

ジェンは、オスの精包の行方を突き止めるために、トリチウムという上手い手を使いました。トリチウムは水素の同位元素で害を与えないほどの微弱な放射性をもっています。これを使うことでオスのタンパク質が最後にどこに行き着くか突き止めようとしたのです。ジェンはまず、タンパク質の構成要素であるいくつかのアミノ酸にこのトリチウムを標識した混合物を用意し、何匹かのフォティヌス属のオスの体に注意深く注入していきました。このアミノ酸は数日のうちにオスの精包に取り込まれ、その後交尾により、トリチウム標識タンパク質を含む精包がメスの体内へ移されていきます。続く二日間、ジェンは放射線計測器であるシンチレーションカウンターを使い、メスの体のさまざまな部位のトリチウムを計数することで、このタンパク質がどこへ行ったのかを突き止めようとしました。

ホタルが交尾した直後は、全てのトリチウムは精包を消化するメスの小袋の中に、精包とともに留まっていました。ところが精包が分解し始めると、オスのタンパク質はメスの卵の内部に現れるようになります。交尾後二日目にはオスが供給したタンパク質の六〇%以上がメスの卵の中へ到達していました。ジェンの実験はフォティヌス属のメスが、オスの贈り物から得たタンパク質をうまく利用し、卵へ栄養を送っていることを証明したのです。

つまり、オスの贈り物は明らかに、メスにとって価値ある必需品だと分かります。さらに私の教え子である大学院生のクリス・クラツリーたちはすでに前章で、ホタルのメスはオスの放つ光のシグナルによって交尾相手を決めていることを教えてくれました。では、このシグナルを見れば、どのオスが最も大きな贈り物を提供できるか簡単に予測がつくとすれば、メスにとって何と好都合なことでしょう。

確かに面白い視点なのですが、それを検証するのは容易なことではありません。まず、それぞれのオスが放つ光のシグナルを記録する必要があります。その記録はフラッシュルームの中で、厳密に制御された条件下で行わなければならず、さらにどのシグナルがどのオスのものかを特定したうえで、その婚姻ギフトを採取し計測しなければなりません。

クリスにはこの面倒な実験をやり遂げるだけの意欲と忍耐力がありました。それに加えてその夏、私たちは幸運にも恵まれました。タフツ大学の熱心な学生たちがプロジェクトを手伝ってくれたのです。クリスは彼らと幾晩もフラッシュルームの中で過ごしました。単一パルスの求愛信号を放つよう、たくさんのフォティヌス・イグニトゥスのオスをうまく誘導し、それを極めて精度の高いフォトセルを組み込んだ光度計で記録していくのですが、光度計は精密な装置なだけに非常に不安定で、作業は大変もどかしいものでした。たいてい、ホタルのオスが協力的になっているときに限り、光度計が言うことをきかないか、またはその逆だったのです。

それでも夏が終わるころにはチームの努力が実を結び、メスは光のシグナルを手がかりにオスのギフトの大きさが判断できるのかという疑問に対し、明確な答えが出されました。フォティヌス・イグニトゥスに関して言えば答えはイエスで、光を長く放つオスほど提供する贈り物も大きかったのです。これでメスが選り好みする理由が説明できます。より長く続くシグナルを好むメスは、より大きい婚姻ギフトを獲得し、より多くの卵を産み、より多くの子孫を残すことができるのです。

でも待ってください。結論を急いではいけません。私たちは後にこの実験を、オスが光を二回明滅させることで求愛行動を示す、フォティヌス・グリーニという近縁種に対して行ってみました。このホタルのメスは、明滅するふたつの光の発光間隔がより短いオスを好むことが分かっていました。ところがこの種のホタルでは、オスの光の発光間隔と彼らの婚姻ギフトの大きさに関連性がないことが明らかになったのです。ホタルのメスたちは、おそらくオスの光を精査し、どのオスが最も大きな婚姻ギフトを隠し持っているか見極めようとしているはずです。だとすれば、光による判断はうまくいく場合もあれば、うまくいかない場合もあるということになります。全てはケースバイケースというわけです。

夏になるたびに行ってきた、何年にもわたる昼夜兼行の調査のおかげで、私たちタフツ大学の調査研究チームは、ホタルの性行動の本質にかかわる多くの秘密を明らかにしてきました。ホタルにとって交尾とは、配偶子を結合させるための便利な方法だけにとどまりません。つまりオスの存在がメスの生殖という重要な使命を可能にさせているのです。婚姻ギフトはホタルの経済行動に極めて重要な貢献をしています。ホタルは成虫になると食べるのをやめるため、メスは蓄えを食い潰すに従い、ますますオスの贈り物の持つ栄養分に頼るようになります。前章で述べたように、交尾期の終わりが近づくにつれ、ホタルの求愛行動における立場は逆転し、メス同士が競争するようになり、オスの方は選り好みし始めます。これでようやく、その理由がはっきりとしました。メスが交尾相手をめぐり激しい競争を始めるのは、彼女たちが必死に婚姻ギフトを求めているからなのでした。

私たちはこれまで、フォティヌス属とその近縁種のような、両性がかなり似通った外観をもつ発光ホタルについて学んできました。しかし第二章で登場したグローワーム型ホタルを忘れてはいけません。彼らもれっきとしたホタル族の一員です。翅もなく丸々としたグローワーム型ホタルのメスは、オスとは似ても似つかない姿をしています。独特な性的二型〔＊訳注：一般に動物のメスとオスの形態が異なること。性別によって個体の形質が異なる現象〕に加え、グローワーム型ホタルの求愛行動と交尾の仕方には、非常に個性的な、他とは異なる特徴があります。彼らは、そもそもどのようにして婚姻ギフトが進化してきたのかを理解する上で重要な手がかりを提供してくれました。次の章ではこのグローワーム型ホタルを取り上げ、音楽家にして科学者の、誰もが認める「キング・オブ・グロー（発光の王）」に会うことにしましょう。

第5章

大空を翔る夢

Dreams of Flying

環世界へ

夕暮れが迫り、森は安堵のため息をつきます。私を包み込むその湿った息吹には、土と落ち葉と苔の心地よい香りが満ちています。期待に空気を震わせながら、闇はゆっくり忍び寄ります。さあ、ライムグリーンのランタン八つ、全てに火を灯す時間です。仄かに灯った明かりはすぐに、私の透明な肌を通して眩く輝き出します。

少し前、私は昼間の眠気を振り払い、勇気を奮い起こしました。私を捕まえて食べようと、お腹をすかせた連中がどこかで待ち伏せているかもしれない中、これまで何時間もとぼとぼと低地を歩き続け、ようやくこの丘の上にたどり着いたのです。この見晴らしの良い場所に腰掛けていると、木々の葉が折り重なる緑の天井まで手が届きそう。今夜こそ何としても結婚相手を見つけるわ、私はそう心に誓うと、どこからでも見えるように光り輝く裸の体を伸ばします。「ここよ、こっちへ来て！」闇の中で叫びながら、誘いかけるような光を放つのです。

目の端に、遠くでちらりと輝く小さな明かりが見えました。さあ、今宵の恋人が向かってくる！　彼は急接近しながらも落ち着かない様子。そして、私にスポットライトを浴びせたのです。体の中を電気が走ります。彼への欲望に私のランタンはあまりにも激しく燃えあが

り、山火事を起こしそうです。でもちょっと待って、彼は私の上を回っているだけ。今やその光はだんだん薄れていきます。行ってしまうの？　大声で叫びたくなります。「待って！連れていって、一緒に飛んで行きたい」と。でも私にできるのは、地面から離れられない我が身を静かに呪うことだけ。

孵化した時から空を飛ぶのを夢見ていました。幼虫なら誰もが蛹になり、最後には甲虫目として生まれた当然の権利を受け継ぐのをわくわくしながら待っています。そう、鞘付きの翅で夜空高く舞い上がるのです。いよいよその時。蛹の殻から這い出ると、何ということでしょう。その晩、大人になった仲間たちがあたりを歩き回る姿を見ているうちに、半数にだけ――男の子にだけ――翅があることが分かったのです。彼らは色も黒くハンサムでした。それに比べ、隣にいる私の姉や妹、従姉妹たちの姿の何とみすぼらしいこと。肌はぼんやり白っぽく、翅などどこにもありません。夢は潰えたのです。確かに美しい宝石――私たちの体を飾る光り輝くランタン――はいくらか慰めにはなりました。でもやっぱり、こんなの不公平です。

今でも私はオスたちが翅を羽ばたかせ、恋人を求めて空高く飛び去っていった姿を忘れることができません。何日か前の晩、まだ若かったころには、強く願いさえすればこの地面につながれた枷《かせ》を断ち切れるのではないかと思ったものです。翅を生やして空へ舞い上がり、この地上を見下ろすのです。折り重なる木の葉の間をすり抜ければ、さらにその上に広がる青空にさえ飛んでいけるかもしれません！

でも今の現実の私は拒絶され、落胆しています。あのお高くとまったオスはどうして見向きもしてくれなかったのでしょう。痩せっぽちと思われるはずはない——魅力的だし、むしろぽっちゃりしているくらい。実際、お腹は卵でいっぱい。動き回るのも大変になってきたくらい。今夜こそ、何とか交尾して卵を産み付けなくては。

ようやく地平線の向こうから、多くの光が煌めきながら近づいてきます。嬉しい、ハンサムな花婿候補があんなにたくさん！　だめ、あの光は弱すぎる。通り過ぎてくれて良かったわ。するとそこへ、猛スピードで飛び過ぎていく明るい光——私は急いで強い光を放ちます。

「こっちにきて、こっちよ！」

＊＊＊

ついにその時が来たのです。私は二〇一三年の六月、髪の毛に枯れ葉がつくのも気にせず、スモーキー山脈の山奥にいました。学名をファウシス・レティキュラータ（*Phausis reticulata*）という小さなホタル、ブルーゴーストに近づき、仲良くしようとしていたのです。この不思議なホタルは主にアパラチア山脈南部の湿潤な森に生息していますが、さらに西のアーカンソー州でもその姿が確認されています。ブルーゴーストのオスは林床すれすれをゆっくりと飛びながら、不気味な光を瞬《またた》かせます。この神秘的な光景を一目見ようと、多くの観光客がノースカロライナ州のデュポン州立森林公園など、ブルーゴーストが見られる場所を訪れます。そうした地上を漂う光に魅了される人は多くても、この生き物の姿をわずかでも目にする人はまずいないでしょう。それは私が夢中になっている、翅を持たない発光性のブルーゴーストのメスです。

この三日というもの、毎晩この生き物のことを考え続け、飛ぶことを夢見るしかないメスホタルの心の中に入り込もうとしました。緑の生い茂る林に分け入り、仰向けに寝そべると手足を伸ばします。頭上に広がる樹冠は、夕闇の濃くなる夜空に徐々に溶け込んでいきます。ほどなく、私の周りはブルーゴーストの揺らめく光に溢れ、空気はオスの欲望に満ちていきます。私の体の上を小さなオスの発する強い光が飛び回るのは、妙に刺激的なものでした。ついに私は、メスのブルーゴーストの環世界に入ることができたのです。

環世界とは場所ではなく、世界の見方です。二〇世紀始め、エストニアの生物学者、ヤーコプ・フォン・ユクスキュルは、単純ながら極めて刺激的な考えを提唱しました。彼の主張は、生息環境を共にする生物同士であっても外部世界の認識は決して同じとは限らない、というものです。つまり生物が認知する世界――これを環世界と言います――は、その生物固有の感覚システムによってつくり出されていると言うのです。この感覚システムに備えられたフィルターは、進化の過程を経て最も有意義な情報だけを通すよう磨き抜かれ、世界のどの部分を取り込むかを決定します。こうした高度な知覚は、食糧、住処、捕食者、交尾相手など、動物それぞれの生存と繁殖に不可欠なものだけを捉えるよう発達してきました。

私たち人類は自分たちの認識が、つまり自分たちの環世界が客観的な現実世界をつくり上げていると思いがちです。他の観点から物事を捉える、つまり自分たちの感覚システムに対するこだわりから大きく一歩を踏み出すには訓練が必要です。一九三四年にユクスキュルは、以下のような世界を体験することで、何らかの恩恵が得られるだろうと述べています。

> 環世界は動物そのものと同様に多様であり、じつに豊かでじつに美しい新天地を自然の好きな人々に提供してくれるので、たとえそれがわれわれの肉眼ではなくわれわれの心の目を開いてくれるだけだとしても、その中を散策することは、おおいに報われることなのである。このような散策は、日光がさんさんと降りそそぐ日に甲虫が羽音をたてチョウが待っている花の咲き乱れる野原からはじめるのがいちばんだ。野原に住む動物たちのまわりにそれぞれ一つずつのシャボン玉を、その動物の環世界をなしその主体が近づきうるすべての知覚標識で充たされたシャボン玉を、思い描いてみよう。われわれ自身がそのようなシャボン玉の中に足を踏み入れるやいなや、これまでその主体のまわりにひろがっていた環境は完全に姿を変える。カ

ラフルな野原の特性はその多くがまったく消え去り、その他のものもそれまでの関連性を失い、新しいつながりが創られる。それぞれのシャボン玉のなかに新しい世界が生じるのだ。（出典：『生物から見た世界』ユクスキュル／クリサート著、日高敏隆・羽田節子訳、岩波文庫、二〇〇五年）

私が入ろうとしたのは飛べないホタルのメスの世界でしたが、ユクスキュルはダニのメスの環世界を探検しようとしました。誰でもいつかは、哺乳類の血液を餌にするしか道のないこの嫌われ者の寄生虫に出会います。その環世界に入るにはある程度の努力が必要ですが、目を閉じて耳を塞げば、その入り口に立つことができます。交尾を終えたメスのダニ、この「目も見えず、耳も聞こえない追い剥ぎ女」は、森のはずれの木の枝先まで這い出し、そこにぶら下がると、哺乳動物が通り過ぎるのをじっと待つのです。ダニは人間が普通に感知できるものを同じように感じ取ることはできませんが、かといって何も感じないわけではありません。それどころかたった三つの感覚経路から多種多様なデータを収集しているのです。感覚経路の第一は鋭い嗅覚。哺乳類の汗に含まれる酪酸という化学物質に敏感に反応します。ダニは獲物が近づく匂いを嗅ぎとると枝を離れ、その背中に飛び降ります。次は精密に調整された温度感覚。着地先を判断するのに役立ちます。ダニは摂氏三七度という哺乳類の一般的な体温に反応するのです。適切な宿主に飛び降りたと分かれば、最後は第三の感覚経路である触覚を活用します。これを頼りに体毛をかいくぐり、皮膚の中でもとりわけ温かく柔らかな部分を探し当てます。そこでようやく口器を哺乳類の皮下に沈め、時間をかけて、ゆっくりと血液を摂取するというわけです。やがて満腹になると獲物から離れ、卵を産み、そして死にます。

ユクスキュルはさらに、環世界の中ではそれぞれの動物にとって時間が同じように流れるわけではないことに気づきました。そこでは時間は、「世界が何らの変化も示さない最小時間単位で、その間世界は不変である」瞬間の連続として認識されます。どこにでもいるイエバエは、私たち人間よりも極めて短い時間尺度で視野の変化を認識します。丸めた雑誌で叩こうとしても腹立たしい程うまくかわされるのはそのせいで、一秒間にイエバエが認識する瞬間は私たちよりもはるかに多いため、彼らにとって時間はより早く過ぎていくのです。ところがダニは、適切な宿主が現れるまで何年も待ち伏せしていられます。待っている間のダニには酪酸も三七度も体毛もありません。つまり世界の変化が認識されないのです。ダニの環世界では一瞬は何年にも相当し、時間はまるで氷河のようにのろのろと進みます。ホタルにとって時間がどのように進むのかはまだ解明できていませんが、たぶん、昼間は永遠に続く一方、夜間はいつも夢中になって大騒ぎするため、瞬く間に過ぎ去っているのではないでしょうか。

性的二型：いったい翅はどうしたの？

北米で最もよく知られているのは、ライトニングバグ型ホタル（20ページ参照）で、明るく素早く明滅する光で求愛します。ところがメスに翅がなく、オスを惹き寄せようと長く発光する特徴をもったグローワーム型ホタルは、ほとんど見ることができません。なぜブルーゴーストのメスが私の興味をこれほど強くかきたてるのか、これでお分かりいただけたことでしょう。アメリカのホタルは三〇年近く研究してきましたが、二〇〇八年にタイを訪れるまで、飛べないホタルのメスは見たことがありませんでした。当然のことながら、文献で読んだことはありましたが、初めてその一匹を手にしたときには、本当に悲鳴を上げてしまいました。「なんてこと！ いったい翅はどうしたの？」。グロテスクな奇形に見えたのは、実はランプリゲラ・テネブロッサス（*Lamprigera tenebrosus*）のメスでした。私の親指と同じくらいの大きさと形をした、光を放つ巨大なお母さんホタルだったのです。

このメスについて特筆すべきはその巨大なサイズではありません。それは、嬉しそうに背中にのしかかるオスと彼女との間に、全く類似性がないという事実です［図5・1参照］。オスの十倍以上もある彼女のクリーム色の体には、翅の痕跡さえ見られません。対照的にオスの滑らかな暗褐色の背中からは、見事な一対の翅と鞘翅が伸びています。この二匹のホタルを並べてみれば、性的二型と言われる現象を見事に体現していることが分かります。両性の身体的外見があまりにはっきりと違うため、人間の目でも簡単に区別できます。こうした二型性をもつグローワーム型ホタルは世界中でごく普通に見られます。実際、ホタルの種全体のうち四分の一近くのメスに翅がなく、決して飛ぶことができないのです。

この奇妙なほど不釣り合いなペアは、動物界ではどこにでも見られます。往々にして体が驚くほど変化しているのはオスの方。性淘汰により、競争相手を打ち負かすための枝角のような恐ろしい武器や、メスをおびき寄せるための華美な飾りを備えるようになりました。また、二型性が単に大きさの違いとして現れるケースもあります。この場合、たいていはメスがより大きな体をしています。——おそらく、その方がより多くの卵が産めるからでしょう。

深海にすむチョウチンアンコウには性的二型に関する面白い話があり、しかもそれが生物発光にも関連するため、ここで触れておくことにします。大型で恐ろしい顔つきをしたチョウチンアンコウのメスは深海をゆっくりと泳ぎながら、生物発光する体の一部を疑似餌にして獲物を惹き寄せます。オスはメスの四〇分の一の大きさしかありませんが、メスが水中に放出するフェロモンを感知するため、巨大な鼻孔を持っています。また、海には多様なチョウチンアンコウが生息しており、オスはその特大の目で仲間のメスを見つけると言われています。疑似餌の放つ光のパターンが種ごとに異なるためで、チョウチンアンコウたちはホタ

[**図5-1**] 大型で翅のないタイのグローワーム型ホタルのメスと、はるかに小さなオスとの奇妙な組み合わせ。
メスは四ミリ程度の真珠のような卵をたくさん産んだ。
(ランプリゲラ・テネブロッサス *Lamprigera tenebrosus*、Supakorn Tangsuan 撮影)

ル同様、特定の生物発光シグナルを使い、正しい交尾相手を見つけているようです。

チョウチンアンコウ類の一部のオスは目指す相手に近づき、その鉤状の歯をメスのお腹に食い込ませると、後は一切メスから離れなくなります。彼の小さな体は永遠に彼女と融合するのです。感覚および消化系統は退化し、少ないながらも彼が必要とする栄養分はメスの循環系から引き入れます。単なる付属器官となり、後はメスが卵を産むたびに精子を放つことに余生を捧げるのです。

チョウチンアンコウ類に見られる性的寄生という戦略は極端すぎる例かもしれませんが、二型性を有するホタルも、それぞれが繁殖に対する責任を分担しています。グローワーム型ホタルの場合、変態という体のつくり替えプロセスが始まるとすぐに、両性はそれぞれの道へと踏み出します。オスは、筋肉、翅、鞘翅など、飛ぶための複雑な組織の組み立てに集中します。メスは逆に、これらを全て省略します。種類によってはメスのなかにも、小さくて短い翅を持つものもありますが、それ以外は完全に翅を諦めています。その代わりにグローワーム型ホタルのメスは、卵を産むことと、交尾相手を惹き寄せるための光を放つ発光器づくりに全てのエネルギーを注ぎます。

両性は成虫になっても繁殖の役割分担を続けます。オスの成虫は空へ飛び立ち、夜はメスを探しながら過ごします。広範囲を飛び回るのも、オスは広い世界を視野に収める必要があるためです。グローワーム型ホタルの場合、多くの種のオスは発光器を持ってさえいませんが、他の種のオスには発光器があり、飛んでいる間に光を放ちます。

それにひきかえグローワーム型ホタルのメスは、一生涯を生まれた場所から数メートルの範囲内で過ごすことが運命付けられています。なかには自分でつくった、あるいは他の動物がつくった穴の中に生息するものもあります。毎晩、オスたちから卵をたくさん抱えた体が見えるように、ある程度の高さの木の枝まで上ろうと果敢に奮闘を続け、その後も飛び回るオスを惹きつけるため、何時間も光を放ち続けます。交尾を終えれば、今度は林床まで這いずり降りて卵を産み付けます。

感傷的と言われても仕方ありませんが、翅のないメスたちが立たされている苦境にはとても心が痛みます。グローワーム型ホタルのこのような求愛行動は、前章で触れた翅のある親類たちの平等主義に基づく求愛行動とは間違いなくかけ離れています。何しろグローワーム型ホタルのメスは、生息する場所にオスや、卵を産み付けるのに適した場所が少ないとしても、そこから移動する自由はありません。そのためにともすれば、グローワーム型ホタルを根絶させるような事態が起こりかねないのです（このような事態を招く原因については第八章で説明します）。

紛らわしい「グローワーム」という言葉

残念ながら「グローワーム」という呼び名は広範囲に使われているため、却って混乱を招いています。国によって全く違う生き物が「グローワーム」と呼ばれますが、そのどれもがワーム（ミミズ）ではありません。ヨーロッパでは、「グローワーム」は甲虫目に属する発光性の飛べないホタルのメスを指します。これ以外にも、発光性の飛べない幼若期（幼虫）のホタル全てを示すこともあります。かの有名なニュージーランドの「グローワーム」はホタルではなく、甲虫目でさえありません。洞窟に生息し発光するこの生き物は、実際にはキノコバエとして知られるハエの一種なのです。アメリカでも同じように、光るキノコバエを「グローワーム」と呼んでいます。さらに、同じ名称は甲虫目のフェンゴデス科（Phengodidae）に属する発光性の飛べないメスと幼虫にも使われています。本来のホタルはこれらと比べて相当に小さく、フェンゴデス科は両者を区別するため「giant glow- worm beetle（巨大なグローワームビートル）」と呼ばれることもあります。このように、「グローワーム」という名称が多様に使われるために大変な混乱をきたしているというわけです。

私はタイで、巨大なランプリゲラのメスが小さなオスの脇に横たわるのを見て以来、これほど驚異的な身体の違いはどのようにグローワーム型ホタルの性行動に影響するのかを考えるようになりました。それまで私も学生たちも、主に北米のホタルに見られる婚姻ギフトの役割を中心に研究を続け、ライトニングバグ型ホタルのオスが交尾の最中に与える贈り物は、メスがより多くの卵を産むことに役立っていることを突き止めていました。北米で広く見られるこのライトニングバグ型ホタルのメスは例外なく羽を持ち、飛びたければいつでも飛べることも分かっていました。ホタルの成虫は何も食べないので、あらゆる活動に必要なエネルギーは、彼らが幼虫である期間に食べたご馳走の蓄えで賄うことになります。そのためメスは自分の蓄えを、飛ぶことと繁殖することのふたつに充てなければなりません。飛びたければ、繁殖のためのエネルギーはその分だけ減るということです。

しかし、グローワーム型ホタルのメスはどうなのでしょう。彼女たちは、体いっぱいに卵を詰め込むために翅を犠牲にしました。つまり、得たもの全てを繁殖のために捧げたのです。では、繁殖のために最大限まで投資しているのに、オスからの贈り物は依然として重要なのでしょうか。そこで私は、メスの飛ぶ能力はオスからの贈り物と何らかの関係があるのではないかと考えるようになりました。そしてその答えは、このグローワーム型ホタルのメスが教えてくれるように思えたのです。

私たちは海外の研究者と共同で、多くのグローワーム型ホタルを含む数十種のホタルに関するデータを世界中から集め、それぞれの種に関して、メスが飛べるか飛べないか、そしてオスは交尾の間に精包を贈るのかどうかを記録していきました。さらにＤＮＡ配列の違いをもとにそれぞれの進化の過程をたどり、調査を行った全ての種のホタルを系統樹にまとめました。

そして最後に、メスの飛ぶ能力とオスの婚姻ギフトの有無をこの系統樹と照らし合わせてみると、驚くほど緊密な進化上のつながりが明らかになりました。メスが飛べるホタルの場合、婚姻ギフトは世界中至るところで見られるのに対し、グローワーム型ホタルの場合は、ほとんど精包の贈り物は見当たらないのです。これはメスの繁殖に対する投資の違いをもとに、私たちが調査前に推測した通りの結果でした。つまりホタルが行う婚姻ギフトという慣わしは、メスが飛べる種のみに限ったものだったのです。グローワーム型ホタルのように、メスが持てる全てを繁殖のために捧げるような場合は両性間のバランスが変化し、オスの精包をつくる能力は失われていました。これほど徹底した母親の献身を目の当たりにしたオスは、もはや贈り物を捧げる意味はないと悟ったようです。

私たちはこれらの研究結果が、他の動物における婚姻ギフトの進化の過程を解明するのにも役立つに違いないと考え、二〇一一年、その成果を科学雑誌『Evolution（エボリューション）』誌に発表しました。しかしこれは終わりではなく単なる始まりに過ぎませんでした。私はますますグローワーム型ホタルの虜になり、すぐに北米原産のグローワーム型ホタル、ブルーゴーストの性生活に魅せられてしまったのです。

キング・オブ・グロー（発光の王）

ヨーロッパの多くの国々では、夏至の夜はグローワーム型ホタルの成虫が活動する最盛期と重なります。この日は聖ヨハネの日として知られる祝日で、前日の夜には焚き火やダンスなどを行い、楽しく過ごします。また、このお祭りにまつわる妖精たちの集会や神秘的な力を手に入れた植物などの伝説や民話には、シェイクスピアの『真夏の夜の夢』の中で永遠に語り継がれる幻想的な雰囲気が溢れています。

夏至を祝う人々の喧騒を避け、人目を忍ぼうと森へ向かった人たちのなかには、地面に散りばめられた何百もの小さい光に出会い、驚きに目を見開いたものも少なからずいたはずです。これらの神秘的な光はもちろん妖精ではなく、ヨーロッパで広く見られるグローワーム型ホタル、ラムピリス・ノクチルカのメスたちです。メスが光り始めるのは日暮れ時ですが、ヨーロッパ北部に日暮れが訪れるのは、夏至のころなら真夜中の数時間前。雨が降ろうが月が輝こうが二時間以上光り続け、その輝きは五〇メートル離れていても見えるほどです。止まり木に腰を掛け、誘いかけるようにゆっくりと発光器を左右に揺らします。このリズミカルなダンスは、彼女を探して暗い森の中を光も灯さずに飛び回るグローワーム型ホタルのオスたちの目を引くのに十分です。

私が「発光の王」に出会ったのは二〇〇八年。飛べないホタルのメスに初めて出会った年です。ラファエル・デコックは二重生活を送るシャイでハンサムなベルギー人。一流の民族音楽家として生計を立てる一方で、ヨーロッパに生息するグローワーム型ホタルの世界的な権威として認められています。デコックはこの二重生活を何とか巧みにさばいてはいますが、ここまで来るにはいくつかの困難を乗り越えなければなりませんでした。

デコックのこの情熱の対象は、ふたつとも幼いころから始まったものでした。一九七四年にアントワープで生まれ、週末を田舎にある祖父母の家で過ごして育った彼は、そこで光るもの全てに心を奪われ、気がつけばもう後戻りできないほど惚れ込んでしまっていたのです。デコックはうっとりとした表情で思い出を語ってくれました。「陸や海には生物発光するさまざまな生物がすんでいますが、祖父はそうした生物の写真がたくさん載った本を持っていました。ぼくはその本を開いては、神秘的なおとぎ話の世界に足を踏み入れていたのです」。また、デコックは子ども時代に蛍光発光する鉱石を収集し、それらがブラックライトの下で七色の輝きを見せるのを飽かず眺めたものでした。彼はまた、光を吸収させるとそれをゆっくり再放射する、暗闇で光る蓄光性のおもちゃにも魅せられました（月の輝きが太陽光の反射に過ぎないのと同じように、蛍光性と蓄光性の物体はそれ自体では発光しないので、まずは光を当てなければならないのです)。彼は大人になった今でも、「闇の中で光るおもちゃに対する異常なまでのこだわり」があることをあっさり認めます。子どものころに持っていた闇の中で光るプレイモービル〔＊訳注：ドイツ生まれの小さなおもちゃ〕の幽霊人形を懐かしそうにこう語ってくれました——「これは間違いなくこれまでで一番のお気に入り。いや、実を言うと今でも持っています」。彼はまるでニワシドリ〔＊訳注：オーストラリアやニューギニアの密林に生息し、オスが果実や花などで巣を飾る全長二〇〜四〇センチほどの鳥〕のように、自分の周りを石やトカゲやパテに星と、あらゆる色と形の光るおもちゃで飾っています。

デコックがベルギーの田舎でホタルを探そうと思い立ったのも、祖父の本がきっかけでした。岩の下に隠れているグローワーム型ホタルの幼虫を初めて見つけたのは、九歳のときでした。大喜びした彼は、早く祖父母に見せようと葉っぱの上に幼虫をそっと乗せ、急いで家へ走って帰りました。ところが幼虫はどこかで落ちたと見え、家に着いたときには残っていたのは葉っぱだけ——デコックはひどくがっかりしたものでした。でも祖父の本を何度も開くうちに、生物発光は彼の心の中で大きな存在となり、彼をホタルの秘められた世界へと導いていきました。祖母と一緒に探検に出かけたある晩のことを、彼はこんなふうに語ってくれました。「ぼくたちは真っ暗闇の中をゆっくりと歩きながら、闇に目を慣らそうとしていました。すると突然、たくさんの小さな輝く点が、林床の上を動き回るのが目に入ったのです」。彼の話は熱を帯びてきます。「分かりますか、その全部がグローワーム型ホタルの幼虫だったのです！」。デコックは本に掲載された写真を見ていたので、それがラムピリス・ノクチルカだと分かったのです。彼は幼虫を何匹か家に持ち帰り、自分の部屋で飼育することにしました。カタツムリを捕ってきては生物発光するペットに与え、幼虫が蛹へ変態してゆくのを驚きの目で見守ったものでした。以来家族旅行では、常に彼の隣にグローワーム型ホタルの箱が置かれることになりました。でも彼はまだ、「発光の王」にはなっていませんでした。

デコックはアントワープ大学に入学すると、グローワーム型ホタルへの興味から科学研究の道へ進み、博士号を獲得するまで研究を続けました。彼は少年時代の観察から、ホタルの幼虫は拾い上げたり近くの地面を踏みつけたりすると光を放ち、さらに這い進むときには自発的に光ることまで知っていました。でも、彼が本当に知りたかったのは「ホタルの幼虫はなぜ光を発するのか」という問いに対する答えでした。そんなに目立って、いったいどうしようというのでしょう。「ここにいるわよ。さあどうぞ召し上がれ！」なんて、結局は災いを招くだけです。では幼虫の行く手を照らすためでしょうか。どうも、この説明は正しくないようです。ホタルの幼虫は視力が弱いのです。獲物をおびき寄せるためでしょうか。これも違うようです。グローワーム型ホタルの幼虫は自分からカタツムリを追いかけて捕まえます。

デコックは以前、ホタルは食べても不味いという内容の論文を読んだことがありました。ヒキガエル、鳥、トカゲ、その他の捕食動物もホタルの幼虫を食べようとはしません。そこで彼は、グローワーム型ホタルの幼虫が放つ光は、夜行性の捕食動物から身を守るための警告の役割を果たしているのではないかと考えました。デコックが博士課程の研究で行った実験は、ホタルの生物発光は潜在的な捕食動物を撃退するために生まれたという考えを裏付ける、重要な証拠をいくつか提示しています。今では誰もが知る古典的な実験によって、ヒキガエルのような夜行性の捕食動物が、光の信号を不快な餌に結びつけることが証明されました。つまり不愉快な経験をすると、その後は同じように見える獲物は攻撃しなくなるというのです。

ついに「発光の王」が玉座に就きました。デコックは博士号を獲得し、ホタルの警告シグナルに関する知識を世間に広め、多くの研究論文を発表しました。彼はそのなかで、ヨーロッパに生息する、より小さなグローワーム型ホタル（フォスファヌス・ヘミプテルス）のメスが、フェロモンとして知られる魅力的な香りの化学信号を放ち、交尾相手を惹き寄せることを明らかにしています。この論文の発表から一〇年後、ブルーゴーストのメスも交尾相手を誘うのに同じような匂いを使うのか確認するため、私たちはテネシー州のスモーキー山脈に合同調査に赴くことを決意します。

二〇〇五年まではデコックの将来には輝かしい学究生活が待っているように見えました。ところがベルギーでは科学者の求人需要が冷え切っていたので、デコックは大学で自分にふさわしい地位を見つけるのを諦めました。そこで生計を立てるため、彼は素早く頭を切り替え、もうひとつの能力——作曲という才能を活かすことにしたのです。

デコックは少年のころ、リコーダーとティン・ホイッスル〔＊訳注：主にアイルランドなどの伝統音楽や、ケルト系の音楽で使われる縦笛〕に親しんでいました。一六歳の誕生日を迎えると、突然、もともとあった音楽の才能が開花します。ある日ラジオを聴いていると、アイルランドを代表するバグパイプ、イーリアンパイプ〔＊訳注：肘の下に挟んだフイゴを使い、バッグに空気を送り込むアイルランド特有のバグパイプ〕の演奏が流れてきました。バイオリンとオーボエを足して二で割ったようなこの楽器の音色が、デコックの琴線に触れたのです。イーリアンパイプはその演奏の難しさで有名ですが、彼はやがて誰よりも甘く、柔らかく、そして滑らかなバグパイプの音色が出せるようになります。数年後にはモンゴル喉歌〔＊訳注：モンゴルに伝わる特殊な歌唱法。ホーミーともいう〕にも熟練し、多数の民族楽器も見事にレパートリーに加えました。

グローワームの歌

誰もが認めるグローワーム型ホタルのロマンティックな魅力は『Das Glühwürmchen（グローワームの歌）』という曲に見事に集約されており、これは後にアメリカ国内でも一世を風靡します。もともとは一九〇二年につくられたパウル・リンケのオペレッタ『リュジストラータ』のためにハインツ・ボルテン＝ベッカーが書いたものです。原曲の歌詞はドイツ語です（リラ・ケイリー・ロビンソンによる英訳から日本語訳）。この曲は一九〇七年にブロードウェイ・ミュージカル『The Girl Behind the Counter（カウンターの向こうの女の子）』の中でも歌われました。その後はコーラス部分だけ残して書き直され、一九五二年に『Glow Little Glow-Worm（光れ、可愛いグローワーム）』というタイトルでミルス・ブラザーズによって録音されました。私の母は就寝前によくこの歌を好んで歌ってくれたものです。とても楽しい（科学的には正確とは言えませんが）この歌は、一九五〇年代を通して愛され続けたヒット曲でした。

夜が静かに更けると
夢見る森の夜が静かに更けると
恋人たちがやって来る

明るく輝く星を見に、恋人たちがやって来る
どうか迷子にならないように
どうか迷子にならないように
グローワームよ、夜毎に灯して
その可愛いランタンを鮮やかに

苔むした谷間や窪地なら
ここでもそこでも、どこにでも
ランタンは、鮮やかに明るく瞬く
静かに空を漂って、
ついておいでと誘いかける

光れ、小さなグローワーム、ちらちら　ちらちら
光れ、小さなグローワーム、ちらちら　ちらちら
どうか導いて、この先迷子にならないように
ほら、遠くで愛が甘く誘っている
光れ、小さなグローワーム、ちらちら　ちらちら

光れ、小さなグローワーム、ちらちら　ちらちら
上から下から、道を照らして
どうか愛へと導いて

今やデコックは、カナダ、シベリア、ボリビア、サルディニア、アイルランド、スカンジナビアへ、プロの音楽家として、教師として、さらには民族音楽の演奏者として世界中を旅しています。彼は学者として象牙の塔にこもる道は選びませんでしたが、どこへ行ってもその旅先でホタルの研究を続けてきました。「ぼくは古い時代に生まれるべきだったのです」彼は物憂げな表情で続けます。「科学、音楽、芸術——人間がたくさんの異なる興味を同時に追求するのが当たり前だった時代にね。今や、私たちの生活はあまりにも専門に特化しすぎています。これはとても残念なことです」。おそらく驚くには値しないことでしょうが、ホタルの放つ光を見ると、デコックの耳には音楽が聴こえてくるのだといいます。しかもそのメロディは種ごとに異なるそうです。「発光の王」にとって、光には音があるのです。

幽霊のような光と、幻の匂い

二〇一三年、私はグローワーム型ホタルの生態が頭から離れず、飛ぶことのできないメスの姿をいつも心の中に思い描いていました。世界中を旅するなかでこの生き物を何度も見てきましたが、グローワーム型ホタルがアメリカ国内の生息環境で実際に這い回る姿を見たことはまだ一度もありませんでした。

私はテネシー州ノックスビルの冷房の効きすぎた空港で、昆虫学者のリン・ファウストとおしゃべりをしながら、研究チームの最後のひとりが到着するのを待っていました。するとそこへ、ラファエル・デコックが片方の肩に捕虫網を、もう一方の肩には楽器を下げ、足取りも軽やかに飛行機から降りてきました。私たちは三人で、グレートスモーキー山脈へ現地調査に赴くところだったのです。調査の対象は神秘的なブルーゴースト、ファウシス・レティキュラータ。比較的限定された地域に、しかも固まって生息するという理由から、このグローワーム型ホタルを研究しようと決めたのです。ところが私たちはすぐに、彼らの魅力の虜になってしまいます。

ノックスビルで現地調査を開始するにあたり、それまでに発表されたブルーゴーストに関するあらゆる科学的文献を徹底的に調べましたが、ブルーゴーストの生態が謎に包まれていることは間違いなく、得られた情報は限られたものでした。ファウシス・レティキュラータは一八二五年に正式に（博物館の死骸の標本に基づいて）その名前がつけられ、科学的記述が加えられていますが、その求愛習慣や交尾儀式については驚くほど知られていないのです。ブルーゴーストのオスは、ちょうど米粒ほどの大きさの小さな黒い体と、腹部の先端にふたつの体節からなる発光器を持っています。彼らは交尾期の間、毎晩二時間ほど暗い森の中を、メスを探して人間の足首程度の高さで飛び回ります。飛んでいる間は、一分ほど続く微かに青みがかった光を常に放ちます。この光を多くの人がゴースト（幽霊）のようだと表現したので、こうした俗称がつきました。生まれて初めてブルーゴーストを見て「妖精だ……可愛いブルーのランタンを下げた妖精だ」と感じた人もいたようです。

一方、科学的文献の中で、翅のないブルーゴーストのメスについて言及されていることは極めてまれでした。オスとほぼ同じ大きさのクリーム色の体は、完全に落ち葉の色に溶け込んでしまいます。夕暮れになると、体にあるいくつかのスポットから光を放ち、ほぼ透明な肌を通して林床を輝かせます。

ブルーゴーストの生息地での現地調査は数週間を予定していましたが、その間にいくつかの疑問が解明できるのではないかと期待を寄せていました。メスはその光だけでオスを惹き寄せるのでしょうか。それとも他にとっておきの求愛の技を隠し持っているのでしょうか。

メスは一度だけしか交尾しないのでしょうか。そして、ブルーゴーストの光は本当にブルーなのでしょうか。

この調査のために集まった科学者三人の組み合わせは完璧でした。デコックはヨーロッパのあらゆるグローワーム型ホタルを研究し、ある種の翅のないメスが化学物質によってオスを惹きつけることを発見しています。リン・ファウストは、テネシーのグローワーム型ホタルについては何でも知っています。ある晩、馬で山中を進んでいるとき、ブルーゴーストが地面近くに雲のように密集しているのに遭遇し、うろたえた愛馬のエコーが、光り輝く群れを何度も踏みつけようとしたそうです。ノックスビル近くの家族が経営する農園周辺で、一五年以上もブルーゴーストを観察してきた経験もありました。最後の私は、ホタルの性淘汰、交尾行動、および婚姻ギフトに関する専門家です。そして、何より三人とも馬が合ったのです。この調査旅行では、昼夜通して作業に集中し、狭い空間で寝食を共にし、短い睡眠時間に耐える必要があったので、これはとても大切なことでした。

ヘッドランプと野外調査用の観察ノート、そしてカメラを携え、私たちは空港から調査現場へと直行。着いたのは夜の一〇時くらいでした。森へ入ると、息を呑むような光景が私たちを出迎えてくれました［図5・2参照］。至るところでブルーゴーストのオスが、林床近くをゆっくりと漂いながら、光を放っていたのです。そして、一塊の溢れる光の渦になり、寄せては流れ、滝のように音もなく丘を下っていきます。ともすれば光の曲線を描くオスたちに目を

［**図5-2**］ブルーゴーストのオスは、翅のないメスを探して林床に光の軌跡を紡ぎます。
（ファウシス・レティキュラータ *Phausis reticulata*、Spencer Black撮影）

奪われそうになるのを我慢して、私たちは飛べないけれど見つけるのが難しいメスたちを探し始めました。隠れた宝石、小さく輝く点で飾られた透明な体を見つけ出そうと、落ち葉の中を四つん這いになって注意深く見ていきます。

その日の夜、眠ろうとしても、まだライムグリーンの光が目の前にちらついていました。首尾良くブルーゴーストに出会うことができ、私は研究プロジェクトが大きく進展する予感を抱いていました。あのような謎に満ちた生き物と近づきになれるとは、何と名誉なことでしょう。彼らが胸襟を開いてくれさえすれば、未だ解き明かされていない求愛習慣について、新たな驚くべき発見をすることが可能になるかもしれないのです。

次の日早く、デコックとファウストと私は、その後に行う予定の野外実験の準備に取り掛かりました。私たちが検証しようとしたのは、ブルーゴーストのメスはオスを惹きつけるのに宝石のように輝く光はもちろんですが、それ以外にフェロモンを放っているかどうかという点でした。まず始めに、前の晩に集めたブルーゴーストのメスに仮住まいを用意しました。これは、たまたまあったアイスクリーム・サンデー用の紙コップに、湿ったペーパータオルとブルーゴーストが生息する森の落ち葉を敷き詰めたものです。繊細なメスを絵筆でそっと持ち上げると、一匹ずつそれぞれの住まいへと落ち着かせました。

次に、それぞれの容器から間違いなくメスのシグナルが放たれるよう、目的に合わせた異なる三つの蓋を考えました。オスを惹き寄せるのに光だけで十分なのか。また、光を遮断してもその匂いが漏れれば、オスは寄ってくるのか。私たちはこれらの質問に答えるため、メスを入れた紙コップに三種類の蓋をつけ、簡単な実験装置をつくったのです。まず単純な網の蓋で覆い、光も匂いも漏れるけれどオスは入り込めない容器。次に気密性のある透明なプラスチックの蓋をし、光は見えるけれど匂いは漏れない容器。最後は網の上に遮光板をのせた、光は見えないけれど匂いは漏れ出す容器です。

その後数日間は、暗くなる前に実験現場に向かいました。ブルーゴーストのオスは日没後約四〇分してから飛び始めますが、準備作業のために早めに着くようにしたのです。メスは仮住まいの中でも特に変わった様子はありません。私たちは三つの紙コップを並べて置くと脇へ退き、真っ暗闇になるのを静かに待ちました。数分のうちに、ブルーゴーストの小さいメスは枯れ葉のてっぺんまでよじ登り、光を放ち始めます。準備は万全。そしてついに、静かに丘を流れ落ちるようにオスたちがやってきました。

それからの二時間というもの、私たちはほとんど口をききませんでした。各々の責任で、異なる三種類の容器のメスそれぞれを注意深く見守らなければなりません。メスの上を何匹のオスが通過し、そのうちの何匹が実際に着地したかを、一〇分ごとに正確にデータシートに記録していきます。オスの飛翔が止んだのは深夜。まるで光の渦が流れるようなブルーゴーストの求愛行動に夢中になっていましたが、気がつけばデータシートは表裏ともに書き込みでいっぱいになっていました。

私たちは実験に使ったメスは放し、代わりに新たなメスを加えては、毎晩粘り強くこの作業を繰り返しました。記録した数値をまとめ、蓄積したデータをグラフにしてみると、ひとつのパターンが次第に見えてきました。数字の上ではどのメスも一様に魅力的なようで、飛んできたオスはほぼ同じ割合（一〇～四〇％の間）で相手をさらに吟味しようと着地していきます。しかし私たちは、ブルーゴーストの求愛行動をかなり注意深く観察していたので、メスが何らかの魅力的な匂いを放っているという明確な証拠をいくつか見つけていました。たとえば遮光板で光が見えないにもかかわらず、遠くにいるオスが向かい風に逆らってまでメスのところへ飛んでくるのです。風上に進むヨットのようにジグザグに近づくものもあれば、磁石のようにまっすぐ惹き寄せられるものもありました。

ブルーゴーストには光だけではない何かがあると確信したのは、とあるメスの様子からでした。観察を始めて一時間は静かでした。オスが何匹か飛び過ぎてゆくなかで彼女に興味を示し、容器の周りを回り、その縁に着地したのは一匹だけ。這い回ってはみたものの、網を通り抜けられないと分かると飛び去ってしまいました。一〇時半になると飛んでいるオスの数は少なくなり、求愛活動は明らかに収まりつつありました。ところが突如として、どこからともなく四匹のオスが飛んで来ると、彼女の容器の上に着地したのです。このメスが何らかの秘密の匂いを放ったに違いありません。ブルーゴーストのメスには、私たちが「香りの花作戦」と名付けた挽回策があるようで、光を見せても相手が来ない場合には、やはり相手が見つからず最後まで飛んでいるオスに求愛してもらえるよう、フェロモンを放つという手段に及ぶのです。

私たちの調査もそろそろ終わりに近づいてきました。今回の実験は、光と匂いという興味深い世界への探求のほんの第一歩に過ぎません。私たちの研究に触発され、新たな目で、そして新たな鼻で、さらにグローワーム型ホタルの求愛行動を追究しようとする人たちが現れるのを期待しています。いつの日か、ブルーゴーストの香水をお店で買えるようになるかもしれませんね。

このフェロモンに関する実験の最中、私たちは山の陰になる側で作業をし、ブルーゴーストの行動に関するデータを収集することだけに注意を払っていました。ところが今回の現地調査の最終日の夜、実験を終えて車まで歩いて戻る途中、これまでよりさらに広大な光景が押し寄せてきたのです。月が背後の丘をくっきりと照らし、行く手に樹木の影を落としていました。グレートスモーキー山脈は遠くにぼんやりと霞み、まるで穏やかに眠っているようでした。その時私は、ブルーゴーストの大きな一団が踊り揺らめきながら、まるで光のブランケットのように山脈を覆っていくのを目にしたのです。

昼間でも私たちにはやるべきことがたくさんあるので、夏至近くの昼の長さは嬉しいものです。その恩恵を十分に利用し、ブルーゴーストのメスを夜毎撮影した写真を見比べているうちに、光る点の数がみな同じではないことに気づいて驚きました。発光点が三カ所しかないメスもいれば、九カ所もあるものもいます。大きいメスは光る点が多いのでしょうか。ある日私は、彼女たちの小さい体を何時間かかけて注意深く計測し、ノートパソコンに接続した顕微鏡で写真を撮りました。すると、大きいメスは実際に発光点の数も多いことが判明したのです。なかには発光点の数が他の三倍もあるメスさえいました［図5・3参照］。ここからある疑問が浮かびました――ブルーゴーストのオスは光る点が多いメスの方に惹かれるのでしょうか。

野生生物学者はたまたま身のまわりにあった材料をかき集め、何でも必要な道具をつくり上げてしまうのが自慢です。デコックは旅行中も持ち歩いている、暗闇で光る物体ばかりを集めたコレクションの中から、ベータライトと呼ばれる小さな発光するチューブを見せてくれました。そしてそれを使い、ブルーゴーストのメスが放つ異なる光のパターンを再現する方法を考え出したのです。まず飲料用の黒いストローに光が漏れるような小さな穴を針で開け、その後でストローにベータライトを通すというものでした。彼はストローの上に屈み込み、一日かけてやっと四つの穴と八つの穴が光るルアーを何個かつくり上げました。実際それは、暗い部屋の中で見るとメスにそっくりです。次の日の午後、私たちはごみ箱あさりに

[**図5-3**] 透明な表皮を通して輝く、光る点が美しい繊細なブルーゴーストのメスは、落ち葉にくるまった小さな宝石のようです。
（ファウシス・レティキュラータ *Phausis reticulata*、Lynn Faust 撮影）

出かけ、二リットルのペットボトルを二ダース手に入れてきました。ハサミと塗料とヒモを使い、このペットボトルを漏斗型の捕虫罠、ファンネルトラップにしつらえ、その中に光るルアーをぶら下げます。うまく行けばオスがルアーに惹き寄せられ、傷つくことなくトラップに閉じ込められるというわけです。この仕掛けをブルーゴーストのすむ森の中で実際に試したところ、期待通りとてもうまく行きました。

では、どちらのルアーがブルーゴーストのオスをより多く惹き寄せたでしょうか。私たちは数日間、ラファエルのルアーを日暮れに設置し、オスが飛び交うのをやめる夜中に回収しました。それからトラップを開き、中にいるオスを数え、解放しました。数を集計すると、八つの穴のルアーでつくった罠からは、四つの穴でつくった罠の二倍オスが見つかりました。実際に光の数を数えているわけではないでしょうが、明らかにブルーゴーストのオスは、より多くの光る点を持つメスを好むようです。これは生物学的な道理にかなっています。なぜなら光る点の多いメスを選ぶオスは、必然的に大きなメスと交尾し、大きなメスはより多くの卵を産むからです。

私たちはそれぞれが、ブルーゴーストのライフスタイルに関する個人的な疑問をもっていました。そこで、調査のうちのいく晩かをその研究時間に充てることにしました。「発光の王」は、これらの「ブルー」ゴーストが発する光の色が本当は何色なのか突き止めようとし

[**図5-4**] 1匹のオスのブルーゴースト（中、体長８ミリ）が２匹のクリーム色で翅のないメスをもてなしているところ。
（ファウシス・レティキュラータ *P. reticulata*、Raphaël De Cock撮影）

ました。そのために彼は、あらゆる光の波長を極めて正確に計測し記録する携帯用の分光光度計を持参していました。驚いたことに彼の計測によると、オスもメスも実際にはライムグリーンの光（最大発光波長は五五四ナノメートル）を放っていることが分かりました。他のグローワーム型ホタルの光に対する調査結果にぴたりと一致しています。でもこれだけでは、なぜブルーゴーストのオスが放つ光を上から見ると実際には青みがかったように見えるのか、説明がつきません。たぶん、色が変わって見えるのは、オスの光が林床の深緑の葉に反射するために起こる錯覚ではないでしょうか。

もうひとつの驚きは、ブルーゴーストのメスは専業主婦だったということでした。ファウストは研究室内で交尾したメスたちが、用意されたそれぞれの枝葉に数十個の卵の塊を産み付けるのを確認し、経過を追っていました。昆虫は一般的に、母親が献身的な愛情を注ぐとは考えられておらず、ほとんどの昆虫のメスは卵を産むとすぐにどこかへ行ってしまいます。そのためファウストは、ブルーゴーストのメスが卵を産むと、ゆっくりとその周りを自分の体で囲み、脚で抱きかかえるのを見てとても驚きました。ファウストが絵筆で優しく撫でると明るく光り、這って逃げ出しますが、数分後には元の位置に戻り、また卵を守るように抱え込みます。ブルーゴーストのメスは卵を産み付けると、一週間ほど夜も昼もなく卵を守り続け、その一生を終えます。さらに一カ月後、残された卵からは小さなよちよち歩きの幼虫が孵化します。幼虫が母親に会うことはありませんが、生まれてくる子どもたちはその献身的な愛情によって、今後臨まなければならない生存競争に幸先の良いスタートを切ることができるのです。他のグローワーム型ホタル、タイの巨大なランプリゲラ属のメスも母親らしい気遣いを見せます。このメスは卵の周りを自分の体で囲むと、幼虫が孵化するまでの三カ月間、毎日丁寧に卵の汚れを落とします。これら専業主婦の母親は光り輝くだけでなく、卵を狙う捕食動物や病原菌を阻むまだ未発見の化学兵器を備えているのかも知れません。こうしたブルーゴーストの生態や彼らがもつ多くの謎に、私たちの驚きと興味は尽きるどころか、ますます高まる一方です。

ところでこの章の始めに述べたように、私自身もブルーゴーストのメスの環世界を探索しようとしました。私はいく晩か森へ入り、地面に落ちた枝葉の中に体を沈め、オスが鼻先を飛び交うのを見つめて過ごしました。求愛行動のシナリオには、フェロモンの実験により嗅覚という新たな知覚的側面が加わりましたが、ブルーゴーストの環世界に入った私には、そのメスの魅力的な匂いが、目に見える蛍光性の香水のように森の中を漂っていくのが見えます。周りにいるたくさんのメスたちから渦巻く雲のように立ち上る、異性を惹きつけてやまない香水が、シダの香る空気に混じり、広がっていきます。

ノーベル賞受賞者で動物学者のカール・フォン・フリッシュは、自分が最も好きな生き物であるミツバチを魔法の井戸に例えています。汲み出せば汲み出すほど、井戸の水は増えるというわけです。私たちの野外調査は全くの謎に包まれたブルーゴーストの生態に迫ろうとスタートしたものでしたが、実際に調査を行うことで、これらのグローワーム型ホタルが最も大切に隠していた秘密のいくつかを突き止めることができました。こうした研究結果は、ブルーゴーストに対する私たちの見方を間違いなく変えましたが、一方で謎はまだまだ残されています。とは言え、今はこうした素晴らしい生き物を研究する機会に恵まれたことに感謝し、その神秘を心に刻み、家路につくことにします。

＊＊＊

ホタルが発光する理由についてはかなり触れてきましたので、もうひとつの大切な疑問、ホタルが発光する仕組みに話題を移しましょう。例えて言えば自動車のボンネットを開けて基本的な構造を確認するように、ホタルが光をつくり出す方法を探っていきます。さらにこの発光という輝かしい能力がどのように生まれたかについても見ていきましょう。その過程で、ホタルは単に美しいだけではないこともお分かりいただけることと思います。ホタルが光を放つための化学物質は、公衆衛生や医学、科学研究における進歩を可能にすることで、人間の生命を救うことに貢献しているのです。

第6章

光を生み出す

The Making of a Flasher

光を生み出す化学反応

人生のパートナーとなるトーマスに本当の意味で出会ったのは、ネットも張らず、ふたりでバドミントンに興じていたときのこと。ニューハンプシャーの霞む夏の夕暮れ、シャトルはふたりの間を飛び交っていました。すると突然、周りの背の高い草むらからたくさんの光が煌めきながら立ち上ってきたのです。ニューイングランド育ちの私には、この光景はごくありふれたものでしたが、トーマスは大いに驚き、その場に立ちすくんでしまいました。残念ながらホタルのいないオレゴンで育った彼は、大学に進学するためにボストンに越してきたばかりだったのです。トーマスの両目に畏怖の念が溢れ、大きく見開かれていくのを目にしながら、私は改めてその光景の不思議さに気づかされる思いでした。まるで生まれて初めてトーマスを、そしてホタルたちの姿を目にするように感じたのです。数十年の後、気がつけばふたりの間に起きた出来事は科学の探求へと姿を変え、ホタルの放つ光の不可思議さを読み解こうと、共に仕事をするようになっていました。

音もなく明滅する光は一見魔法のようですが、実際にはホタルの発光器内部で、化学物質が織りなす精緻なダンスにより発生します。化学エネルギーを光に変える術を身につけた陸上生物をリストアップするなら、まず発光性甲虫目——ホタルはこの仲間です——の名が

トップに来るでしょう（この他、キノコ、ミミズ、ヤスデ、キノコバエなどの一部が該当します）。陸上では、生物が進化の過程で生物発光を独自に獲得した例が少なくとも三〇はあるのですが〔＊訳注：現在では多く見積もっても一五以下と考えるのが正しいと思われる〕、海洋生物に目を向ければ、発光生物の数は陸上よりもはるかに多いことが分かります。これらの生物は光を発するために、それぞれ独自の化学的手法を身につけてきました。ところが面倒なことに、この生化学的多様性が注目されることはまずありません。科学者たちは、発光を媒介するさまざまな酵素をそれらの総称であるルシフェラーゼ（luciferase：ラテン語の「光を運ぶもの」という意の「lucifer」と、酵素の命名に用いられる接尾辞の「-ase」を組み合わせた言葉）の一言で片づけてしまったためです。発光生物が起こす化学反応はどれも似ていますが、それぞれの生物の身体構造内で用いられるルシフェラーゼは大きく異なる場合があります〔＊訳注：酸素を必要とする酸化反応であるという意味では似ている〕。

ルシフェラーゼは特定の立体構造を持ったタンパク質からできており、自分よりもずっと小さな分子をダンスパートナーのように選び、巧みにリードをするようにして光を生み出します。この小さな分子は「ルシフェリン（luciferin）」の総称で知られ、私たちが実際に目にする光はこの分子がつくり出します。ルシフェリン分子はみな一般的な有機化学物質で、炭素、窒素あるいは硫黄などから構成された、いくつかの環《かん》をもっており、そうした環による結合中に化学エネルギーをとらえることができるという特有の才能があります。ルシフェリンは、パートナーのルシフェラーゼに優しくリードされることで、このエネルギーを利用して光を発するというわけです。

生物が発光する仕組みについては、北米に生息するビッグディッパーと呼ばれるフォティヌス・ピラリスの研究により、多くの謎が解明されました。このホタルの場合、ちょうど五五〇個のアミノ酸（タンパク質の構成単位）を鎖でひとつにつなぎ合わせたルシフェラーゼの触媒作用により発光反応を引き出しますが、このルシフェラーゼが光をつくり出すには、ルシフェリン以外にも踊り手が必要です。ひとつはアデノシン三リン酸（adenosine triphosphate）で、通常ATPと表記されます。いわゆる最重要分子、VIM（very important molecule）で、あらゆる生物が身体の隅々に化学エネルギーを行き渡らせることができるのはこのATPのおかげです。さらに酸素分子——私たちが呼吸から得ているような——が登場すれば配役は完成。こうした分子はルシフェラーゼに比べればちっぽけなものですが、どれひとつ欠けても光は生まれません。

さあ、これで役者は揃いました。ではダンスを始めましょう。発光を促す動きが生じるのは、ルシフェラーゼ分子内に一カ所設けられたへこみの中、酵素の活性部位［図6-1参照］と呼ばれる場所です。踊り手全員がそれぞれの配置につくと、仲良く体を寄せ合い、この繊細な分子間ダンスに参加していきます。

ホタルはいくつかのプロセスを経て光をつくり出します。第一段階。まずＡＴＰのエネルギーの一部をルシフェリンに送り込まなければなりません。そのためにルシフェラーゼは、ＡＴＰとルシフェリンのふたりの触れ合いを仲立ちします。この状態のルシフェリンはやや安定な状態でいられます。第二段階。そこに酸素が加わることで、ルシフェリンは化学的に高い励起状態へと変容します。しかしこれはあくまで一過性のもので、この状態はわずか数億分の一秒しか続きません。ルシフェリンはこの高エネルギー状態からもとの安定状態に戻るとき、まるで小さな稲妻のように、目に見える光の粒子を放ちます。そして最終段階。ルシフェリン再生酵素の働きで再生されたルシフェリンは、もう一度ルシフェラーゼと恋に落ちて再び光が放てるよう、ダンスフロアへと新たなステップを踏み出す準備を整えるのです。

ホタルは他の発光生物よりも効率よく光をつくり出すことが知られています。実際の量子収量〔＊訳注：化学反応を起こした分子の個数とそこから放出された光子の個数との比〕は四〇％。つまり一〇個のルシフェリン分子が化学反応を起こすと、そのうち四個が光を放つことになります。これは光化学的にはとても高い数値だと言えます。

ではダーク・ファイヤーフライ型ホタル——すなわち成虫になってもほぼ発光しない種類のホタルはどうでしょう。アジアに生息し、成虫になると昼間活動するオバボタル（*Lucidina biplagiata*）にも、ルシフェラーゼとルシフェリンは備わっています。しかしその量はわずかなもので、発光するホタルの仲間に比べて約〇・一％しかありません。もはや彼らに発光物質は不要なのです。おそらく昼間活動するホタルたちは、発光を抑制することでエネルギーを節約していると考えられます。

甲虫の明るい光の進化をたどる

甲虫の中で光ることができるのは約二五〇〇種であり、これらの全てが（甲虫目の一七六科のうちの）わずか四科に分類できます。発光性甲虫のほとんどは、真の意味でのホタル（ホタル科）に属し、すでに述べたように、その幼虫期には全てのホタルが発光します。ところが発光性甲虫のリストには、約二五〇種の巨大グローワーム（フェンゴデス科）、約三〇種のオオメボタル（オオメボタル科）、そしておよそ二〇〇種のヒカリコメツキ（コメツキムシ科）も含まれます。

最近の系統解析の結果によれば、発光能を獲得する進化プロセスはある古代の祖先に一度だけ起こり、それがやがてホタル科を含む三つの科へ進化していったようです。ただし、コメツキムシ科に関しては、発光する種はわずか一握り（二％以下）にすぎず、その発光能は、他の三科とは独立に生じたと考えられます。

すでにほぼ四〇年もの間、科学者たちは多くの発光生物に見られるルシフェラーゼをコードする「luc 遺伝子」のDNA配列を読み取ってきました。そのおかげで、現在私たちには約三〇種のホタルを含むさまざまな発光性甲虫の「luc 遺伝子」のDNA配列が分かっています。科学者たちはこの情報に基づき、ルシフェラーゼにおけるアミノ酸の配列を比較したところ、発光性甲虫の中で四六％以上が共通であることが判明しました〔＊訳注：これはとても大きな数字であり、お互いとてもよく似ていることを意味する〕

発光性甲虫は赤、オレンジ、黄色、それに緑とさまざまな色を放てるように進化してきました。これらの色の変化は、ルシフェラーゼのわずかな違いにより現れます。酵素の活性部位に近いアミノ酸がひとつでも変化すると、そのダンスパートナーであるルシフェリンが少しだけ違った状態に置かれることになります。こうして異なる波長の光が生まれ、私たちの目をさまざまな色で楽しませてくれるというわけです。

進化するホタルの光

ホタルは音もなく光を発する能力をどのようにして手に入れたのでしょう。言い方を変えれば、この生物発光ショーのスター酵素、ルシフェラーゼは、どこからきたのでしょう。

　ホタルの祖先は脂質代謝酵素を足掛かりに、即興による独創的な変異を加えながら、この光をつくり出す重要な酵素をつくり上げていったと考えられます。ホタルのルシフェラーゼと、脂肪酸代謝酵素〔＊訳注：正確には脂肪酸ＣoＡ合成酵素〕は驚くほどよく似ています。生物はみな後者を利用して脂肪酸を代謝するため、この脂肪酸代謝酵素は基本的な生命維持に欠かせない極めて重要な役割を果たすことになります。その重要さゆえに、動物細胞の中ではさまざまな場面で使われるのです。ルシフェラーゼはＡＴＰを使い、基質ルシフェリンを化学的に変化させることで光をつくり出しますが、脂肪酸代謝酵素も同じようにＡＴＰを使い、特定基質を化学的に変化させます。実はホタルのルシフェラーゼも、ルシフェリンに限らず適切な基質さえ与えられれば、脂肪酸代謝酵素と全く同じように作用することが明らかになっています。光をつくり出す作用と、脂肪を代謝する作用というふたつの能力があるという事実は、ルシフェラーゼの前身が脂質の代謝を助ける酵素であった可能性を示しています。

　ミールワームの俗称をもつチャイロコメノゴミムシダマシ（*Tenebrio molitor*）に対する実験結果は、この考えが正しいことを裏付けています（やや味覚寄りの話になりますが、次章はこの幼虫にも触れていきましょう）。ゴミムシダマシもホタルと同じ甲虫とは言え、その関係は遠縁にあたります。それでもホタルのルシフェリンを、生きているミールワームに注入すると、通常は発光しないこの甲虫が仄かに赤い光を放ちます。これはゴミムシダマシでも、ル

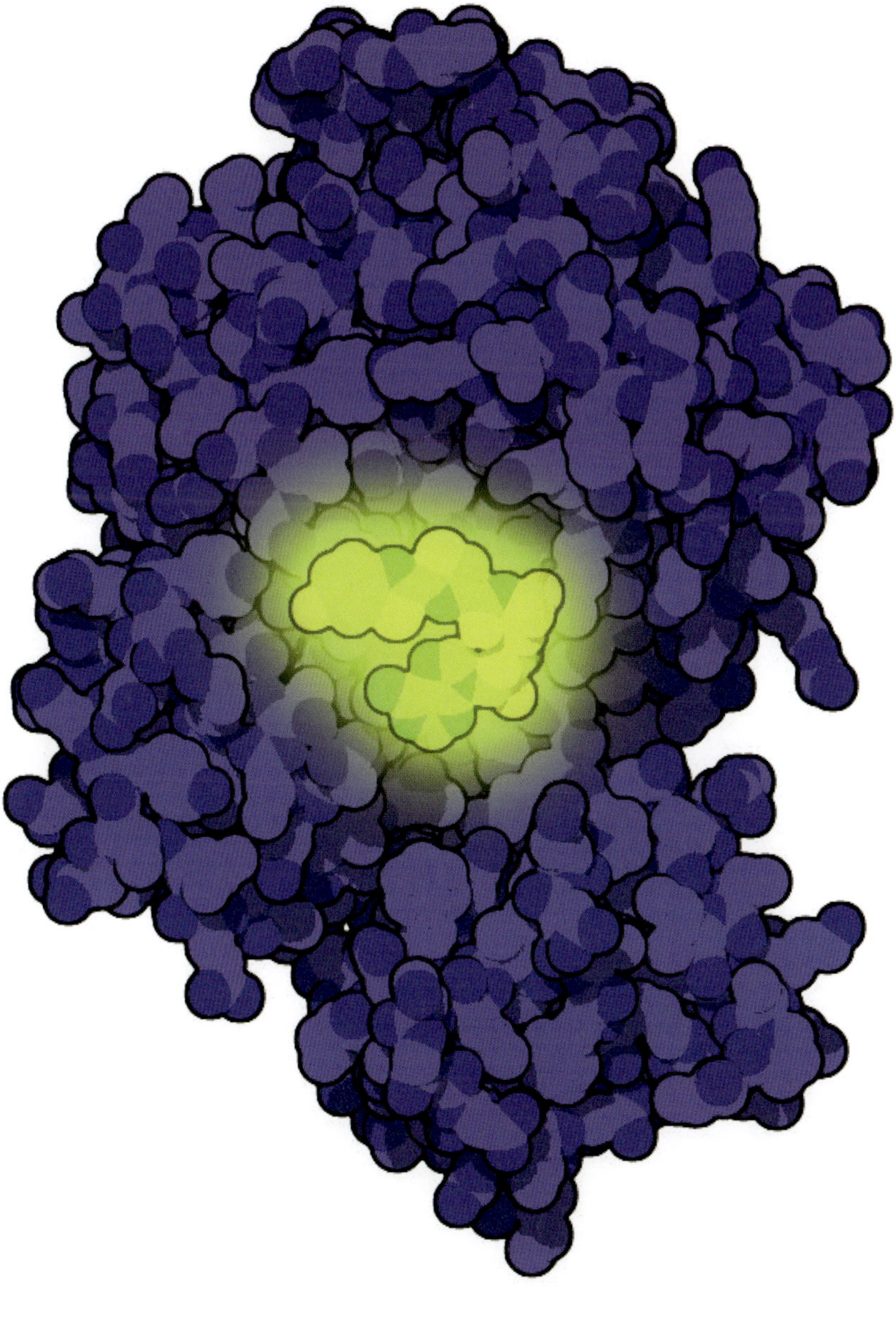

[**図6-1**] ルシフェラーゼの活性部位に取り込まれたルシフェリン分子が、その化学的エネルギーを光へと変換していく。
（David Goodsellによる）

シフェリンのような光を発する適切な基質さえ与えられれば、光をつくれる何らかの酵素を持っていることを証明しています。

科学者たちは他のたくさんの新規酵素と同様、ホタルのルシフェラーゼも遺伝子重複と呼ばれる進化のプロセスを通して生まれたと考えています〔*訳注：最近、フォティヌス・ピラリスとヘイケボタルの全ゲノムが解読され、この遺伝子重複によるルシフェラーゼの進化という考え方が正しかったことが分かりました〕。たとえばこんなふうだったのかもしれません。遠い昔、脂肪酸代謝酵素のDNA複製過程で、偶然そのDNAコード配列が重複されてしまいます。複写元のオリジナル遺伝子がその役割をきちんと果たしているので、余剰分のコピー遺伝子はぶらぶらしながら突然変異を気ままに繰り返していきます。そのほとんどは何の役にも立ちませんでしたが、新たな特性を持った機能的な酵素が生まれることもありました。なかには突然変異で光をつくり出すものもありましたが、最初は単なる新たな反応の副産物に過ぎませんでした。しかしこの原始のルシフェラーゼがつくり出す光には何らかの恩恵があったため、コピー遺伝子のなかでも特にこの突然変異型が自然淘汰によって広まりました。さらにこのルシフェラーゼは長い年月を経るうちに、より効率的な発光を求める自然淘汰により特定の組織へと凝集していき、これが我々の知っているホタルの発光器になったというわけです。

遺伝子重複は予備のDNAを生み出し、この遺伝子上の余裕が進化におけるイノベーションの原動力になります。コピー遺伝子は立場的に自由なため、時とともに多様化し、やがては全く新しい機能に特化していくこともあります。つい、進化それ自体に明確な目標があるように考えてしまいますが、実際には意図はなく、あらかじめレールが敷かれているわけでもありません。進化の独創的な即興行為が結果として大失敗を招く場合もあれば、役に立つ場合もあります。この遺伝子重複のプロセスはルシフェラーゼを生み出しただけでなく、地球上の長い生命史のなかで他にも多くの新しい代謝酵素を生み出したと考えられます。たとえば蛇の毒は獲物を動けなくさせますが、この毒に含まれる酵素は膵臓の消化酵素から遺伝子重複により進化したと考えられています。

遺伝子が発見されるよりもずっと以前の一八五九年、奇しくもチャールズ・ダーウィンはすでにこれを予見していたかのように、「もともとひとつの目的のためにつくられた器官が（中略）全くそれと違った目的のための器官に転化したという高度に重要な事実」（出典：『種の起源』ダーウィン著、八杉龍一訳、岩波文庫、一九九〇年）と述べています。現代の進化生物学者たちは、これほど大幅に機能を変換させる進化上の力に新たな呼び名を考案し、「外適応」と名付けました。その反対に、初めから同じ機能を維持し続ける進化上の力は「適応」と呼ばれます。科学者たちは、今では本来の目的と全く異なる状況で使われる動物の特質——すなわち外適応の例をたくさん特定してきました。もちろん、数百万年も前に形成されたある動物の特徴における本来の目的を見極めようとするのは難しいことです。それでも前に述べたように、本来、ホタルの生物発光は潜在的な捕食動物を阻むための警告シグナルだったことを示す有力な証拠が存在します。この光をつくる能力が外適応して成虫の求愛信号となったのはかなり後のことで、しかもホタルの特定の系統に限られたものでした。

外適応の分かりやすい例が鳥の羽毛です。羽毛があるからこそ鳥は空を飛べますが、昔からそうだったわけではありません。今日私たちは、鳥類が獣脚恐竜〔＊訳注：短い前肢と強力な後脚もつ、三畳紀から白亜紀にかけての肉食恐竜類〕の子孫であると知っていますし、多くの化石が産出する中国東北部では、羽毛を持つさまざまな鳥の祖先が発掘されています。ところがこれらの獣脚恐竜は羽毛があっても飛ぶことはできません。もともと羽毛には別の利点――求愛行動のためのお洒落な装い、もしくは断熱効果など――があったに違いありません。羽毛は「現代の恐竜」――すなわち鳥類――が飛ぶことができるような、空気力学的特徴をもつ構造物へと進化しましたが、本来は全く違う目的のために自然淘汰を通して生まれてきたものだったのです。鳥の羽毛もルシフェラーゼも、進化論で言えば共に外適応の結果だと言えるでしょう。

生物発光ショーの共演スターも忘れてはいけません。生物の種が違えばルシフェリン分子も異なります。しかしホタルならばどの種でも同じルシフェリンがルシフェラーゼのダンスパートナーとして登場します〔＊訳注：一般に、生物分類群が異なれば、発光に使われるルシフェリン分子も異なるが、同じ生物分類群の中では同じルシフェリン分子が使われている〕。それでも、どのようにしてホタルがこの極めて重要な発光物質を獲得するに至ったかについては、未だに多くの疑問が残されています。ルシフェリンは極めてまれな才能をもつ分子ですが、それがいつ、どこで、どのようにして合成されるのかは、まだよく分かっていません〔＊訳注：最近、ホタルのルシフェリンがヒドロキノンとシステインという比較的ありふれた簡単な二つの物質からつくられていることが明らかになった〕。ホタルの生物発光に関する全貌を化学的側面から把握するには、まだまだ嵌めなくてはならないパズルのピースが数多く残されています。

ホタルを利用する

ホタルの放つ光はホタルたちだけに役立つわけではありません。電気が日常的に使われるようになるまでは、さまざまな形で利用されてきました。古くはライトの代わりにホタルを集め、夜間に読書したり、自転車に乗ったり、夜道を歩いたりしたという話は、世界各地で聞くことができます。しかしホタルの生物発光に関して化学的な解明がなされるにつれ、より広範な分野での実用化が可能になってきました。ホタルが光をつくり出す能力は公衆衛生の改善、最先端技術の開発、そして医学知識の向上に、計り知れないほど貴重な情報を提供してきたのです。

食品産業では長い間、食べ物が劣化しているかどうか――有毒なバクテリアが繁殖しており、人間に害をもたらすかどうか――を検査するのに、ホタルの発光反応が利用されてきました。ＡＴＰは生きた細胞には必ず見られる化合物で、食品や飲料に潜んでいるサルモネラ菌や大腸菌などの微生物内にも存在します。これらの汚染生物に含まれるＡＴＰを、ホタルのルシフェラーゼとルシフェリンを含む検査キットで検出しようというわけです。具体的にはルシフェラーゼとルシフェリンを添加し、汚染生物内のＡＴＰを発光させようとするもので、ＡＴＰが多ければ多いほど光もより強くなるため、発光の度合いから存在するバクテリアの数まで判定できます。一九六〇年代には超高感度発光計測機器を使うことで、極めて微量の微生物汚染まで見極められるようになりました。ホタルに学んで考案されたこの検査法は、疑いのある食品のバクテリアを何日もかけて培養し、汚染食品を見つける従来の方法に比べて、ほんの数分で結果を出すことができます。この便利な生物発光ＡＴＰ分析法は、現在では人工合成したルシフェラーゼを使い、ミルク、清涼飲料、肉、その他の食品の微生物汚染検査に使用され、食品の安全確保に大きく貢献しています。

製薬業界でも類似の手法が取り入れられ、癌の治療に対する新たな化学療法の可能性を検証する創薬スクリーニング〔＊訳注：大量の候補化合物の中から、目的とする効力をもつ候補分子を探索する研究〕の迅速化および効率化に役立っています。培養されたがん細胞をさまざまな薬品で処理する際、発光現象を利用することで細胞の生存能力が計測できるため、がん細胞を最も効果的に死滅させる薬品が素早く特定できるのです。

一九八〇年代にルシフェラーゼの遺伝子設計図が解読されて以来、ホタルの生物発光はさまざまな形で実用化され、その使用方法は飛躍的に増えつつあります。医学とバイオテクノロジーにおける新たな発見の多くは、ホタルのルシフェラーゼ遺伝子である「luc 遺伝子」を他の遺伝子活動の「レポーター」として使うことで実現しました。これは、「luc 遺伝子」を研究対象となる特定の遺伝子に接合し、そのDNAを生きた細胞の中に挿入。細胞は、接合されたDNAが転写されるたびにルシフェラーゼをつくり出すため、これにルシフェリンを添加すれば、細胞は光を放って合図を送るというわけです。この手法は、特定の遺伝子がいつどこで発現するかを正確に調べるために使われてきました。たとえば植物の成長を制御する遺伝子を調べようと、生物学者は「luc 遺伝子」をさまざま様々な植物DNAの小片に接合させます。その植物にルシフェリンを含む水をやるかあるいは吹き付ければ、「luc 遺伝子」が発現した葉は光ることになります。こうすれば、異なる時期と場所で植物の成長を制御する特定の遺伝子を割り出すことができます。レポーター遺伝子はまた、疾病の研究、新しい抗生物質の開発、ヒトの代謝異常に関する新たな知見の獲得などに非常に効果的な役割を果たしています。

さらにホタルは、生物内部で何が起きているかを、器具を挿入することなくリアルタイムで調べる画像検査法の開発にも役立っています。「luc 遺伝子」を特定タイプの細胞や腫瘍の標識にしておけば、高感度カメラを使うことで、生きている動物の体内でもその動きを捉えることが可能です。科学者たちはネズミの体内のがん細胞に標識をつけることで、腫瘍の増殖を抑え、転移の可能性を低くする新たな抗がん剤の開発に成功しました。同様の手法は、結核治療に効果のある新薬の発見にも役立っています。結核を引き起こす細菌性病原体が、最も強力な抗生物質でも効かないほど高い耐性をもつようになり、根絶が難しくなっていました。科学者たちはこの耐性結核菌に対する新しい治療法を見つけようと、ルシフェラーゼで標識をつけた結核菌にネズミを感染させました。そしてこのネズミにさまざまな抗結核薬を投与し、生物発光画像検査法で内部の細菌をモニターしたのです。

こうした公衆衛生、医学、および学術研究における進歩は、全てホタルの発光に関する生物化学的発見から可能になったものばかりです。進化のたゆまぬ工夫の才により、私たち人間がどれほどの恩恵を受けているか、これなどはまだほんの一例です。

光の明滅を制御する

化学的エネルギーがどのように光に変換されていくのかを解き明かすのは、ホタルが発する光のシグナルを理解する最初のステップに過ぎません。ホタルはこの化学現象を、どのように互いのコミュニケーションツールに変換しているのでしょう。まずホタルの発する光は、生物学という名の舞台上で、三つの配役が共に演じることで生まれます。ホタルの脳内で生じる神経インパルス、発光器の名で知られる優雅な構造をもつ器官、そして細胞内奥深くにしまい込まれた極小の発光細胞の三者です。ホタルの明滅に関する私たちの知識の多くは、昆虫生理学者の故ジョン・ボナー・バックが六〇年かけて行った科学研究に負うところが大きいと言えるでしょう。ホタルがどこでどのように光をつくり出すのかは、一九三〇年代初頭に彼が実験室で学生たちと行った研究が私たちの理解の基盤になっています。

一九一三年生まれのジョン・バックが大学生として通い、博士課程の研究をしたのはジョンズ・ホプキンス大学。ボルチモアの自宅裏で見慣れていたビッグディッパーことフォティヌス・ピラリスに魅せられたのも、まさにその当時でした。彼は一九三三年、ホタルはどんな合図に従って毎晩明滅を始めるのか、夏休みを使って解明しようと決めました。それまでの多くの研究者たちは、ホタルは曇りの日にはかなり早くから明滅し始めることを知っており、これは夕暮れに光が弱くなるのを合図にしているからではないかと考えていました。さもなければ二四時間周期の体内時計を持っているに違いありません。

バックはそうした仮説を検証するため、大学の暗室を、友達でもある裏庭の昆虫たちのサマーキャンプに変えてしまいました。彼はフォティヌス・ピラリスのオスを何百匹も牛乳瓶に集めて暗室に連れてくると、異なる照明状況のもとに置かれた飼育ケージの中に放ち、明滅するか確認しました。ある実験では照明を薄暗くすると、それが何時であってもホタルは常に明滅を始めることが分かりました。また別の実験では、瓶に入ったホタルをしばらく暗闇の中に置いてからケージの中に放ちました。バックは四日間続けてこの暗室内の寝袋で寝起きしましたが、その間、ホタルは毎正時にきっかり五分間の明滅を行ったのです。たとえ暗闇の中に置きざりにされても、これらのホタルは体内の二四時間周期に従い、明滅を続けました。暗闇の中での明滅を確認することで、バックは光を放つ概日リズム〔＊訳注：生物に本来備わっている、おおむね一日を周期とするリズム〕を初めて発見し、さらに、光度の弱まりがホタルの明滅活動を開始させる合図になっていることも明らかにしたのです。

　一九三六年までにバックが「Studies on the Firefly（ホタルの研究）」という極めてありふれた表題の博士論文を完成させると、たちまち彼の裏庭のフォティヌス・ピラリスは、地球上で最も研究されたホタルとして知られることになりました。一九三九年には、ジョンズ・ホプキンス大学の指導教授の娘、エリザベス・マストと結婚。エリザベスは彼の妻になっただけでなく、六五年間にわたる信頼のおける共同研究者となりました。その後バックはベセスダにあるアメリカ国立衛生研究所で、物理生物学研究室を指導しながら、研究生活を続けました。以後数十年にわたるバックの研究課題は、ホタルの細胞生物学、形態的特徴、神経生理学へと進み、ホタルが明滅する仕組みを細胞、組織、そして生命レベルで理解しようとしました。この驚くほど広範囲にわたる研究に個人で挑む研究者は、その後現れていません。光を放つ生き物は他にも多く存在しますが、発光を制御しながら明滅できるものはほんの一握りです。ホタルがどのように光を制御し、適切な場所とタイミングで発光できるのかを理解するには、ホタルの発光器の奥深くにあるいくつかの微細な構造に注目する必要がありました。

発光器内部への旅

バックの残した多くの貢献のひとつが、ホタルの発光器の形態的特徴を明らかにしたことでしょう。この器官は生理学的に見て非常に入り組んだ構造をしています。何秒間あるいは何分間も光り続けるホタルがいる一方で、鋭い閃光を放ち、一瞬の光のほとばしりを見せるホタルもいます。これら生物発光の制御の違いは、それぞれの発光器の複雑な構造と深く関係しています。私が目にした最も優雅な内部構造は、明滅するホタルのフォトゥリス属やフォティヌス属のオスに見られるもので、その発光器は腹側の透明な表皮層内にあり、腹部の体節ひとつかふたつ分を占めています。表面上は単なる板のように見える発光器は、発光細胞と呼ばれる光をつくり出す細胞を約一万五千個も抱えています。これらの発光細胞のひとつひとつはクサビ形をしており、輪切りにしたオレンジの房に似たロゼット〔＊訳注：中央から円周に向かって放射状に伸びる、バラの花を思わせる飾り〕状に配置されています〔図6・2参照〕。この優美に配列された形態的特徴のおかげで、ホタルはいつどこで光を放つか正確に制御することができるのです。

光をつくる全ての動きは発光細胞の内部で起こります。光をつくる化学物質は、ペルオキシソームと呼ばれる何百もの細胞小器官に保管されますが、これらは実に細胞全体の総体積の約三分の一近くを占めています。ここにルシフェラーゼとルシフェリンの複合体が貯蔵され、光を発するように励起させる酸素がやってくるのを待つことになります。

全ての昆虫がそうであるように、ホタルも身体中を巡る小さい空気の管を通じて酸素を取り入れます。発光器の中では、空気の管は各シリンダーの中央を通り、個々のロゼットの位置で横方向に枝分かれします。枝分かれした管は発光細胞の間に伸び、発光反応の最終ステップに必要な酸素を供給します。子どもたちの多くが、おでこにホタルの発光器を塗りつけると、その光が何時間も続くことを知っています。そこで、研究者たちは、ホタルが何らかの方法で光細胞に届く酸素の量を調節することで明滅を制御していると長い間思い込んでいました。ところがホタルの発光器を解剖して調べても、明滅を制御できるほど速く開閉できる機能をもった弁は見当たりません。しかしよく見ると、たいていの空気の管は潰れない

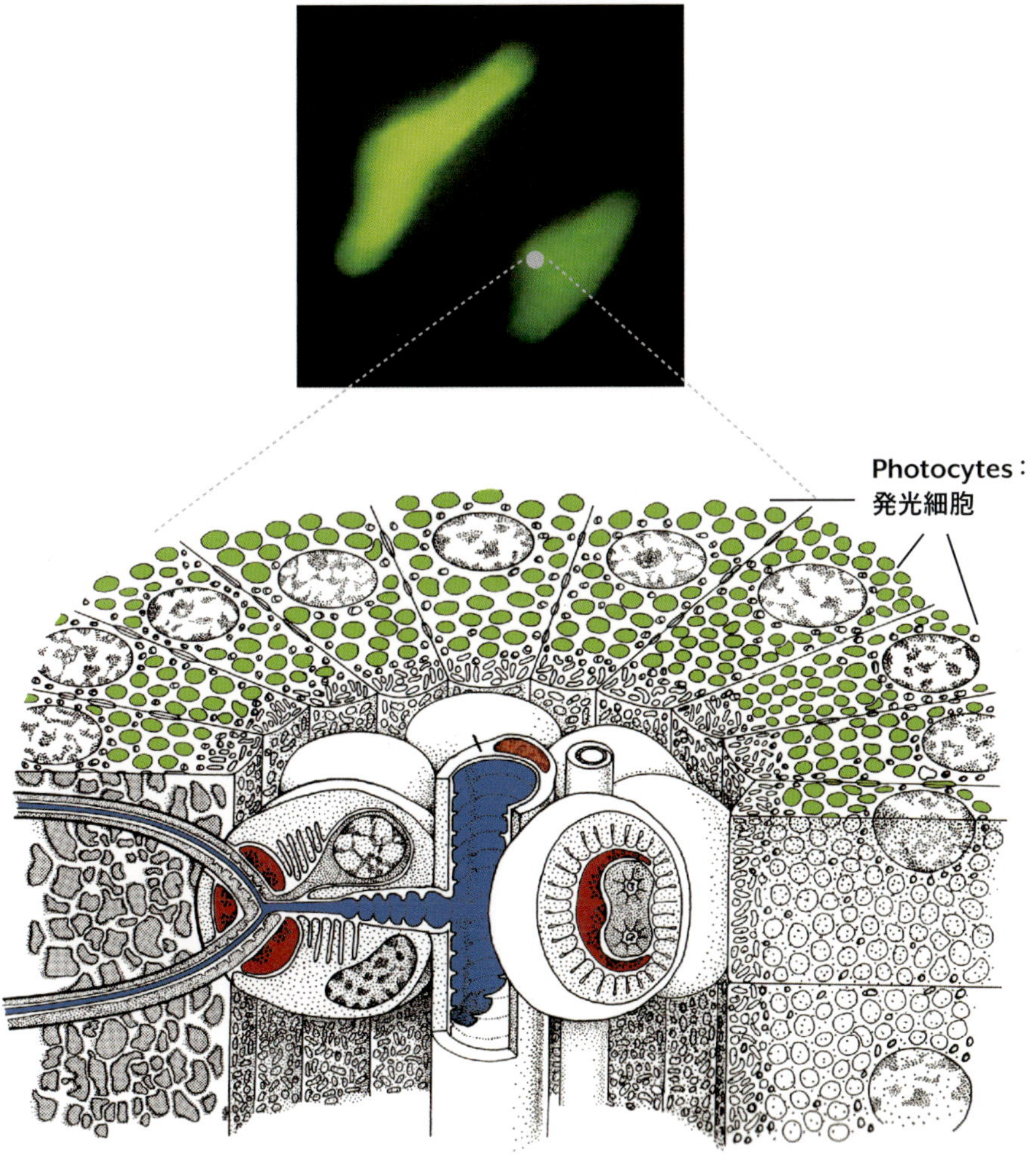

［図6-2］ホタルの発光器には光をつくり出す数千もの発光細胞が含まれ、ロゼット状に配列されています。
中央の空気の管（青色）の周囲を神経（赤色）が取り巻き、さらにその周囲をロゼット状の発光細胞が取り囲んでいます。
発光細胞の中には、ルシフェリンとルシフェラーゼを収納するたくさんのペルオキシソーム（peroxisome）（緑色）が見られます。
（出典：Ghiradella 1998）

よう硬めにつくられていますが、発光器内部の空気の管は分枝の最終部分で急に薄く、折り畳めるようになっていることが分かります。現在では、日中はこれらの空気の管を折り畳み、発光細胞への空気の流れを止めることで発光器が光るのを抑制しているのではないかと考えられています。

やがて夜が来れば明滅が始まりますが、この引き金となるものがホタルの脳から発信される神経インパルス〔＊訳注：神経系統内で情報を伝えていく電気的信号〕です。明滅するリズムは脳内にあるペースメーカーが担当し、種ごとに独自のビートを保ちます。神経インパルスは脳から神経索をたどり、最後に腹部体節へと流れてゆき、そこで神経線維から発光器に伝達されます。発光器内部では、人間の神経伝達物質であるアドレナリンに相当するオクトパミンが分泌され、ようやく発光細胞の中で光の明滅が始まるのです。

単に光を発するだけのホタルと、正確なタイミングで明滅するホタルとでは、発光器内部の構造がいくつか異なります。第一に、明滅するホタルでは脳から出される信号を運ぶ神経は光を発する発光細胞と直接にはつながっていません。神経系統の末端はその手前の細胞で終わっているのです。第二に明滅するホタルの発光細胞の内部は、極めてきちんと整理されています。細胞の発電所でもある数千のミトコンドリアは空気の管周辺にぎっしりと詰まり、ルシフェラーゼとルシフェリンを収納するペルオキシソームは細胞内部に隔離されています。

では、光を発するだけのホタルはどうなっているのでしょう。このタイプのホタルは幼虫を含み、ゆっくりと明るさを増し、そして少しずつ暗くなっていくような光を放ちます。多くのメスのホタルにとって、光を放つことが生物発光というファッションにおける最高のお洒落です。ヨーロッパでよく見られるグローワーム型ホタル、ラムピリス・ノクチルカは数時間続けて光ることはできても、明滅させることはできません。解剖学的には、光るだけのホタルの発光器は、明滅する仲間に比べるとはるかに単純です。フォトゥリス属の幼虫の発光器は、末端の腹部体節にあるそれぞれ直径約〇・五ミリのふたつの小さなディスクからできています。発光器にはおよそ二〇〇〇個の発光細胞が存在していますが、それらの配列は全く不規則です。さらに発光細胞内部でもミトコンドリアとペルオキシソームは入り乱れていて、光るだけのホタルの細胞小器官に見られるような極めて秩序だった配置は見られません。また、明滅するホタルでは発光を刺激する神経はそれぞれの発光細胞内に直接つながっています。

形態は機能を表すと考えれば、発光器内部に隠されたこうした細かな構造的な違いこそが、明滅するホタルがもつ何度も素早く入れたり切ったりできるスイッチの秘密を指し示していたのです。

ホタルの照明スイッチを見つける

ホタルの成虫は生物発光の出力を正確に調節できる、現存する数少ない生き物のひとつです。ホタルはこの照明スイッチのおかげで光を明滅させ、モールス信号のような複雑な求愛シグナルを進化させてきました。二〇〇一年まで、ホタルが正確に光を明滅させたり放ったりする能力を交尾のコミュニケーションに使う際、どうやって体内の化学反応を制御しているかは、ほとんど解明されていませんでした。

たまたまタフツ大学の同僚たちと昼食を共にしたときに交わした会話が、楽しく実り豊かな共同研究に発展しました。それは春のこと、レッド・ソックスの話題が一段落したところで、話はホタルとその発光器の仕組みに及んでいきました。その時私たちはひとつの謎——神経シグナルは、どのように神経シナプスから光を生み出す発光細胞へと運ばれるのか——に頭を悩ませていました。昼食の場には昆虫神経生物学者、生化学者、進化生態学者と各分野の専門家が都合よく顔を揃えていたので、全員でこの謎の答えを探し始めました。そこには一酸化窒素の生物学的役割を研究するハーバード大学医学大学院の教授である私の夫、トーマス・ミッチェルも加わっていました。ひとつの窒素原子がひとつの酸素原子に結合しただけの単純な、それでいて重要な分子である一酸化窒素は、一般にＮＯと略称されます。

すぐに拡散してしまうこのガスは酵素によってつくられ、細胞間のメッセージの伝達に役立ちます。NOは人間の体内では血圧から陰茎勃起、学習と記憶に至るまで、あらゆることを制御する責任を負っています。まさに万能分子であるNOは、他の動物においても多様な生物学的機能を果たしているのです。

特に私たちが興味をそそられたのは、NOがミトコンドリアに与える影響の大きさでした。NOは、通常は活発なこの細胞小器官の呼吸を一時的に停止させることができます。ミトコンドリアが呼吸を止めれば酸素は消費されず、発光細胞の中にある光をつくり出す反応物質へ酸素が供給されることになります。つまり何らかのかたちでNOが酸素の供給量を制御しているのではないかと考えたのです。

夫と私は一緒に仕事ができることになり、わくわくしていました。何しろハーバード大学の学生時代以来、初めての共同研究だったからです。このロマンティックな話にふたりの息子たちも加わりました。当時八歳と一一歳だった彼らは、ホタル採集を手伝うと申し出てくれたのです［図6-3参照］。ホタルを実験室に持ち帰ると小さい手づくりの箱に入れ、その中に空気と、NOガスを加えた空気を交互に入れてみました。驚いたことに、NOガスを入れるたびにホタルは光を放つか、あるいはほぼ絶え間なく明滅を続け、NOガスを止めるや否や、まるで明かりのスイッチを消したかのように暗くなるのでした。さらに、ホタルの発光器を分離し、生理食塩水に浸して、いくつかの薬物を加えるという実験も行いました。通常なら、発光器に神経伝達物質であるオクトパミンを加えれば、即座に光を発します。ホタルの発光器＋オクトパミン↓光、なのです。ところがNOを不活性化する化学物質を加えると、光を生み出す反応が完全に阻止されてしまうことを発見しました。つまり、ホタルの発光器＋オクトパミン＋NO不活性化物質↓暗闇、となるのです。

これらの実験はホタルの光スイッチに関し、次のような知見をもたらしました。すなわち明滅の調節にNOが関与していること。さらに発光器内部の細胞がこのNOをつくり出していることです。では具体的にどう機能しているのでしょう。私たちは、次のような一連の流れを想定しました。神経シグナルが発光器に到達するとオクトパミンが放出され、近くの細胞にNOをつくるように刺激を与えます。NOはガスとして急速に拡散し、隣接する発光細胞まで広がると、そこに密集した無数のミトコンドリアに達します。そこでNOが一時的にミトコンドリアの呼吸を止めると、いつもはミトコンドリアに吸収されてしまう酸素が発光細胞の中へ速やかに広がっていきます。そこではペルオキシソームの中に閉じ込められたルシフェリンとルシフェラーゼのチームが、新鮮な酸素の息吹がやってきて化学反応を完結させるのをまさに待ち構えているのです。さあ光ります！　やがて神経シグナルが止まればNOづくりも止まり、全ての発光細胞内のミトコンドリアが目を覚まします。発電所である

［**図6-3**］ホタルの明滅の仕組みに関する探求には、家族全員で取り組むことになりました。
左から時計回りに、夫のトーマス・ミッチェル、著者、息子のベンとザック。（Harvard News Office撮影）

ミトコンドリアが呼吸を再開すれば、発光細胞に流れ込もうとする酸素は、再び吸収されていきます。酸素の供給が止まればペルオキシソーム内の光をつくる反応も止まり、発光器は再び暗くなります。

以上から、NOはホタルの照明スイッチを動かす隠れた要因だと考えられます。NOは脳からくる神経インパルスに反応して発光器の中でつくられ、ミトコンドリアの呼吸を操作し、発光細胞の奥深くに隔離された光をつくる反応物質に酸素が供給されるのを調節しているのです。私たちは、どこにでもあるシグナル分子〔＊訳注：細胞間の情報伝達機能をもつ化学物質〕であるNOの全く新しい機能を発見しました。NOが果たす重要な役割は、人間のセックスではペニスを勃起させることですが、ホタルのセックスでは、明滅信号を発することでした。二〇〇一年、これらの発見を『サイエンス』誌に発表しました。

後に、ホタルはどのように光るかを理解するため、半世紀にわたって貢献してきた生理学者のジョン・バックを称賛する「Fireflies @ 50（ホタル@50）」と題するシンポジウムで、研究成果を発表する機会を得ました。九〇歳のバックにとって一酸化窒素というのは馴染みのない言葉でしたが、ホタルの明滅調節の仕組みに関する新たな発見をとても喜んでくれました。

同期させる

ホタルの明滅に対するジョン・バックの関心は、一個のホタルの明滅を理解することだけに止まらず、数百ものホタルたちが明滅を調和させるその仕組みにまで及んでいます。ジョンは一九六〇年代初頭、東南アジアの感潮河川周辺で発見されたプテロプティックス属の話に大いに興味を抱きました。当時伝えられていたのは、毎晩数千ものオスたちが木々に集まり、何時間にもわたり同じリズムを刻みながら、同時に明滅を繰り返すホタルがいるという話でした。これに疑いを差し挟む人たちもいましたが、一九三五年、タイに住むある生物学者は、眩いばかりの光景を次のように描写しています。

想像してみてほしい。小さな葉が生い茂る高さ一〇メートルほどの木、その卵型をした葉の一枚一枚にとまったホタルが、およそ二秒間に三回の明滅を同時に繰り返す。そうした木が闇と閃光のただなかに立っている姿を。想像してみてほしい。そうした木が全ての葉に同調して光るホタルを乗せ、十数本まとまって河畔に立っている様子を。想像してみてほしい。川岸に沿って一五〇メートル以上も切れ目なく続くマングローブの並木が、全ての葉に同調して光るホタルを乗せ、一番遠くの木々に至るまで、完全に一体となって光るのを。

「そして」と彼は続けます。「想像力が十分に豊かであれば、この驚くべき光景のおよその姿を描くことができるでしょう」。一方で、このホタルたちは何カ月にもわたり毎晩同じ木にやって来るので、夜間この水路を通る地元の船乗りたちは、ホタルで輝く木々を水路標識代わりに使うのだとも言われていました。

ジョンはこのホタルに夢中になってしまいます。一九六五年に米国地理学協会から資金を得ると、夫人のエリザベスと共にタイを訪れました。彼らはバンコクの南にあるメークローン川へ向かい、夕暮れ近くに地元の水上タクシーを雇います。水上で絡み合うマングローブの根にボートの舳先を突き入れると、ホタルのオスたちがクリスマスツリーの光のように、頭上で一斉に明滅するのを眺めました。それから光度計と一六ミリフィルムを使い、静かに揺れるボートから生物学上の資料としては初めてホタルが同期する様子を記録に収めたのです。さらに夫妻はプテロプティックス・マラッカエ（*Pteroptyx malaccae*）も何匹か捕獲しました。エリザベスは後に、「ちょっと手を伸ばして枝を揺するだけで、ホタルが降るように落ちてきたわ」と語っています。バンコクのホテルの部屋に戻り、捕まえたホタルを放してやると、少しの間飛び回ってから壁や家具に落ち着き、間もなく明滅を始めます。最初はグループに分かれて明滅していましたが、間もなく部屋全体の光が同じリズムを刻み、輝き始めたのでした。

同期して輝きを放つ、うっとりするようなホタルの光を目の当たりにすれば、バック夫妻に限らず誰であろうと、人生で忘れられない体験になることは間違いないでしょう。カエルやコオロギやセミといったホタル以外の生き物のなかにも、時には集団で鳴き声を合わせ、素晴らしいコーラスを聴かせてくれるものもあります。しかしながら同期するホタルの姿、完璧な沈黙の中に数千の閃光が力強く脈打つ光景ほど素晴らしいものは他にありません。

バック夫妻は後に、この発見を『サイエンス』誌に発表。八ページほど技術的分析を披瀝した後で、「私たちの記録を見ていただければ、タイのホタルが一斉に同期して明滅するというのは錯覚ではないことが分かるだろう」とさらりと述べています。バックと彼の教え子たちはその後五〇年にわたり、さまざまなホタルが集団で明滅するリズムを維持していく生理学的メカニズムを解明しようと、記録、計測、実験を重ねていくことになります。

こうした同期するホタルは、人間の心臓の鼓動を司る無数のペースメーカー細胞と同様、「パルス結合振動子」として知られる数学的な概念を体現しています。スティーヴン・ストロガッツが自著『SYNC：なぜ自然はシンクロしたがるのか』で明快に説明しているように、それぞれのシステムは固有の物質（振動子）から成り、内部に備わるメトロノームによって制御されています。ホタルは個体ごとに光を放ちますが、そのたびに外部から入ってくる明滅に反応し（つまり「連動して」）、そのタイミングが自動的に調節されていくというわけです。毎晩オスのホタルは求愛行動を行いますが、最初のうちはその明滅はばらばらでまとまりがありません。ところが自分のリズムを周りの仲間たちと合わせるように調節が行われていくため、しばらくすると同じタイミングで明滅するようになるのです。

バックは研究の焦点を、ホタルがどのように体内のメトロノームをリセットするかに絞りました。その結果、いくつかの種ではシグナルの遅延、すなわちずれ幅を管理する能力があることを発見しました。オスのホタルはシグナルにずれが生じると、明滅周期を自分の周囲の状況に合わせて一度だけ短くするか長くし、通常の明滅リズムに戻すのです。プテロプティックス・マラッカエのように何時間も正確な同期を繰り返すホタルでは、集団同期を可能にする仕組みはもっと複雑です。これらの種では、オスは継続的に自分の身体の中のリズムを周囲の状況に合わせて速めたり遅くしたり、再調節し続けるようです。

ジョン・バックと彼の教え子たちのおかげで、私たちは一部のホタルがどのようにして明滅を揃えることができるのか、かなり理解を深めることができるようになりました。それでも、なぜある種のホタルのオスが同期する能力を得るようになったのかは依然として謎のままです。実際のところ、ホタルたちがこうした同時に明滅する能力を進化の過程でいかにして身につけていったのか説明を試みたことから、ホタル生物学者たちの間で激しい論争が巻き起こり、その後何十年間も分裂することになったのです。

科学界の秘密

一九八五年のある夏の日、ニューイングランドの空は晴れ渡り、そよ風が吹き渡っていました。私はジョン・バックとその妻エリザベスと一緒に、彼らが所有する一八フィートのケープコッド・ノックアバウト〔＊訳注：セーリングボートにおけるひとつのデザインクラス〕のヨットでウッズホール港を疾走していました。鋭い目と堂々たる体躯を持つジョンは、古風な紳士的立ち居振る舞いの奥に意志の強さを湛えた人物でした。どういうわけか舵を握っていた私は、たくさんのヨットが行きかう港内で命取りになるような衝突だけは避けようと、必死になっていました。でも、それは取り越し苦労だったようです。何年も夏の休暇をウッズホールで過ごしていたバック夫妻は、ヨットクラブ主催の毎週定例ノックアバウトレースの常連で、しかもジョンは毎週行われるこの競争について、オールド・ソルト〔＊訳注：経験豊かな船乗り〕というペンネームで地元紙に記事を書いていたほどの人物でした。ヨットに興じた後はウッズホールの別荘に温かく迎えられ、何時間もホタルの話をして過ごしました。

その日私がウッズホールを訪ねたのは、光栄にも現在のホタルの生物学に多くの知識を提供したこの分野の第一人者に会うことができるからでした。さらに言えば、どうしてこのクエーカー教徒の平和主義者と第三章で触れた野生生物学者であるジム・ロイドとの間に、長期に及ぶ激しい対立が巻き起こったのか、その手がかりをつかむためでした。一九八〇年代初頭にホタルの研究を始めるや、すぐに私はアメリカのホタル研究がきっぱりとふたつの勢力に分裂していることに気づきました。一方にはジム・ロイド一派、他方にはジョン・バック一派がいて、両者とも互いに口も利かない関係であることは誰の目にも明らかでした。未熟だった私はどちらの陣営にも加わらず、ホタルの性淘汰に関する疑問に深い興味を抱きながら、その答えを探そうと努力を重ねていました。幸い私は、人間関係に苦慮することはありませんでした。しかしこの科学界の争いは数十年にわたり一触即発の状態が続いていて、それまでの経歴を台無しにされた人たちの恐ろしい話もたくさん耳にしていました。

いったい、何が原因なのでしょう。両派から聞いた話では、一九七〇年代中頃、それぞれが発表した研究論文に対する互いの批判が不愉快なものだったことから一悶着あったのだそうです。でもそうしたつまらないいさかいは科学の世界ではしょっちゅう起こることで、世代を超えて研究者を巻き込むような抗争になるとは考えられません。もしかすると、ホタルの研究はどこで行うべきかで、両派に意見の対立があったのかもしれません。バックの何十年にも及ぶ数々の研究は、実験室でのみ実現可能な注意深く調整された環境下で、実験を重ねながら行われてきたものでした。こうした厳密な条件を追い求めようとすれば、動物が自然環境でどのように行動するかという知識がおろそかになるのは紛れもない科学の一面です。一方のジム・ロイドは、ホタルの行動を野外の自然環境下で観察し記録しながら人生を過ごしてきました。しかし、バックも確かに野外調査を行っています。ボルチモアの裏庭とウッズホールでフォティヌス属を観察していますし、ホタルの同期に関する研究のため、東南アジアへも数度、調査旅行に赴いています。とすれば、生物学上における実験室対野外という、単純な研究基盤の対立というわけでもなさそうです。

むしろ、ふたりのホタル研究者が角突き合わせているのは、もっと基本的な科学に対する視点の違いが原因なのです。ひとりは「どのように」という質問を念頭に経歴を積み、もうひとりは「なぜ」という質問を主眼にしてきたのです。一九六三年に発表されたニコ・ティンバーゲンの有名な論文は、その後の動物行動に対する科学的研究をより統合的に進める道を切り拓くものでした。彼はその中で、動物の行動学、形態学、あるいは生理学に関する何らかの特性を解明しようとするとき、好奇心の強い科学者であれば誰もが自問するだろう四つの疑問を提示しています。(1) この特性は何に使われるか、(2) どのように進化したか、(3) どのように機能するか、そして (4) この動物の一生の中でどのように発達するか、の四つです。初めのふたつは、なぜ動物が特定の特性を示すのかを尋ねているので「究極要因」に関する質問と呼ばれています。質問の目的は、その生物の特性がどのように進化し、現在の生存能力と繁殖能力にどのような影響を与えているかを理解することで、これは行動生態学の範疇です。残りのふたつは、動物の特性がどのように機能するかを尋ねているので「至近要因」に関する質問と呼ばれ、それらを機構的に理解することを目的とするため、こちらは動物生理学の範疇です。

この究極と至近の敵対意識は一九六〇年代中頃から一九八〇年代末まで続きましたが、これが原因で生じた小競り合いはホタルの生物学上のさまざまな疑問に絡み、さらに大きな問題へと発展していきました。しかし、ホタルが同期する現象に対する説明をめぐって繰り広げられた論争ほど、白熱したものは他にはありませんでした。究極要因に答えるには進化理論に精通していなければならないので、至近が追究する機構に注意を向ける生物学者は、究極要因に対する質問を避けて通ることがあります。科学者も人間ですし、人間にはさまざまな性癖があります。ジョン・バックは生理学者としての教育を受け、これまで見てきたように同期を可能にする至近要因の仕組みに関する第一人者です。でも私はバックとの会話や手紙のやり取りから、彼が究極要因の質問に対して答えるのに必要な進化論的思考に疎いことは間違いないと確信しました。一方のロイドは行動生態学者としての教育を受け、ホタルが明滅を同期させるのはなぜかという究極要因の質問に関心をもっているのです。

第二章で、ホタルの同期に関して科学者たちが提案した仮説のいくつかを紹介しました。まだ決定的な答えは出ていませんが、ジョン・バックとジム・ロイドは共にこれらの仮説に関する議論に大変なエネルギーを費やしています。彼らはホタルのオスたちが同時に明滅することにより享受する進化上の利点は何かという質問に対して、お互いの説明を痛烈に批判し合っています。バックは、同期する行為がオスのグループ全体に何らかの恩恵を与えているのであれば、この能力はさらに進化を遂げると主張します。対するジム・ロイドは、淘汰が最も強く表れるのは個体であり、同時に明滅する行為はそれに参加する各個体に何らかのかたちで繁殖の機会を増やしているに違いないと指摘します。そして、特定のホタルのオスをパルス結合振動子として機能させるあらゆる神経組織やその他の特性は、同期することでグループにもたらされる恩恵に加え個体が繁殖する上での優位性をもたらす限り、引き続き継続されると主張しています。

私たちにはその優位性が何であるか明確には分かっていませんし、フォティヌス・カロリヌスのように移動しながら同期するものと、プテロプティックス属のようにその場を動かずに同期するものとの間には違いがあるように思われます。残念なことに、バックとロイドが和解することは決してありませんでした。ふたりとも、ホタルの生態に関する理解を深めるために研究生命を捧げてきましたが、生物学的な疑問に対する取り組み方があまりにも異なるために目が眩み、科学という世界を取り巻く夜霧の中、互いの乗る船が不幸にも衝突してしまったのです。

それでも私たちは、同期するという奇妙に協力的なオスの行動が、これらのホタルたちの求愛儀式の第一段階に過ぎないことを学んできました。メスが現れれば、オスの協力関係は突如として終了します。われ先にと競争モードに入り、どのオスも競争相手たちよりも目立とうとします。リン・ファウストは、オスのフォティヌス・カロリヌスがメスの応答に気がつくとどうなるかを記録しています。仲間から抜け、六回パルスから一回パルスの明滅に切り替え、メスに近づくと、ファウストが言うところの「支離滅裂」な明滅を始めます。競争相手のオスたちは代わる代わる速射砲のように光を放ち、夜空を爆竹のように飾ります。厳しい競争下にあるオスたちはメスの周りに群がり、激しくぶつかり合い、頭を盾に他のオスを押しのけようとします。勝ち残ったオスがうまくメスと交尾できても、競争相手のオスたちは望みを失わず、交尾しているつがいの上に何時間も積み重なったままでいるのです。

一斉に明滅するオスが群がる樹木にプテロプティックス属のメスが飛んでいくとどうなるか、私たちに分かっていることはほとんどありません。プテロプティックス・テナーを観察したある研究者は、オスはメスが近くに着地すると自分の腹部を一八〇度近くねじり、彼女の顔にじかに明滅の光を当てると報告しています。メスにオスの明るさを品定めさせているのかもしれませんし、他に言い寄ってくるオスがメスに見えないようにしているのかもしれません。他のプテロプティックス属の種では、オスがまだ確認されていない化学信号を使い、メスを惹きつけようとしているようです。同期するホタルでは、オス同士の競争やメスの選択がどのように展開しているのか、私たちには全く分かっていませんし、ホタルの明滅に関して答えなければならない疑問はまだまだ数多くあります。

＊＊＊

私のオフィスにある灰色のスチール製ファイル・キャビネットには、ラベルにそれぞれ「バック」と「ロイド」と記されたマニラフォルダーがあります。そこには、ふたりが長年の研究生活の間に発表した数多くの貴重な科学論文が収まり切れないほど詰まっています。こうした著者の直筆署名のある、光沢紙に印刷された論文の複写版は、ＰＤＦとオンライン科学出版物の出現によって消滅してしまった、尊い学問的伝統を代表するものです。これらのフォルダーを手放すことはできません。なぜならフォルダーの重さ自体が、明らかにホタルの生態研究におけるふたりの偉大な貢献を示しているからです。そしてもしもこのふたりの科学者が至近と究極という異なる科学的観点を、対立ではなくむしろ相互に補完し合うものだと認識していたなら、私たちは今よりもどれだけ多くのことを学べただろうかとつい考えてしまいます。彼らの意見の相違は生物学研究に見られる普遍的な二分法から生じるものですが、その対立はホタル研究という科学の上に大きな影を落としています。最も忌むべきことは、有望な若い学生たちがこの二大巨頭の衝突のせいで、ホタルの研究を思いとどまってしまうかもしれないということです。幸いにも、ホタルの生態をより深く理解しようと互いに協力を惜しまない若い研究者たちが世界中に現れ、新たな世代が形成されつつあることで、これまでのような暗い影も徐々にではありますが、薄らいできています。

この章では、ホタルが神秘的な光をどのようにつくるのかを理解し、光をつくり出すこの素晴らしい能力がどのように進化したのかを探求するために、ホタルの発光器の奥深くへと分け入ってみました。しかし次は光から目を離し、ホタルの暗い面に目を据える時がやってきたようです。

第7章

悪意に満ちた誘惑

Poisonous Attractions

愛する昆虫たち

私の知る限り、今は亡きトム・アイズナーほど、たくさんの昆虫を嗅いだり齧ったりした人物は他にはいません。彼は五〇年以上の長きにわたり、昆虫学者としてコーネル大学の教授職にあり、いくつもの国や大陸を訪れるうちに、世界で最も権威のある化学生態学者としてその名を知られていった人物でした。幼いころから昆虫に夢中でしたが、住まいも落ち着かなかった彼にとって、どこにでもいる虫たちは格好の興味の対象だったと言えます。アイズナーが三歳のとき、家族はヒトラーから逃れるためにドイツを離れ、バルセロナに移り住みますが、不運にもスペイン内戦による混乱に巻き込まれてしまいます。ようやくウルグアイに腰を落ち着けたときには、アイズナーは十代を迎えていました。彼はそこで、思う存分自然の中を歩き回り、岩や倒木の下にお気に入りの昆虫を探しながら、これ以上ない幸せな時間を過ごすことができました。南米大陸は生物の宝庫で、彼はその豊かな多様性に夢中になりました。少年アイズナーの昆虫好きには父親の影響もあったようです。薬剤師だった父親の趣味は香水の調合で、その繊細な香りが、アイズナーの特徴である鋭い嗅覚を磨くのに役立ったのかもしれません。いずれにせよこの後彼は、昆虫の驚くべき進化の裏に隠された秘密の戦略を明かすため、昆虫と化学物質、それに行動原理の三つを関連付けた研究を行い、

輝かしい業績を残していくことになります。

一九五七年、アイズナーはコーネル大学に奉職。ほどなくして化学者のジェロルド・マインワルドと協力し、昆虫が多くの敵から身を守るのにどう化学物質を使うのか研究を始めます。ふたりは当時としては目新しい化学生態学と呼ばれる学問領域を切り拓きましたが、これは今では人気の高い研究分野のひとつになっています。生物学者兼探検家を自認するアイズナーは、自然科学全般にも強い関心をもち続けていました。時間をかけて野外を歩き回っては昆虫とその仲間のいわゆる小さきものたちの世界へ入り込み、彼らが捕食者に遭遇する様子をつぶさに観察し、数々の興味深い習性を記録していきました。アイズナーはこうした野外調査から、触れられると刺激臭を放つ昆虫がいることを知り、最善の研究方法は慎重にその匂いを嗅ぐことだと考えます。そこで今度は、マインワルドとともに詳細な室内実験と化学分析に取り掛かりました。ふたりの科学者が行った五〇年以上にわたる共同研究は極めて実り豊かなもので、昆虫が身を守るために酸を噴霧したり、粘着液を分泌したり、蝋に身を隠したり、麻痺性の液体を放出したり、あるいは撃退ミスト、腐食液の噴霧、さらには苛性スプレーを噴出したりと、驚くほど多様な手段を用いていることを発見しました。敵の多い世界で生き残るためにつくり出されたこれらのさまざまな武器は、昆虫たちがいかに巧みに化学を操るかを明らかにするとともに、進化の創造力を見事に示しています。

アイズナーには科学の専門的な話を分かりやすく伝える才能があり、自分の発見を五〇〇本以上の論文に著すにとどまらず、常に目を輝かせてペンを握り、書籍を執筆したり写真撮影やインタビューに応じたりしてきました。写真家としての才能にも恵まれ、彼の論文や本には、身を守る瞬間の昆虫の躍動的な姿が随所に掲載されています。長い経歴を通して変わることなく、昆虫に対する情熱を抱き続けてきたアイズナーは、自身のことを率直にこう語っています。「一度昆虫と恋に落ちてしまったら、もう逃れることなどできません」

朝ごはんにホタルは？ だめだめ！

ホタルの明滅暗号を解明した生物学者のジム・ロイドが博士号を獲得したのは一九六〇年代中頃。当時、彼はトム・アイズナーの指導の下で研究にいそしんでいました。そう考えれば、ゆくゆくはアイズナーが科学的な強い興味をホタルへ向けていくのも、ある意味では必然だったのかもしれません。これまで私たちはホタルが求愛行動のために集結し、恋人候補たちと明るい光の明滅を交わし合うのを見てきました。コウモリやヒキガエルなどお腹をすかせた昆虫捕食者に囲まれながら、どうしてホタルたちは自分の性的魅力を堂々と公開することができるのでしょうか。

アイズナーがホタルの化学兵器の研究を始めたのは一九七〇年代中頃でした。ある夏のこと。彼は家族と、一家のペットであるフォゲルという名のスズメ目ツグミ科の鳥、オリーブチャツグミの助けを借りて調査を始めました。アイズナー同様、フォゲルも昆虫が大好きでしたが、それはもちろん朝ごはんとしての話です。アイズナーは毎朝早く外に出て、昆虫を手当たり次第に捕まえます。一家は朝食を済ませると観察をスタート。昆虫は一匹ずつ小瓶からフォゲルの餌皿に置かれます。この調査で彼がかなり好みのうるさい食通であることが分かりました。フォゲルが喜んで飲み下した昆虫を、家族は「うまうま」と記録します。一度だけついばみ、それきり見向きもしない昆虫もありましたが、こちらは「だめだめ」。ひどく気に入らなかったようで、二週間後にもう一度見せても、フォゲルはそれを覚えていました。その他の昆虫は中間の「まあまあ」のカテゴリーで、ついばみはするけれど、食べるかどうかはその時の腹具合次第でした。フォゲルはその夏、全部で一〇〇種、合計五〇〇匹の異なる昆虫の味を律義に判定してくれました。ホタルは、この鳥から一貫して「だめだめ」に認定された、ごく少数の昆虫のうちのひとつでした。

ホタルを嫌うのはフォゲルに限りません。普段は昆虫を食べて生きている生き物でも、その多くがホタルを嫌悪します。ジム・ロイドはこの種の話をたくさん集めていて、サル、ヒキガエル、トカゲ、ヤモリ、ニワトリ、その他さまざまな鳥類が、同じようにホタルを嫌うことを報告しています。ロイドがアノールトカゲ属（*Anolis*）にフォティヌス属を食べさせようとしたところ、トカゲは素早く餌に飛びつきましたが、たちまち吐き出してしまいました。この予期せぬ出来事からしばらくの間、トカゲはさかんに鼻先をあちこちにこすりつけていたそうです。フォゲル同様、トカゲもホタルとの出会いを不快なものと記憶したようで、それから数週間はこの昆虫には手を出しませんでした。

しかし、なかには賢くないトカゲもいます。一九九〇年代末、獣医学者たちの間にある話が広まっていきました。アゴヒゲトカゲとして知られる一風変わった風貌をした爬虫類が、次々と謎の死に見舞われているというのです。この人気者のペットは、今ではアメリカ国内でも繁殖が行われていますが、もともとはオーストラリアから輸入された生物です。ある獣医によって、この謎の死は何も知らない飼い主が近所で捕まえたホタルをトカゲに与えたのが原因だと分かりました。アゴヒゲトカゲはためらいなくホタルを飲み込みますが、すぐに頭を激しく振ると、口を何度も大きく開き始めます。普段は褐色をした体も黒くなり、間もなく卒倒して死んでしまいます。私は実際にこのトカゲを見たことはありませんが、アゴヒゲトカゲがホタルを避けるという常識に欠けているのは明らかです。それというのも本来の生息環境に、このような毒を持つ昆虫がほとんどいなかったせいかも知れません。

鳥やトカゲといった日中に昆虫を捕食する動物たちは、ホタルたちが葉にとまっているのを頻繁に見かけても、これらの生き物には手を出しません。それではコウモリ、ヒキガエル、ネズミなど、夜間に昆虫を捕食しようとする動物はどうなのでしょう。研究者たちはニューイングランド地方で、異なる四種のコウモリが残した糞の塊を採集しました。調査の対象となった二六〇〇匹は、全てホタルが活発に飛び回る地域のコウモリでしたが、ホタルを食べた形跡は全く見られませんでした。捕獲した状態で実験すると、コウモリは喜んでミールワーム（ペットの鳥、爬虫類や、その他の昆虫食性動物の餌として一般的に売られている、ゴミムシダマシの幼虫）を食べます。ところが研究者たちがミールワームにフォティヌス属をすり潰した溶液を塗ると、今まで喜んで食べていたコウモリたちも、避けるようになりました。ちょっと舐めただけで咳き込み、頭を振ると、必死に鼻先を何かにこすりつけ始めます。ヒキガエルとネズミに同じような実験をしても、やはりホタルを塗ったミールワームには手を出しませんでした。

このような数多くの証拠から、本来は貪るように昆虫を食べる捕食動物の多くが、ホタルだけは頑として食べようとしないことは明らかです。昆虫の味を試すことで有名なトム・アイズナーでさえ、ホタルがあまりにも不味く、口にするのを止めたほどです。ここから得られる教訓は明白です。ホタルを心ゆくまで称えるのは構いませんが、絶対に食べてはいけません。

化学兵器

さて、コーネル大学での話に戻りましょう。コーネル大学のアイズナーのチームにホタルの防御兵器を分析しようと思わせたのは、フォゲルの肥えた舌でした。研究者たちの好奇心は、ホタルの何がこのペットの鳥にそれほど不快感を与えるのかという点に向けられていました。その後、数十年にわたる研究の結果、ついにスリルに満ちた人気スパイ小説も顔負けの物語を見つけ出したのです。驚くべきことに、そこには毒、情熱、策略、そして殺しが溢れていました。

彼らはまず野外でチャイロコツグミを五羽捕獲し、フォゲルと同じようにホタルを嫌うかどうか試してみました。この実験では、それぞれのチャイロコツグミに一六品の餌を順不同に次々と与えます。食べ物の三分の一はフォティヌス属で、残りは全て食欲をそそるミールワームでした。鳥たちはくちばしの動きで好き嫌いを示し、判定が下されます。チャイロコツグミは二七四匹のミールワームを全て飲み込みましたが、一三五匹のホタルのうち、食べたのはたった一匹。しかもそれを口にした鳥は、可哀そうなことにすぐさま吐き出しました。普段から虫を餌にする鳥たちにとって、ホタルは極めて不味いことは間違いありません。さらに研究者たちは、ホタルが鳥類と遭遇し、たとえ突つかれたとしても、多くがほぼ無傷でその場から逃れていることにも気づきました。

そもそもホタルの何が捕食者をそれほどにまで嫌悪させるのか突き止めようと、アイズナーたちはホタルを何匹か捕まえ、体内に含まれる化学物質を抽出。そこから、ホタルの血液には苦味のある有毒なステロイド性化学物質から成る強力な混合物が含まれていることを発見しました［図7−1参照］。彼らはこの有毒なステロイドに、光を運ぶものという意味のラテン語「ルシファー（lucifer）」と、類似の化学物質をつくるヒキガエルにちなんだ「ブフォ（Bufo）」とを組み合わせ、ルシブファジン（lucibufagins）という名前をつけました。

では、ホタルの体内は多くの化学物質で溢れているのに、このルシブファジンだけが攻撃を防ぐ役目を負っているのでしょうか。そこでまたチャイロコツグミに登場願い、この疑問に答えるために実験に協力してもらうことにします。メニューは再びミールワームですが、この食欲をそそるご馳走の半分に、今度はホタルから抽出されたルシブファジンを塗ることにしました。鳥たちは何も塗られていないミールワームの九三％を食べましたが、ルシブファジンが塗られたものは四八％しか食べませんでした。ミールワームにホタルのルシブファジンを塗れば、捕食者は間違いなく口にしにくくなります。

自然は際立って創意溢れる化学者だということが、これでお分かりになるでしょう。アイズナーたちはある種のホタルたちが、化学的な関連性はあるものの、それぞれが異なるルシブファジンを備えているのを発見しました。共通したひとつの化学的骨格をさまざまな分子グループで飾り立てることで、さまざまなルシブファジンをつくり出しているのです。こうしたホタルのルシブファジンは、大きな分類ではブファディエノリド（これもまたアメリカヒキガエルの表皮にある有毒物質にちなんだ名前）として知られる有毒なステロイドに属しています。この化合物は、ほぼ全ての動物に対して効果をもつ強力な毒物です。ブファディエノリドを大量に服用すれば、あらゆる動物細胞にとって極めて重要なある酵素が機能を停止します。この酵素はナトリウム‐カリウムポンプとして知られ、電荷を帯びた元素であるナトリウムイオンとカリウムイオンを活発に細胞膜の内と外に輸送する役割を担っています。つまりこの酵素が動物にとって本当に大切な、考えたり筋肉を動かしたりするための電位を生むのです。だから多くの植物と一部の動物たちが、これらの有毒なブファディエノリドを化学兵器のひとつとしてつくる能力を収斂進化、すなわち同時並行的に同じ形で進化させてきたのです。

逆説的な話になりますが、多くの「有毒な」ステロイドが、人間の病気に対しては有効な治療薬になることが分かってきました。ブファディエノリドは、心臓薬のジギタリスのような強心ステロイドと密接な関係があります。別名キツネノテブクロという植物によってつくられるジギタリスもまた、自然がつくり出す化学兵器の一部です。心臓病の治療薬にジギタ

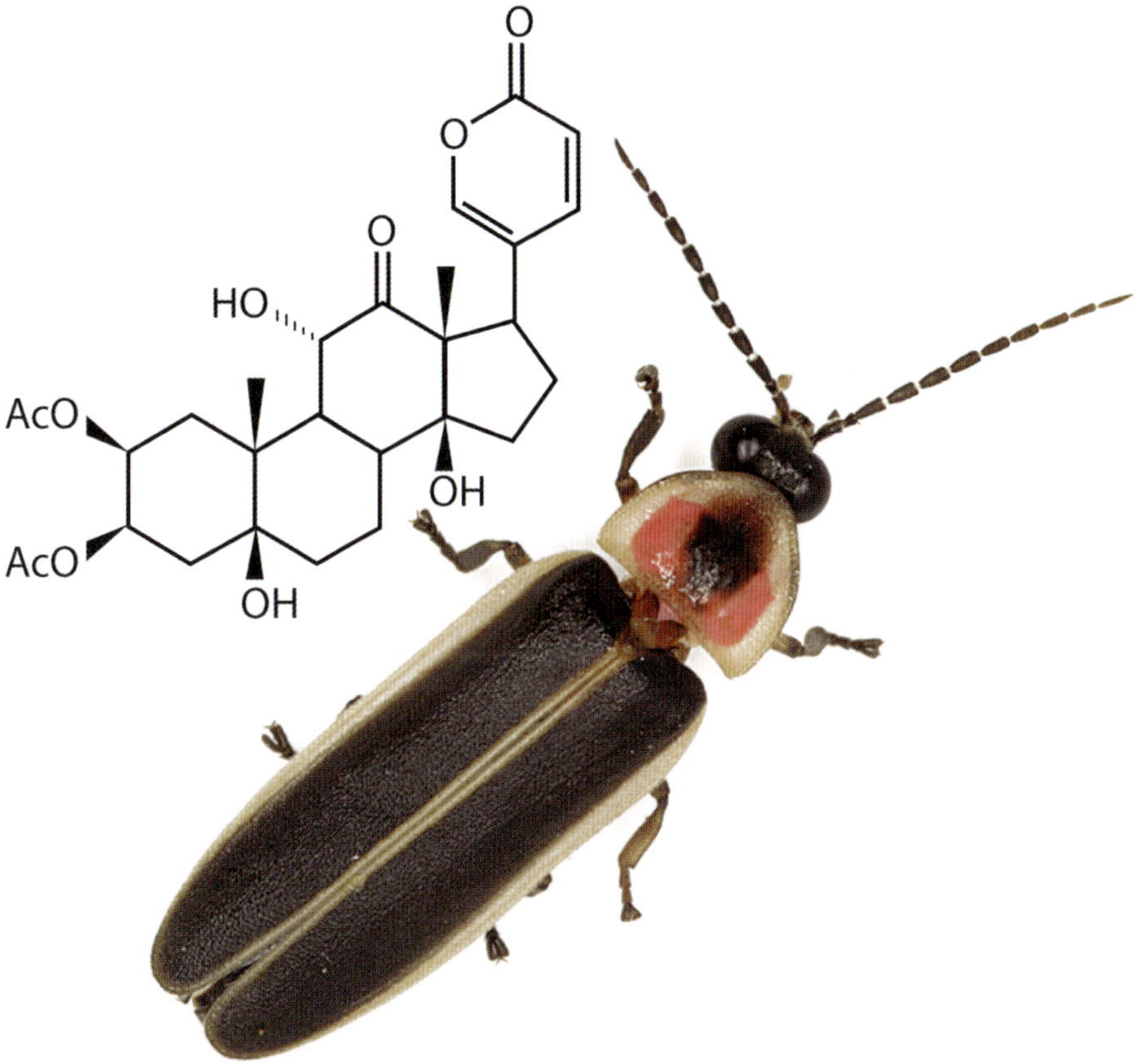

[**図7-1**] ホタルの化学兵器：フォティヌス属（*Photinus*）はルシブファジンとして知られる有毒なステロイドをもつことで、捕食者から身を守っています。（Patrick Coin 撮影）

リスを服用したことのある数百万の患者が証言するように、これらの有毒なステロイドは少量摂取しただけで薬効を示します。ジギタリスやその関連化合物は心筋収縮を強化し心拍数を下げるため、心不全の症状を和らげる効果があります。ブファディエノリドは、インド、南アフリカ、中国の伝統医療でも広く使われ、感染症、炎症、リウマチ、心臓および神経系疾患など多くの病気の治療に使われています。たとえば中国の伝統薬である蟾蜍《せんじょ》〔＊訳注：ヒキガエルのこと〕は、咽頭痛や心不全の治療に広く処方されますが、その主な有効成分はヒキガエル由来のブファディエノリドです。これらの化合物は化学療法に耐性を示す癌の治療に使われる、新しい種類の治療薬としても注目され始めています。ホタルのルシブファジンはまだ試されてはいませんが、他のいくつかのブファディエノリドはマウスのがん細胞を殺傷するとともに、ヒト由来の肝臓腫瘤と頸部腫瘤の成長を抑える働きがあることが証明されています。これまで私たちは、明らかにホタルがもつ化学的豊かさのほんの一部分を垣間見たに過ぎず、今後こうした化学物質がホタルたちの、そして私たちの生存率をいかに高めてくれるか、学ぶことはまだまだたくさんありそうです。

多面的な防衛戦略

優秀な防衛戦略家がそうであるように、ホタルも敵をかわすために複数の戦術を進化させてきました。ホタルには有毒物質だけでなく悪臭もあり、さらに捕食者にとって話にならないほどひどい味をしています。こうした特性があるため、自分が獲物として襲われても、捕食者の健康意識が高ければ、深刻な痛手を被る前にその攻撃を思いとどまらせることができるというわけです。

ある種のホタルは攻撃されると、即座に体の特定部位から血液の滴を分泌させる、いわゆる反射出血と呼ばれる行動をとります（血液が動脈と静脈を通り身体中を循環する脊椎動物とは異なり、昆虫の血液はもっと自由に体腔内を巡ります）。圧力で破裂するようにつくられた微細組織から分泌されるこの血液は、凝固すると粘着性をもち、まるで接着剤のようになります。たとえばホタルに攻撃を加えたアリは、たちまち血液に飲み込まれます。粘度を増した血液が顎を覆い、脚に絡みつき、身動きがとれなくなる間に、ホタルは逃げていくという寸法です。こうした反射出血は小さい相手ならかなり効果的です。ところが鳥のような大きい捕食者に攻撃されても、ホタルは無傷で逃れていますが、これはいったいどうしたわけでしょう。ここでも反射出血が役立っている可能性があります。ですが大きな相手を思いとどまらせるのは粘着性ではなく、血液が含むルシブファジンだと考えられます。つまりその苦味で飲み込まれるのを防ぎ、自分を食べると後から毒で大変な目に遭うぞと、捕食者に警告しているのでしょう。

ちょっかいを出されると独特の匂いを放ち、捕食者を撃退するホタルもたくさんいます。ホタルの扱いを誤り、鼻につく独特な匂いを嗅がされたことがあるかも知れません。焦げた骨と新車の匂いを混ぜたよう、と言われるこの匂いは、成虫なら反射出血からくるようですが、幼虫では特別な防衛用の腺から出てきます。一部の幼虫は、左右の体側に沿って小さく突起した腺を備えています。この腺は普段は引っ込んでいますが、捕食者に攻撃されると素早く飛び出し、ホタルの種により異なるものの、松根油〔＊訳注：松の根株や枝を乾留して得られる油で、松脂の匂いがする〕、あるいはミントのような匂いの揮発性の化学物質を放ちます。中国本土のアクアティカ・レイイ（*Aquatica leii*）というホタルの幼虫が持つ防衛腺が放つ匂いは、魚やアリ、その他の捕食者の攻撃をうまく退けることが分かっています。

　無脊椎動物の捕食者のなかには、ホタルの包括的な防衛戦略を克服してしまったものもいるようです。二〇一一年、私は同僚たちと、フォティヌス・カロリヌスの大群が集結し、熱狂的な求愛行動を展開する毎年恒例の光のショーを見に、グレートスモーキー山脈を訪れました。そこではどんな捕食者たちがホタルの求愛行動を利用しようとするのか、この目で見るのを楽しみにしていましたが、毎晩調査を行うなかで、実にたくさんのホタルの天敵がこの光溢れる晩餐会に押しかけ、大いにご馳走を楽しんでいることを知りました。そこには招かれざる客として、ザトウムシやサシガメ、他にもさまざまなクモたちが顔を揃えていまし

［**図7-2**］無脊椎動物のなかにはホタルの防御を気にしない捕食者もいます。
左上から時計回りにコモリグモの仲間、ザトウムシの仲間、シリアゲムシの仲間、サシガメの仲間。（Raphaël De Cock撮影）

た［図7-2参照］。どうやってかは未だに分かりませんが、これらの捕食者はみな、ホタルの化学防御を巧みに回避しています。また別の捕食者――同じホタルが大好物のホタルのメス――についても後述します。

警告表示の進化

ホタルの包括的捕食者撃退戦略の全容を明らかにするには、もう少し説明が必要です。彼らの第一の防御ラインは攻撃を未然に防ぐことで、捕食者たちに早い段階から警告を発するように進化してきました。

チャールズ・ダーウィンの同時代人で自然淘汰の共同発見者でもあったアルフレッド・ラッセル・ウォレスは生物学者として、またコレクターとして、十二年間も熱帯アジアと南米を旅していきます。この間ウォレスは多くの驚くべき昆虫に出会いました。たとえばあるチョウは成虫のときはもちろん、イモ虫の段階でも鮮やかな体色をしています。ウォレスは、あれほど目立つのにどうして天敵に捕食されないのだろうと疑問に思いました。これらのチョウ類を調べたのち、次のように述べています。

（略）極めて美しく色彩も豊かで、たとえば黒、青あるいは茶色の地に黄色、赤あるいは純白のまだら模様をもち、（略）みなゆっくりと儚げに舞っている。一段と人目を惹く体色で、他のどんな昆虫よりも鳥に簡単に捕まりそうなのに、（略）実際はそのような気配など全くない。（略）しかしながら、こうした美しい昆虫の体内にあるあらゆる器官には、刺激の強いやや芳香性のある臭気あるいは何らかの薬品臭をもつ分泌液が満ち満ちている。（略）彼らが攻撃から逃れられる理由は、おそらくここにあるのではないだろうか。鳥がある種の昆虫を非常に不快に感じ、いかなる場合であろうと決して触れようとしない事実は枚挙に暇がない。

ウォレスはダーウィンに宛てた書簡のなかで、生き物は警告色をもっているのではないかという考えを説明すると、彼の返事は「それ以上に独創的な話を聞いたことがない」というものでした。いくら昆虫が毒素を持ち、不味かったとしても、捕食者に食べられ、致命傷を負わされたりしては意味がないことにウォレスは気づいていました。多くの動物は体に毒素を持つことに加え、生き残る可能性をより高めるため、攻撃される前に潜在的捕食者に警告サインを発しているのです。ウォレスが名付けたこの「危険フラッグ（danger-flag）」には、派手な色柄や独特な匂いはもちろん、びっくりするような鳴き声も含まれるかも知れません。ヤドクガエルからオオカバマダラやホタルまで、あらゆる形と大きさの有毒な動物たちは、体に鮮やかな赤や黄色、あるいは漆黒などを組み合わせた目を引く模様や斑点をもっています。これらの色彩が警告色として、潜在的捕食者全てに「毒を持っているから、近づくな」と伝えているのです。現在、科学者たちはこのような危険フラッグを「警告表示（aposematic display）」と呼んでいます。自然淘汰により巧みにつくられたこの警告表示は、獲物として捕らえても「割に合わない」――つまり捕食することによって被る代償が栄養面での価値を上回る――ことを捕食者にはっきりと示しています。有毒な獲物をより簡単に見分けて避けられるという点では、警告表示は捕食者にとっても有益なものだと言えるでしょう。

ホタルもこの事前警告システムを取り入れ、目立つ色柄と生物発光で、なるべく捕食者から攻撃されないようにしています。本書に掲載したさまざまな写真が示すように、多くのホタルは成虫も幼虫も、黒か茶色の地に黄色または赤の模様を組み合わせた鮮やかな色合いをしています。こうした派手な体色は、鳥、爬虫類、一部の哺乳類のような昼間餌をあさる捕食者にとって警告表示になるのです。アイズナーの研究チームは、チャイロコツグミにフォティヌス属を与えると、突ついただけではねのけ、その後こうした有毒な餌に近づかなくなることを確認しました。一度だけの嫌な経験でも、長期にわたり嫌悪感を抱かせるのに十分です。チャイロコツグミはおそらくホタルの体色と模様から、ホタルを視覚的に認識することを学んだのです。

ヨーロッパに生息するグローワーム型ホタル、ラムピリス・ノクチルカは幼虫時の体色も大胆で、真っ黒な身体の両脇に鮮やかなオレンジ色の斑点を走らせています。フォティヌス属の成虫同様、彼らもルシブファジンをつくります。第五章で出会ったラファエル・デコックは、ホシムクドリ（*Sturnus vulgaris*）がグローワーム型ホタルの幼虫を避けることを学習できるかどうか試してみました。アイズナーのツグミと同じように、ホシムクドリにミールワームとグローワーム型ホタルの幼虫を交互に与えると、ミールワームの九八％は貪るように食べましたが、グローワーム型ホタルの幼虫は一匹も口にしませんでした。最初はホシムクドリもグローワーム型ホタルを突ついてからはねのけましたが、その後は目にしただけで二度と触れようとはしませんでした。ムクドリもまたすぐに、この鮮やかな色合いの有毒な獲物を避けることを学んだのです。

すでに述べたように、ホタルが光をつくり出す能力は夜行性の捕食者をかわす警告表示として機能するよう、最初は幼虫期に進化したと考えられています。暗闇で明滅する光は確かに目立つはずです。でもこの光は、本当に捕食者が有毒な獲物との不快な出会いを思い出す助けになるのでしょうか。主に夜間に餌をあさる捕食者のヒキガエルやネズミに対する研究により、この説を裏付けるいくつかの証拠が見つかっています。ヨーロッパ・ヒキガエル（*Bufo bufo*）は発光するグローワーム型ホタルの幼虫に出会ってからは、明滅する人工的な餌を攻撃するのを躊躇するようになりました。ハツカネズミ（*Mus musculus*）の餌にＬＥＤライトをつけ、不快な餌（お米のお菓子を苦味のある液体に浸したもの）を与えるときにこれを明滅させると、このハツカネズミは不快な餌を避けることをより早く学びました。研究者たちはこのふたつの実験で、ホタルの幼虫ではなく人工的な餌を与えましたが、これにより捕食者の学習は光の信号だけに由来し、幼虫の持つ警告臭は無関係であることも分かりました。

幼若期のホタルは自分を守るために生物発光を効果的に使いますが、成虫はどうでしょう。私たちはホタルの成虫が、光をつくる生化学的な才能を潜在的な交尾相手とのコミュニケーションに使う、いわゆる性的な信号へと進化させてきたことを学んできました。でもその明滅は、襲撃者を撃退することにも利用されているのでしょうか。

私はハエトリグモ（*Phidippus*）をペットにしていたことがありますが、かねてより彼らは人が思う以上に賢いのではないかと感じていました。そこで数年前、このハエトリグモに発光しない昼行性のホタル、エリクニア属（*Ellychnia*）を与える実験を行ってみました。すでに、クモたちがこのホタルを嫌っていることは分かっていました。私たちが調べたかったのは、小さく灯る明かりを一緒に見せることで、彼らがホタルとの不快な出会いをより早く回避できるようになるかどうかでした。結果はまさに思った通り。攻撃するたびに明かりを灯されたクモは、光を見ていないクモよりも早く、嫌いな餌を襲わなくなりました。ハエトリグモは無脊椎動物であるにもかかわらず、嫌な味のホタルを回避するために警告灯を利用することを学んだのです。賢い生き物だという私の信頼に、彼らは見事に応えてくれました。

飛翔昆虫にとってはコウモリもクモ同様、手強い夜行性の捕食者です。コウモリがホタルの味を好まないことはすでに分かっていますが、明滅する光を、不味い食事を避けるための早期警戒警報として認識することは可能なのでしょうか。研究者たちは、コウモリが光る獲物を避けるかどうかを調べるため、飛行中のホタルに似せた空を飛ぶ疑似餌をつくりました。結果は、オオクビワコウモリは明滅する疑似餌を避ける傾向にありましたが、他の二種類のコウモリは明滅していても同じように攻撃を加えました。つまり、少なくとも一部のコウモリはホタルの明滅を利用し、嫌いな獲物を見分け、回避することが可能だと言えます。

これらの実験は光が果たす防衛力を明らかに示しています。ホタルは光を輝かせることで愛の在り処を示すだけでなく、毒性があることも高らかに宣言しているのです。ホタルの最も近い親族である柔らかな身体をもった甲虫類にも、有効な化学的防御力を備えたものがありました。つまりホタルは、生物発光による警報を進化させる以前から、すでに毒性を備えていたと考えられます。光は毒のある獲物を回避する目印になるため、捕食者の多くがそうした目立つ信号を認識し、記憶することを学んでいったのです。しかしながら視覚だけでなく嗅覚や味覚など、複数の感覚を同時に刺激することで、警告表示は捕食者にとり、より記憶に残るものとなるようです。そしてこれまで見てきたように、ホタルもまたこれら全て――はっきり目立つ明るい色柄、特有の匂い、そして不快な味を備えています。ホタルのこうした特性は、組み合わされることで三つの和よりもさらに大きな抑止力を生み、捕食者にとって徹底的に不快で忘れられない生き物になるというわけです。

ホタルのそっくりさんは美味いか毒か?

生き物の警告サインは毒を持っている証拠——本当でしょうか。必死に生きようとすれば強い力を生み出します。ホタルが身を守る物語にややこしいサブプロットが生まれてくるのも頷けます。生き物のなかには、ホタルが入念につくり上げた警告表示や、その他の生き物が築きあげた防衛策を巧妙に真似するものたちがいるのです。優れた広告は模倣を生み出します。模倣が警告表示の威力を弱める場合もありますが、逆に強化する場合もあります。

昆虫の標本を詳しく調べてみれば——あるいは写真共有サイトにあるホタルの写真をクリックすれば、他にもホタルによく似た昆虫がたくさんいることに気づくことでしょう〔図7・3参照〕。それらはホタルとは全く関係のない——たとえばガ、ゴキブリ、ジョウカイボン、ベニボタル〔＊訳注：ベニボタル科。ホタル科とは異なるグループであり、発光する種は含まれていない〕やカミキリムシといった、それぞれが独立進化してきた昆虫たちです。ホタルとは近縁ではないので、これほど際立って類似した色柄になる理由はありません。にもかかわらず驚くほど似通った姿は、無関係な種の間での収斂進化によるもので、それぞれが捕食者から攻撃を回避しようとしたために生み出されたと考えられます。似たような姿をとる昆虫が複数現れるのは、ウォレスが直感したように、ホタルの危険フラッグが本当に威力を発揮していることの証しだと言ってもいいでしょう。

「模倣こそ最も誠実なお世辞である」と言いますが、他を惹きつけ、模倣しようと思わせるような生き物は、なにもホタルに限りません。全く異なるふたつの進化経路が、結果的に似たような擬態の複合体へつながっていくことさえあります。動物が擬態するその驚くべき事実は、一九世紀後半、生物学者であるヘンリー・ウォルター・ベイツ（一八二五〜一八九二年）とフリッツ・ミューラー（一八二一〜一八九七年）により初めて明らかにされました。ヨーロッパで生まれブラジルに移住してきたふたりは、すぐに活力溢れる大らかな熱帯地域の魅力の虜になります。そこではあらゆる命がさまざまな生態学的形態をとり、互いに生き残るために生存競争に臨んでいました。ふたりはそれぞれ独自に活動していましたが、ある時からブラジルの熱帯雨林の奥地で共にチョウを観察して過ごすようになりました。彼らはそこでふたつの新たな進化的適応形態を明らかにし、その発見によって不朽の科学的名声を得たのです。今ではこれらの適応形態はベイツ型擬態とミューラー型擬態と呼ばれ、自然淘汰の過程で生じるものとされていますが、当時は自然淘汰自体がまだ提唱され始めたばかりの新たな考えに過ぎませんでした。

アルフレッド・ラッセル・ウォレスと出会った当時、ベイツはまだ若く、イギリスに生息する甲虫目と鱗翅目を専門として熱心に研究に励んでいました。二〇代前半で研究分野を同じくするふたりはすぐに親友となり、一緒に郊外へ昆虫採集に出かけたものでした。一八三九年にダーウィンが『ビーグル号航海記』を著すと、その冒険旅行に触発されたふたりは、一八四八年に海路ブラジルへと旅立ちます。到着後ふたりは昆虫標本をつくり、祖国のアマチュア収集家に売ることで生計を立てました。ウォレスはブラジルに四年滞在した後にイギリスに戻り、今度はマレー諸島へ向かいます。一方ベイツはブラジルに残り、さらに数年間アマゾンを探検して回りました。この間、一四〇〇〇点もの昆虫標本を船便でイギリスに送りましたが、その半分以上が西洋の科学界にとって新発見となるものばかりでした。後年彼は、アマゾンで過ごした一一年間が人生最高の時だったと回想しています。

あるときベイツはたくさんの色鮮やかなチョウが森の木の幹のあたりをゆっくり飛んでいるのを眺めていました。まさにそのとき、彼は何かが変だと気づいたのです。チョウたちのその色合いやゆったりと舞う姿はとてもよく似ています。当初ベイツは、それらはみな同じ仲間に違いないと考えていました。でもよく調べてみると、別の科に属するチョウが交じっていました。群れを構成するチョウは一見みな同じようですが、実際には遠い親戚も含まれていたのです。この驚くべき現象について、後にベイツは次のように記しています。

［**図7-3**］血縁関係が薄いにもかかわらず驚くほど似た姿を見せる、ホタルのそっくりさんたち。
左上から時計回りに、ゴキブリの仲間、ゲンセイの仲間、カミキリムシの仲間、ベニボタルの仲間、ガの仲間、
ジョウカイボンの仲間（写真クレジットは注釈を参照）

> これらの模倣による類似性についてはいくらでも実例を挙げられるが、（略）調べれば調べるほど驚くばかりで（略）目を疑うほど完璧で、明らかに意図的な類似性が見られるものさえある。

群れを構成する多くのチョウは不快な味がするものばかりですが、なかには捕食者の食欲をそそるチョウが紛れており、彼らは不快な味のするチョウの警告色を模倣することで捕食者除けにただ乗りしているとベイツは気づきました。一八六二年にベイツは、自然淘汰がどのようにしてこの擬態を生み出したかについて小論を書いています。ウォレスがすでに示唆していたように、まず賢い捕食者――鳥やトカゲのような――が有毒なチョウを警告色や警告行動から判断し、避けることを学びます。しかし彼らは引き続き、その親族ではない食べられるチョウをご馳走として満喫し続けます。一方、食べられる側のチョウは外見に影響を与える遺伝子が変異を続け、その中から必要なものが選別されていきます。この選別は捕食者が行います。有毒で警告色をもつチョウと遭遇した経験のある賢い捕食者は、襲うべき獲物と避けるべき獲物を見分けるのです。ある時点で全く偶然に、食べられる側の種の中に新たな突然変異が生じ、いくつかの個体が有毒モデルとの類似点をもつようになっていきます。この偶然により新しい変異体のいくつかが捕食を免れるというわけです。賢い捕食者がいるおかげで、食べられる側も時間をかけて変異を重ね、有毒モデルとの類似性を着実に高めていくことで、やがてその擬態も捕食者が必ず避けるに十分なほど有毒モデルと似たものになります。擬態はいわば寄生生物のようなもので、化学兵器の開発に投資しなくても捕食リスクを低く抑えることができるのです。ところが今度は、食べられる側の擬態が増えれば増えるほど、警告シグナルが伝えていた本来のメッセージが薄れていくことになります。現代の生物学者は、ベイツ型擬態のシステムは進化のいたちごっこに巻き込まれてしまったと考えています。有毒モデルが新たな警告表示を進化させ、いくら擬態から逃れようとしても、食べられる側の擬態はそれを真似し続けるのです。

しかしこれとは異なる有益な擬態もあります。一八五二年にドイツを離れたフリッツ・ミューラーは、ベイツと違い、母国に戻るつもりはありませんでした。家族とともにブラジルへ移住すると、農業に従事し現地の学校で教えながら、何とか身のまわりの環境を注意深く観察する時間をつくっていました。彼はそこで、一緒にいるところをよく見かける有毒なチョウたちが、実際には近縁種ではないのに同じような不快さを示す印を身にまとっていることに気づいたのです。ミューラーは有毒な種が互いに協力し合い、警告表示を共有することで、自分たちを食べないよう捕食者に教えているのではないかと考えました。彼の論拠は単純なものです。仮に不快な獲物を捕らえた経験がない捕食者は、警告色を帯びた有毒なチョウを百匹食べてやっと見分けがつき、避けるようになるとしましょう。そこで、見た目の似ているふたつの有毒種の中から捕食していくことで同じ教訓が得られるのだとすれば、それぞれの種の個体が食べられる可能性は低くなるというわけです。現在ではミューラー型擬態として知られるこの現象は、生き物が同じ警告色をもつことで個体あたりの被食率を減少させようとするものです。ベイツ型擬態とは異なり共存共栄を図ろうとするこの戦略は、共通の防御体制をもつ集団全体で同じ痛みを分かち合うものだと言えます。

では数多くの疑似ホタルたちはどうでしょう。たとえばベニボタルは、もしかしたら独自の化学防御策で自己防衛を図っているのかもしれません。もしそうであれば、そうした昆虫たちはミューラー型擬態をとっていることになります。つまりこれらの有毒な昆虫たちは警告色を揃え、潜在的捕食者に対する教育コストを分担することでホタルを支援しているのです。一方、擬態生物が化学物質を持たない美味しい昆虫なら、ホタルの真似をして捕食されるのを回避しようとするベイツ型擬態ということになります。進化の話はこの先、さらに複雑で微妙なものになっていきます。ホタルの種の多くはみな著しく似通っていて、前胸背板に赤と黒の独特の模様をもち、真っ黒な鞘翅を薄い線で縁取っていますが〔＊訳注：ここにある特徴の説明は、日本のホタルには必ずしも当てはまりません〕、こうした類似点はある程度、共通祖先まで遡ることができます。ホタルのなかには本当は捕食者の食欲をそそるものがいて、外見だけ他の有毒なホタルに次々と擬態してきた、いわば模倣のヒッチハイカーが存在するのかもしれません。あるいは全てのホタルが有毒ということも考えられます。残念ながらこの答えは、まだ分かっていません。

吸血ホタル

あらゆる擬態システムは言うまでもなく、ホタルもまた、私たちがここまで学んできた進化の筋書きに大きく影響されています。ところがトム・アイズナーと彼のチームはちょっとうまいやり方で、異常なホタルの擬態、悪夢をも超えるような極めて恐ろしい擬態ホタルの秘密を解き明かしたのです。

私はホタルの親密な求愛行動を注視しながら、数え切れないほどの夜を過ごしてきました。宵の口になると学生たちと一緒に野原に出かけ、見つけるのが難しいフォティヌス属のメスを探し始めます。しばらくするとあたりは数百匹ものオスでいっぱい。音もなく明滅する光を輝かせ、彼らもメスを探し始めます。しかしフォティヌス属のメスは恥ずかしがり屋です。草の中の止まり木に座ったまま、とりわけ魅力のあるオスが現れるまで待ち、一回だけゆっくりと閃光を放って応えます。第三章で述べたように、メスはオスの呼びかけから極めて正確な間を置いて返事を送ります。フォティヌス属のメスの応答の間は種によって異なり、ある種のメスは二分の一秒遅れで返答しますが、なかには五秒も間を取る種が存在します。オスはこのメスの応答時間の違いを手がかりに、自分の相手を見分けるのです。

私は年月を重ねるにつれ、メスが応える光をかなりうまく見分けられるようになりました。今では一、二回光を見れば、だいたいその場所が分かります。とは言え、これまで何度も完璧に騙されたことがありました。草むらをのぞき込むと、セクシーに応答したのは恋するフォティヌス属のメスではないことに気づきます。それは捕食のために擬態した魔性のメスホタルが放った偽の光だったのです。

北米ではフォトゥリス属のいくつかのホタルは、交尾後のメスが他のホタルを捕食するという異常な行動を見せます。彼女たちは攻撃的擬態として知られる行動をはじめ、驚くほど高度な狩猟技術を用います。フォトゥリス属のメスは主にオスを食べるので、ジム・ロイドは「ファム・ファタール（魔性の女）」と呼びました。このずる賢いメスたちは、他種のメスの光を模倣することでそのオスを狙います。生物発光能力を、オスをおびき寄せるためのおとりに使うわけです。まんまとオスが近寄ってくると、ファム・ファタールは手を伸ばして捕まえます。この狡猾な捕食者は体が大きく、脚も長く、動きも敏捷で、一晩に数匹のオスを平らげることができます。

ある夏、私はこれらの捕食者が攻撃を仕掛けるのを、直接間近で観察して時を過ごしたことがあります。メスは運悪くやって来たオスをつかむと、体の周りに脚を巻きつけ、死ぬほど強く抱き締めます。頑丈な顎を素早くオスの肩に食い込ませ、傷口から出血させ——ホタ

ルの血液は白です――血を抜きます。血液がなくなると、頭部のような柔らかいところから腹部へと順番に食べていきます。一口ごとに時間をかけて注意深く咀嚼し、硬い部分は吐き出します。数時間のうちには全てを食べつくし、そこに残るのは食べ残したいくつかの欠片だけ。かつてジム・ロイドはこんな話をしてくれました。「もしフォトゥリス属のメスが飼い猫くらいの大きさだったら、夜は怖くて誰も外出なんてしなかっただろう」。全くその通りです。

ロイドはこれらのファム・ファタールが、多くのフォティヌス属のオスが死ぬ原因をつくっていることを教えてくれました。彼はさまざまなフォティヌス属の種の明滅シグナルを読み解こうと歩き回る間、この恐ろしい生き物が草むらに潜んでいるのをたびたび見かけたと言います。被食者となる種のメスが放つセクシーな応答信号を極めて正確に再現していたそうです。さらに彼女たちは万能な狩人でもあります。偽の明滅パターンのレパートリーを豊富にもっていて、獲物に合わせてシグナルを切り替えることさえできるのです。こうした攻撃的な生き方は、穏やかで幻想的な生き物というホタルの一般的イメージとは全く対照的です。この先、音もなく明滅する光に溢れた、心安らぐ光景を眺める機会があれば、こんなことに思いを馳せるのも一興でしょう。

しかし、これはどうしたことでしょう。ほとんどのホタルは成虫になれば食べるのを止めるはずです。貪欲なファム・ファタールたちをあれほど残酷な虫喰いへと駆り立てるのは、いったい何でしょうか。

この問題は、トム・アイズナーがホタルの化学的防御に関する研究範囲を広げるまでは、手つかずのままでした。彼とそのチームがホタルを何種類か調べてみたところ、フォティヌス属の三種と、昼行性ホタルのルシドータ・アトラ（*Lucidota atra*）の体内に、ルシブファジンの存在が認められました。しかし、イサカ周辺の野原で採集したフォトゥリス属を何匹か調べてみると、ホタルが含む毒の量には個体ごとにかなりのばらつきがあることが分かりました。フォトゥリス属のなかには全くルシブファジンを持たないものもあれば、大量に持つもの――それらは全てメスでした――もあったのです。フォトゥリス属のメスは、フォティヌス属のオスを食べることでご馳走以上の何かを得ているのでしょうか。彼女たちは獲物のルシブファジンをも飲み込んでいるのでしょうか。

研究者がこの疑問に答えるには、まだホタルを食べたことのないフォトゥリス属の新鮮なメスを手に入れる必要がありました。そこで彼らは、野外で採集したフォトゥリス属の幼虫を実験室に持ち込み、成虫になるまで飼育。その後、食べ物に関しては処女であるこれらのメスをふたつのグループに分けました。一方のフォトゥリス属にそれぞれ二匹ずつフォティヌス属のオスを与えると、彼女たちは即座に襲いかかり食べてしまいました。もう一方のホタルには何も与えません。それから研究者たちは、メスの各個体が含むルシブファジンの量

[**図7-4**] 交尾か死か。
上：派手で魅惑的なファム・ファタール、フォトゥリス属（*Photuris*）が、不運なフォティヌス属（*Photinus*）のオスを襲う様子。
（Jim Lloyd撮影）。
左：残飯――噛み砕かれた欠片と数本の脚。

を計測します。ホタルの反射出血という習性を利用し、それぞれのメスを優しくつまむことで出てくる血液の滴で分析しました。予想通り、オスのフォティヌス属を二匹食べたメスのフォトゥリス属の血液にはルシブファジンがたくさん含まれていましたが、何も食べていないメスには認められませんでした。これら人目につかないファム・ファタールは、フォティヌス属のオスを騙して食べるにとどまらず、彼らの毒さえも奪い取っていたのです。なぜでしょうか。

アイズナーのチームは、捕食者の属がルシブファジンを盗むのは敵を撃退するためなのかどうかを調べるため、万能型昆虫食性動物の協力を求めることにしました。彼らが使ったのはフィディプス（*Phidipps*）属のハエトリグモで、チャイロコツグミ同様、フォティヌス属を嫌うことが分かっていました。今回も野外採集したフォトゥリス属のメスを用意し、一方に二匹のフォティヌス属を食べさせ、もう一方には何も食べさせずにおいたまま、両者をハエトリグモに与えたのです。ハエトリグモは、フォティヌス属を食べたメスには手を触れず、残りの半分を襲って食べました。ファム・ファタールたちは自己防御のために、獲物の毒素を再利用していたのです。

これまで見てきたようにフォティヌス属は、鳥やコウモリからハエトリグモに至るまで、多くの捕食者から身を守るために多面的防衛戦略を進化させてきました。彼らを捕食する擬態者にとっては、その防衛策が極めて魅力的なものに映ってしまうのは、進化という運命がもたらす皮肉ないたずらです。

有効な化学的防御策を自分では用意できないフォトゥリス属のファム・ファタールは、毒を求める喉の渇きを癒すため、犠牲となるホタルを求めて夜を過ごさなければなりません。しかし求愛シグナルに対して光を放つ擬態は、あくまでフォトゥリス属のメスがルシブファジンを取り入れるために使う狩猟戦略のひとつに過ぎないのです。彼女たちは発光シグナルを頼りに狙いを定め、飛行中のフォティヌス属のオスにも襲いかかります。これにより当のフォティヌス属のオスたちは、非常に微妙なかじ取りを迫られることになります。第三章で述べたように、ホタルのメスは、はっきり目立つような求愛シグナルが放てるオスを好みます。ところがフォティヌス属のオスがより長く光を明滅させ、しかも頻繁に放てば、捕食者フォトゥリス属に襲われる可能性もその分だけ高まってしまいます。性淘汰と自然淘汰という異なるふたつの進化の力に板挟みになったフォティヌス属のオスは、求愛信号を放つ際、両者のバランスをうまく保たなければならないのです。

もうひとつ、フォトゥリス属のメスがルシブファジンを手に入れる最終手段として使う方法があります。盗みという手に訴えるのです。クモの巣近くに身を潜め、気の毒なオスのホタルが連れ合いを探す途中でうっかり通過するのを静かに待つのです。クモはすぐに、オスを絹のような糸できちんと包み込み、後でこの美味しい餌を食べようととっておきます。そこでフォトゥリス属のメスは巣の上にそっと飛び乗ると、機敏にクモの糸をまたいでこのギフト用に包装された賞品を掴み取るのです。フォトゥリス属のメスは、クモの巣づくりの才能を利用し、自分の食事を手軽に盗み取っているようです。彼女は動けなくなった獲物に覆いかぶさり、食べ始めます。とは言っても彼女の厚かましい行動にもリスクがないわけではなく、クモが戻ってきて戦わなければならないことも頻繁にあります。クモの方が大きさで勝るような場合には、この戦いは泥棒フォトゥリス属もまた絡めとられて食べられるという結末を迎えます。

＊＊＊

私をホタルに夢中にさせたきっかけは、目を見張るような華々しい彼らの性生活でした。でも最近では、これらの毒素、裏切り、盗みといったスリルに満ちた化学的防御の世界に興味をかきたてられています。お腹をすかせた捕食者を撃退するために、ホタルは極めて効果の高い多面的防衛戦略を進化させてきました。ホタルはまだ解明されていない何らかの生化学的な魔法を使い、天敵に対して強力な有害物質をつくり出します。最近の発見により、長い間分からなかったひとつの謎が解けました。それはホタルの生物発光が、最初のうちはどんな機能を果たしたかということです。ホタルの光は夜行性の捕食者に対し、有毒な獲物であることを知らしめ、避けるよう警告する非常に分かりやすい表示の役目を果たしていることはすでに述べました。ホタルは攻撃を回避するために生物発光に加え、鮮やかな警告色、有毒な化学物質を分泌する飛び出す腺、そして傷つくと血液を分泌して撃退する習性といったさまざまな戦術を使い分けます。昆虫が食べられるのは仕方のない世界で、ホタルが生き残る必要に迫られて身につけた効果的な防御パッケージは、自然淘汰の力を余すところなく示しています。

思いもかけず、毒素をつくり出すコツを進化の過程で失ってしまったホタルもいます。そのため常に捕食者に襲われやすい立場にあるフォトゥリス属は、他のホタルから化学兵器を奪い取り、自己防御のために貯蔵しなければなりません。毒を手に入れるため肉食性の昆虫へと変貌し、騙しと盗みに頼るのです。これらの捕食者ホタルには、この章の冒頭に掲げた言葉は当てはまりません。誰の毒であろうと、自分の血肉としてきたのです。

トム・アイズナーはパーキンソン病との長い闘病生活の後、二〇一一年に亡くなりました。彼は昆虫に情熱を注ぎ、その秘密の化学兵器を明らかにすることに人生を捧げました。二〇〇〇年に行われたインタビューでは、ホタルの防御の秘密をどのように明らかにしていったのかを嬉しそうに振り返り、こう語っています。「それは夜の不思議とでも言うべきか、とにかく研究するのが楽しかったね！」

ホタルの化学的防御には、まだ解明されるべき多くの謎が残されています。人形を開けるとまたその中の人形が姿を見せる、ロシアのマトリョーシカのように、自然界はその姿を少しずつしか見せてくれません。どうしたらあれほど強力な毒を、自分には何ひとつ影響なくつくり出したり、取り込んだりできるのでしょう。オスの婚姻ギフトにこうした価値の高い毒は含まれているのでしょうか。他のホタルはどのような化学兵器を蓄積しているのでしょうか。ひいき目と言われても仕方ありませんが、トム・アイズナーは、昆虫が地球上で最も有能な化学者だと考えていました。しかし私たちが調べた化学防御は、世界中に存在する二〇〇〇種ものホタルのほんの一部、〇・五％以下でしかありません。この自然界の独創的な化学者たちは、人間の健康には欠かせない、抗生物質、心臓薬、鎮痛剤、抗がん剤などの豊かな生成物をつくり出しています。ホタルのもつ薬のなかからどれほど豊かな化学的恩恵が発見されるのかは誰にも分かりません。しかしながらそうした発見の機会は、実は急速に失われつつあるようです。

第8章

ホタルの光が消えたら?

Lights Out for Fireflies?

暗くなる夏

人類の波が地球上を覆うにつれ、それまでの生態系は失われてしまいました。ひとつやふたつ種が絶滅したところで、さほど気にすることではないかもしれません。ひとつの種が失われても、それは生命という布地に開いたほんの小さな針穴に過ぎないのです。それでも、いわく言いがたい虚しさを感じさせるものもあります。万が一ホタルが消えてしまうとすれば、地球の自然の神秘——そして私たちの生活の質——は目に見えて損なわれてしまうことでしょう。もちろんいっぺんに消え去ってしまうわけではありません。例えて言えば、部屋いっぱいのロウソクをひとつひとつ消して行くようなものです。最初の炎が消えたことに気づかなくとも、最後は暗闇の部屋に取り残されてしまいます。

「ホタルがどんどん見られなくなっていますが、これはなぜでしょう?」自分の仕事について話すたびに、こう尋ねられます。地域の状況によって、ホタルの姿が多く見られる年もあれば少ない年もありますが、それでもほとんどの人が、子どものころに比べれば間違いなく減っていると感じています。フロリダ州マルベリーでホタルを観察し続けてきたある女性から、「あれほどたくさんのホタルと一緒に育ったのに、ここ数年は全く見かけていません」というEメールが送られてきたり、テキサス州ヒューストン近くに住むホタル愛好家からは、「子どものころはホタルなどどこでも見られたのに、悲しいことにみんな消えてしまいました」といった書簡が寄せられたりしています。また、あるフロリダの農場主は、「以前はどこにでもいたよ。でも今は三、四匹でも見かければたいしたものさ」と語っています。ホタルの専門家ジム・ロイドは、フロリダのホタルの数がこの二、三〇年、減少傾向にあると指摘。さらにこの傾向は他のどの地域でも見られるものだとしています。アメリカ中どこへ行っても、「以前とは比べものにならないほど減っている」と感じるそうです。世界中の人々も同様の懸念を抱いています。二〇〇八年、バンコクの南の感潮河川沿いにある木々で一斉に明滅するホタルを見ながら育ったあるタイの船頭は、「ホタルはこの三年間で七〇%も減少した」と話しました。彼は「自分たちの暮らしそのものが壊されていくようだ」と嘆いていました。

慎重に物事を判断しようとすれば、表面的な現象だけでは断言することはできません。ホタルの数が減っているのではなく、人々の生活様式が変化したため、そう感じるようになった可能性もあります。田舎でホタルを追いかけながら育ち、今は都会暮らしをしているという人たちもいるでしょう。さらには空調の普及により、夏の宵を冷たい飲み物を手にそよ風に吹かれながら、ベランダで過ごそうという人たちがめっきり減ってしまったからかもしれません。テクノロジーの進歩につれ、日常生活に溢れかえるコンピューター、ビデオゲーム、そして携帯電話――私たちの視線はそうした画面に捕らえられたままで、もはや夜の野原を見渡したり森の中で目を凝らしたりすることはほとんどなくなってしまったのです。

しかし、日本ではこの一世紀の間にホタルの数が急激に減少したことが実際に確認されていますし、その他の多くの国々ではそうした長期間のデータはないものの、本格的な自然愛好家や環境に深い関心を寄せる人たちの多くが、ホタルは確実に減少しつつあると確信しています。具体的な証拠はまだ揃ってはいませんが、繰り返し伝えられるところによれば、ホタルが世界中の多くの場所から姿を消しつつあることは紛れもない事実のようです。いったいどうなっているのでしょう。確かなことは分かりませんが、ホタルの減少に加担していると考えられる容疑者をリストアップしたら、まずその筆頭に挙がるのが生息地の喪失、光害、それに商業上の乱獲でしょう。

舗装された楽園

二〇一〇年に、世界のホタル専門家が結集し、「Selangor Declaration on the Conservation of Fireflies（ホタルの保護に関するセランゴール宣言）」として知られる文書を作成。ホタルの個体数を維持するための最優先課題として生息環境の保護を呼びかけました。ではホタルが好む環境とはどのようなものでしょう。それは人の手で荒らされていない静かな草原、森、湿地、小川の岸などです。ホタルのライフサイクルは複雑で、卵や幼虫そして成虫と、どの段階でも常に水分を必要とし、乾燥すればすぐに死んでしまいます。卵は孵化するまで数週間かかるため、メスは湿度の高い場所を探し、そこに卵を産み付けます。孵化してからは数カ月から二年間、幼虫時代を過ごします。この間、多くの仲間の幼虫は地虫のように地中にすみ、食べ物を探して土の中を這い回りますが、活動範囲は限定的で、あまり遠くまで移動しません。成虫に変態する準備期間である蛹の段階でもじっと地下で過ごします。つまるところ、ホタルの成虫が地上に現れる場合、卵として最初に産み落とされたところからわずか数メートルしか離れていないことがほとんどです。

成虫として過ごす二、三週間も、ホタルはさほど遠くまで移動することはありません。他の昆虫――たとえばトンボなど――とは対照的に、ホタルはみな飛ぶのが得意ではありません。ホタルのオスは、メスを探して毎晩元気に飛び立ちはしますが、この求愛旅行もかなり近場で済ませています。一方メスのホタルはほとんど飛ばず、翅のないグローワーム型ホタルのメスに至っては、成虫期間を通してほんの数メートルしか動きません。

これには良い面もあります。あまり動かないので、条件さえ整えば何年も同じ場所に一定の個体数が維持される可能性が高いということです。同時に悪い面もあります。条件が厳しくなっても、ホタルは荷造りしてその場を出ていくことができないのです。ひとたび生息環境が破壊されれば、ホタルもまたいなくなります。ひとつの地域にいるグループがどこか他の地に移動することはまずありません。ロウソクの炎がひとつ消えるたび、その地のホタルの個体群がひとつ絶滅したと言わざるを得ないのです。

ホタルの消失に与《くみ》する一番の容疑者は、その住処である自然環境――草原、森林、そして沼地など――の着実な減少です。アメリカではホタルの生息環境は、押し寄せる宅地造成や商業開発の波に飲み込まれつつあります。都市のスプロール現象〔＊訳注：都市が無秩序に拡大してゆく現象。スプロール化ともいう〕で、ホタルのいる草原や森林は住宅、駐車場、ショッピングモールへと姿を変えています。いちいち土地利用図を見る必要などありません。周りを見渡せば容易に分かるはずです。ホタルは遠くまで移動するのが苦手だということを考えれば、こうした生息環境の喪失が個体数の減少につながっていると誰もが理解できるでしょう。テキサス州ヒューストンの住民の一部が、ホタルの姿が減っていると不満を漏らしていることに対し、専門家のジム・ロイドは彼らしい言い方でこう語ったそうです。「ホタルはあなたたちがやって来る前からそこに居たんだ。そこへヒューストンの街を築き、次々に舗装していったのはあなたたちさ」。さらにロイドは五〇年に及ぶ経験から、フロリダ州ゲインズビル周辺で多くのホタルの種が消滅したのも、生息環境が破壊されたためだとしています。彼は、一九六六年に初めて現地にやって来たときに目にした十数種のホタルが、一九九〇年代末までに全て姿を消してしまったのを目撃しています。宅地造成や商業開発の急速な拡大により、ホタルの最も大切な生息環境である湿地帯のほとんどがなくなってしまったためでした。飲み水や農業用水の需要が高まる一方で、その分地下水面が下がり、ホタルが好む沼地、小川、湿地帯の多くが干上がってしまったのです。

さらに、ホタルはどこでも同じような危機に瀕しています。私の好きなホタルのひとつであるフォティヌス・マルギネルスは、小さいけれど魅力的なホタルで、夕方から活動を始め、人の膝ほどの高さで求愛活動を行います。私たちは長年にわたり、ボストン郊外にあるちょっとした桜の木立に限定された小さな個体群を研究してきました。注目すべきは卵から成虫へ、そしてまた卵へと戻るホタルのライフサイクルが、全てこの木立の中で行われているらしいことでした。幸いこの生息環境は、開発が許可されていない保護区域にあるため、彼らの繁栄は今後も続くことでしょう。

しかし、建設作業や景観整備のためにブルドーザーで土地を整地したり、土壌を取り除いたり入れ替えたりすれば、たとえそれまで素晴らしい生息環境だった場所であってもホタルはいなくなってしまいます。数年前、デラウエア州にオープンしたばかりのゴルフリゾートで開かれた親類の結婚式に出席しました。式の前から私は期待に胸を膨らませていましたが、それはお祝いごとに参加するという理由ばかりではなく、フォティヌス・ピラリス、いわゆるビッグディッパーの生息地を訪ねることができるからでもありました。いたって楽観的な私はヘッドランプと捕虫網も持参。広大な美しい草原に囲まれたゴルフコースは、芝生を好むホタルにとって理想的な生息環境に見えました。夕暮れが近づき、何人かのいとこたちと一緒に披露宴を抜け出した私は、はやる心を抑えながら、戸外へと急ぎました。ところがその晩は、一匹のホタルさえ見つけられなかったのです。二年間の建設作業の間に、あまりにも大量の土が持ち込まれ、移され、人工的に整備されてしまったため、生き残ったホタルは一匹もいなかったようでした。これほどまでに大規模な景観整備作業はホタルの幼虫に直接影響を与えるだけでなく、餌になるミミズやカタツムリや他の昆虫も殺してしまいます。また、美しい景観を維持しようと大量の化学薬品に頼るため、農薬の使用も原因のひとつではないかと考えられます。デラウエア州のゴルフリゾートにホタルがいなくなった理由が建設作業によるものだけであれば、やがて時が経てば、たとえわずかでもホタルがこの新しい生息環境に移り住み、再び姿を現すことが期待できるかもしれません。

　ホタルの生息環境が次々と失われていくという事実は、アメリカだけではなく世界中で問題になっています。タイとマレーシアの二カ国ではプテロプティックス属を国宝に認定。夜を彩るこれらのホタルの求愛行動を観光資源とした観光産業の発展に力を注いでいます。

　クアラ・セランゴールの川辺の小さい村、カンプン・クアンタンは、夜になると一大観光地へと姿を変えます。観光客はマレー半島の西海岸に近いセランゴール川の川岸でサンパン

〔＊訳注：中国南部や東南アジアで使用される平底の木造船の一種〕に乗り込み、静かに潮路を滑り抜けて行きます。同時に明滅を繰り返すプテロプティックス・テナーを見に行くためです。日が沈むにつれ、ホタルのオスたちがマングローブの葉の上にとまります。最初は勝手に光を放っていますが、次第に揃い始めると、明るく輝く光が暗い水面に一斉に反射するようになっていきます。このカンプン・クアンタンのホタルの群れは、一九七〇年代までは地元の村人たちと、少数の好奇心旺盛な科学者にしか知られていませんでした。ところが現在ではこの一年中光るクリスマスツリーを観賞しに、年間五万人もの観光客がやって来ます。もともと小規模な農漁業で生計を立てなければならなかったこの村の経済に、ホタルによるエコツーリズムは重要な貢献をしているのです。

平坦な海岸平野に囲まれたセランゴール川の河口から一〇キロメートル上流までの一帯は、ホタルにとって最適な生息環境です。この感潮河川流域にはさまざまな種類のマングローブが生えていますが、ホタルはそのなかでもベレンバンと呼ばれるハマザクロの一種（*Sonneratia caseolaris*）を好み、そこで求愛行動や交尾を行います。プテロプティックス・テナーのメスは交尾を終えるとマングローブの木立を離れ、川岸を飛びながら、卵を産み付けるのに適した湿潤な土壌を探します。卵は三週間ほどで孵化。生まれた幼虫は数カ月間、湿った落ち葉に繁殖するマングローブカタツムリを食べて成長します。食べることをやめると今度は土に穴を掘り、蛹になります。ライフサイクルの最後が成虫。蛹から這い出すと、光の煌めく川沿いの木立へ向けて飛び立つのです。

かつてセランゴール川の川沿いには、マングローブの木々が生い茂っていましたが、今ではこの地域一帯の広大な天然林が切り倒され、アブラヤシ農園に変わってしまいました［図8-1参照］。パーム油が世界市場で儲かると分かったためで、マレーシアは今ではこの植物油の最大の産出国になっています。マングローブ林にとってのもうひとつの脅威は、川の土手を大規模に改修して造成されるエビの養殖場です。

こうした開発が広がるにつれ、ホタルの生息に適した場所は少なくなっていきます。開発の一環としてマングローブの木々を伐採すれば、マレーシアで繁殖を続けているホタルたちを、ライフサイクル上のふたつの場面で危機に陥れることになります。ひとつは幼虫の段階で、生息環境を破壊されることで餌となるカタツムリが根絶されます。連続パンチの二発目は成虫を襲います。求愛行動と交尾の場を提供するはずの木々が破壊されてしまいます。二〇〇八年と二〇一〇年にルンバウ-リンギ河口流域一帯を九キロメートルにわたり調査したところ、川沿いのマングローブの伐採により、ホタルたちの求愛行動が見られる樹木の数は、およそ二年の間に一二二本から五七本へと著しく減少していました。

自然の素晴らしさを体験するのは、私たちにとってはまたとない余暇の過ごし方ですが、観光自体がホタルの個体群に悪影響を及ぼすこともあります。マレーシアとタイではホタルを見にやってくる観光客が急激に増加。一部の河川では無秩序な乱開発が行われました。観光客用の新しいリゾート施設やレストランが次々に建設される一方で、肝心のホタルの生息場所が次第に失われていったのです。またこれらの施設は夜間でも明るい屋外照明を使うことが多く、こうした光がホタルの求愛儀式を邪魔することにもなります。タイのサムットソンクラーム県のある観光地では、それまで七艘だったホタル見物用の船が、わずか六年の間に一八〇艘にまで急増しました。観光業がさかんになればなるほどディーゼル駆動の観光船が増え、水質汚染と川岸の侵食を招いてしまいます。ホタルが集まる樹木の川岸近くの住民のなかには、観光船による毎晩の騒音に耐え切れず、木を切り倒してしまった人もいる、などという話も伝わってきます。別の難しい問題は、観光ガイドや船頭が、ライフサイクルや生息条件など、観光の対象となる生き物に関する知識に乏しいことです。船頭たちは自分の客を喜ばせようと、しばしば船を木にぶつけてはたくさんのホタルを水面に落としたり、ホタルが明滅している木にスポットライトを当てたりします。なかにはホタルを捕まえ、客に見せびらかす者さえいます。そうした不適切な行為がホタルの求愛や交尾行動を混乱させていることは間違いありません。

マレーシア自然協会の上席保護官を務めるソニー・ウォンは、細身でありながら引き締まった身体つきに穏やかな微笑みを湛えた控えめな男性です。マレーシアに生息するホタルの専門家でもあり、二〇〇三年以来、ホタルの生態と保護の必要性に関する社会認識を高める活動をしてきました。彼は、ホタルの繊細な生息環境を守ることがその地域の発展につながるとして、そうしたホタルの保護活動に本来の利害関係者である地域社会を参加させる努力を続けています。マレーシア自然協会が目指すのは、自然保護のためのより良い方法を確立し、そのガイドラインを地元住民の間に周知徹底させ、将来にわたるホタル観光産業を育成していくことです。ウォンはこれらの活動を「住民たちにホタル観賞のマナーを教え（中略）生活の糧を提供し、ひいてはその地域における当事者意識を育てること」だと位置づけています。今ではタイのサムットソンクラーム県や他の地域でも、環境教育指導員たちが掲示板を設けたり、地元住民、観光ガイド、観光船業者に寄せられるホタルに関するよくある質問とその回答をまとめたパンフレットを配布したりしています。さらなる発展のためには観光産業を地域社会に根付かせることが肝要で、経済発展と環境破壊という両者のバランスをとる鍵はそこにあります。将来の世代もまた、この自然界の本当の驚異を変わることなく経験し続けることができるよう、多くの利害関係者たちがホタルの擁護者になることを期待したいものです。

[**図8-1**] 破壊されるマレーシアのセランゴール川流域のホタル生息地域。
アブラヤシとバナナ農園の造成のため、川沿いの植物が伐採されているのが分かります。(Laurence Kirton 撮影)

世界に溢れ返る光

スイスの小さな村、ビーバーシュタインには、ヨーロッパで一般的に見られるグローワーム型ホタル、ラムピリス・ノクチルカの多くの個体群が生息しています。世界中の村や町や都市と同じように、この村にも街灯があります。教師でホタル愛好家のステファン・イナイヘンは、これらの人工的な光がビーバーシュタインのグローワーム型ホタルにどのような影響を与えているか調べてみることにしました。まず翅のないグローワーム型ホタルのメスの位置を地図上に記します。すると、オスを惹きつけようとして行うメスの光のショーの開催場所は、街灯がつくり出す光の円に関係なく選択されていることが分かりました。ところがオスが、メスを探すために飛行する場所を選択する場合には、街灯が大きく影響しています。発光しないオスは、明るい光から離れた暗い場所の周辺を好んで、メスを探して飛び回っていたのです。その結果、街灯の近くで光を放つメスはオスから孤立し、交尾の機会さえ得られないという可能性が十分にありました。すなわち、ビーバーシュタインや他のヨーロッパの街では、気づかないうちに街灯がグローワーム型ホタルの繁殖地にスイスチーズのような穴を開けているかもしれないのです。

この二〇〇年で人間の知恵は暗闇を駆逐しました。人工的な電気照明のおかげで、夜間でも街路や車道は明るくなり、屋外でのスポーツ行事や商品広告も可能になりました。駐車場や建物周辺の安全性も改善され、庭木を電飾で飾ることさえできるようになりました。人工衛星から撮った写真には、車道に沿ってつくられた街灯が明るく輝き、まるで触手のように荒涼たる自然の中に消えていく様が写しだされています。

確かに人工の光は夜間に役立ちますが、一方で光害という問題を引き起こします。人為的につくり出される光は、時に目的とは異なる場所まで照らしてしまう、いわば光の迷子を生むのです。国際ダークスカイ協会の推定では、アメリカの屋外照明全体の三〇％が、意味もなく空に向けて放たれているのだそうです。多くの照明がきちんとした考えのないままに設置され、闇を侵し、地球の自然光サイクルを変化させています。天文学者たちが壮麗な夜空の観察を妨げる光害に不安を抱き、初めて警鐘を鳴らしたのが一九六〇年代のことでした。

さらに、生態学者にも光害を懸念する理由があります。人工の光は鳥、カメ、カエル、昆虫と、あらゆる夜行性生物の自然行動を妨げます。人工照明は生物発光による交尾信号など簡単に呑み込んでしまうため、ホタルに壊滅的な打撃を与える可能性さえあります。ホタルの生息環境に差し込む光は、両性が互いの求愛信号を見つける際の妨害をいっそう増やしてしまいます。スイスで行われたグローワーム型ホタルの研究が示すように、ホタルのオスが明るく照らされた場所を避けて交尾相手を探すのは、求愛信号に対する妨害の比率の低さが理由なのかもしれません。同様にフロリダのホタル、フォティヌス・コルストランス（*Photinus collustrans*）を使った実験では、屋外の明るい光のそばに置かれたメスのおとりよりも、暗いところに置かれたメスの方がより多くのオスを惹きつけていました。ホタルのオスが夕暮れの自然光を合図にメスを探しに飛び立つことを考えれば、人工光は求愛行動それ自体さえも妨げていると考えられます。室内実験では人工光は、実際にタイのホタルの求愛行動を混乱させ、交尾の成功率を下げています。

光害がホタルの繁殖の成功を危うくさせれば、ホタルの全集団が危機に陥ることになります。テネシー州に住み、自然をこよなく愛するリン・ファウストは、同時にホタルの熱烈な研究家でもあり、二〇年以上にわたりノックスビル郊外にある一六ヘクタール余りの自家農園で、さまざまな異なる種類のホタルを注意深く観察し続けています。家の隣に新しく大豪邸が建った後——しかもその邸宅には三二個もの投光照明が備えられていました——彼女はある種のホタルの姿が全く見えなくなっていることに気がつきました。そして、そのホタルたちが二度と戻ることはなかったのです。「何であんなにたくさんの光が必要なのかしら」とファウストは考え込んでしまいました。それから彼女は近隣からの光が自分の庭や家まで入り込む、いわゆる迷惑な光の不法侵入を減らそうと、地域運動を組織することになります。

人間の技術は比較的短期間に夜の姿を根本的に変えてしまいました。自然がもたらす夜の

[**図8-2**] 光害は、交尾相手を見つけるための生物発光シグナルを妨げ、ホタルに悪影響を及ぼします。（NASA撮影）

闇が、地球上の大部分から消えてしまったのです。行き場のない光の迷子のせいで、私たちの目には夜本来の美しさが見えなくなっています。もちろんホタルもそのうちのひとつです。今では私自身も人工の光に慣れすぎてしまい、夜間に森の道を懐中電灯なしで歩くにはかなりの勇気が必要です。それでもいったん歩き出してしまえば、暗闇に慣れた目に、それはたくさんの光を放つ生き物たちの姿が映ることに驚いてしまいます。突然、ホタルの幼虫が発光する体をゆっくりと引きずりながら、時には数百匹も群がっているのが見えます。あちらではホタルの蛹が体全体を光らせ、気持ち良さそうに地面の中に体を埋めています。こちらではヒキガエルがぴょんぴょん飛び跳ねながら光っています。——ひょっとしてホタルでも飲み込んだのでしょうか。

　私たちが自らの必要のために勝手に世界中を明るくするのであれば、それは他の生き物たちの命を代償にして初めて可能になるのだということを忘れてはなりません。周りにもっと多くのホタルがいてほしければ、夜を取り戻す必要があります。

ホタルの光を目当てに賞金稼ぎ

　かつて賞金目当ての乱獲が行われたことがあり、それもホタルの個体数の減少に一役買ったと言って良いでしょう。アメリカではほぼ半世紀もの間、光をつくる酵素のルシフェラーゼを抽出する目的で、自然界に生息する大量のホタルが採集されてきました。ホタルはルシフェラーゼのおかげで互いに話ができるのですが、この酵素は全く別の理由で人間にとっても役立つことが明らかになったためでした。

ルシフェラーゼはホタルの発光器内部に存在しています。第六章ですでに触れましたが、この酵素はアデノシン三リン酸、別名ＡＴＰと呼ばれる分子を利用して、光を生み出す化学反応を仲介します。生きとし生けるもの——バクテリアや粘菌類〔＊訳注：朽木や土壌にすむアメーバ状生物〕からホタルや人間まで——全てがＡＴＰを持ち、エネルギーを細胞内へ運ぶ化学配達員として利用しています。生物であれば、体内に必ずＡＴＰが存在します。一九四〇年代末にホタルの光がＡＴＰを利用していることを発見したのは、ジョンズ・ホプキンス大学の生化学者ウィリアム・マッケロイでした。ホタルのルシフェラーゼはＡＴＰがそばにある場合にだけ光るという事実は、特定の細胞が生きているか死んでいるかを見分けるのにルシフェラーゼが利用できることを意味します。マッケロイのこの発見は、直ちに医学研究と食品衛生検査の分野におけるルシフェラーゼの実用につながっていきました。当時は生きているホタルがルシフェラーゼの唯一の供給源だったので、野外でホタルを捕まえてお小遣いがもらえるホタル狩りは、大勢の無邪気な子どもたちにとって人気のある夏の楽しみになりました。生命の研究のためにホタルを殺すというのはいくらか皮肉ではありますが、嘘偽りのない本当の話です。

一九四七年、ボルチモアにあるマッケロイの研究室がホタルの生物発光に潜む謎を解明しようとしたことをきっかけに、大規模なホタル狩りが始まりました。実験に必要なホタルのルシフェラーゼは、かなり大量のホタルの発光器をすり潰して抽出していたのです。初めのうちは必要な数のホタルを自分たちで採集していましたが、すぐに必要量が自分たちの採集能力を超えてしまいました。そこで地元紙に広告を出し、子どもたちがホタルを捕まえて来れば、一〇〇匹ごとに二五セントを支払うと宣伝。応援を依頼したのです。最初の一年間でおよそ四万匹のホタルが持ち込まれました。一九六〇年代まで、マッケロイの研究室は子どもたちにお金を払い、毎年五〇万から百万匹の生きたホタルを捕獲していたのです。後に地元紙が「ホタルの命、ボルチモアでは脆く高価なものに」とする記事を掲載したほどでした。ですが当事者のマッケロイはホタルの生態を熟知していたようです。子どもたちが捕まえてくるのはオスのホタルばかりで、メスの大部分は無事に地面に残っていると分かっていました。科学がホタル狩りを支援したとしても、メスがオスを見つけて卵を産める限り、その個体数に与える影響はさほどではないと考えていたのです。ボルチモアやその周辺で採集されたのはビッグディッパー、フォティヌス・ピラリスである可能性が高く、これは誰の目にも分かりやすい、当時も今もこの地域に生息している種のホタルです。

しかしマッケロイのホタル捕獲作戦は、その後に起こった事態に比べればまだまだ些細なものでした。ルシフェラーゼがATPのあるところで光ることが発見されると、急速に新たなホタルのルシフェラーゼの実用化が進められていきました。すぐにミズーリ州セントルイスのシグマ・ケミカル・カンパニーでは生きたホタルをフリーズドライにし、発光器を切り取って得たルシフェラーゼを販売し始めました。一九六〇年の夏には「Firefly Scientists Club（シグマ・ホタル科学者クラブ）」と呼ばれる組織を立ち上げると、後々形成されていく全米規模のホタル採集者による巨大ネットワークを使い、自然の中で育ったホタルを何百万匹も捕獲していくことになります。シグマは毎年夏になると頻繁に、医学研究のためにホタルが緊急に必要になっているという広告を全米各紙に掲載しました［図8・3参照］。彼らはこのホタル科学者クラブが「ボーイスカウト団体、教会組織、農業青年クラブ、個人を問わず、誰にでも開かれたものである」ことを喧伝したのです。生きたままのホタルを送れば、最初は百匹で五〇セント、二万匹を超えると一匹につき一セントと徐々に割増になる賞金が手に入り、さらに二〇万匹以上捕獲すれば最高二〇〇ドルのボーナスまでもらえました。

「人間の病気を診断したり、他の惑星の生命を探したり、私たちを取り巻く環境における空気、食べ物、水の汚染と闘ったりするためにホタルが使われる」と説明するシグマの広告に、たくさんの善意の家族、子どもたち、地域団体が釣られたかもしれません。数年のうちにホタル科学者クラブは、中西部と東部を中心に二五州にわたり数千人の採集者を擁する巨大なホタル捕獲ネットワークへと発展していきました。

ホタル狩りの先頭に立っていたのがイリノイ州とアイオワ州の採集者たちでした。「ホタル・レディー」というニックネームを持つアイオワ州の女性は、毎年約百万匹のホタルを数十年にわたり捕獲し、シグマに売っていました。その一部は自らピックアップトラックでトロール網のようなネットを引きずり、一網打尽にして捕獲したホタルでしたが、ほとんどは地元のネットワークに参加する四二〇人のホタル採集者が捕まえたものをまとめて出荷していました。また別の女性は、ある夏の楽しみのためにホタルを売りました。収益を公共のスイミングプール建設のために寄付したのです。

このように「小遣い稼ぎをしながら科学に貢献もできる」と信じたホタル科学者クラブの会員たちは、夥しい数の生きたホタルを捕獲してシグマへ送り込みました。いったいどれくらいの数でしょう。シグマは一九七六年のシーズンには三七〇万匹、一九八〇年には三二〇万匹を受け入れたと報告しています。この大量捕獲で犠牲になったホタルの総数は正確には分かりませんが、控えめに見積もって年間三百万匹としても、約三〇年間で九千万匹に達します。これは数としては大変なものです。

これほど大量のホタルはどうなったのでしょうか。シグマ（後にシグマ - アルドリッチ・ケミカル・カンパニーとなる）はこれらの虫を加工し、ＡＴＰ試料として使われるさまざまなルシフェラーゼ製品を販売しています。科学研究員、政府機関、研究機関などがこれらの製品

ホタル買います
百匹で一ドル
医学研究用の「ホタル」が緊急に必要
グループでも個人でも
詳細は、電話か手紙で
シグマ・ホタル科学者クラブまで
郵便番号63118
ミズーリ州セントルイス
デカルブ通り3500
電話:771-5765

[**図8-3**] シグマ・ケミカル・カンパニーが出したホタル賞金稼ぎの新聞広告。『サウスイースタン・ミズーリアン』紙、1979年6月11日。

を購入しました。同社のカタログやウェブサイトには、捕獲されたホタルからつくられた多くの製品が今でも掲載されています。具体的には（二〇一三年の価格で）ホタルを丸々一匹乾燥させたもの（五グラム、七九ドル）、発光器のみ乾燥させたもの（五グラム、一二四五ドル）、発光部のエキス（五〇ミリグラム、一八三ドル）、ルシフェラーゼを精製したもの（一ミリグラム、一八六ドル）などがあります。ホタル科学者クラブがシグマ - アルドリッチ社に大きな利益をもたらしたことは間違いありません。同社はやがて、世界最大級の生化学製品供給企業へと成長し、二〇〇七年には海外販売額が二〇億ドルを超えました。

一九九〇年代に入ると、ホタル科学者クラブは新たな会員の入会は受け付けないことを発表。シグマも収集事業を中断しました。当時ホタルの乱獲を招くような企業活動に対する否定的な世論が起こったのが、活動中止の要因のひとつでした。この世論が、一九九三年に『ウォールストリート・ジャーナル』紙に掲載された私のインタビュー記事によるものだとすれば嬉しい限りです。私はそのなかで、シグマによる大規模な捕獲事業がホタルの個体群に悪影響を及ぼしているのではないかということ、そして著しい技術的進歩のおかげでホタルの捕獲はもはやその必要性を失っていることを指摘しました。一九八七年にはすでに科学者たちは、フォティヌス・ピラリスの体内でルシフェラーゼをつくり出す遺伝子のDNA配列を特定しています。科学者はこのルシフェラーゼの遺伝子設計図さえあれば、ホタルを一匹も傷つけずにルシフェラーゼをつくり出せるのです。遺伝子組み替え技術を使い、ルシフェラーゼ遺伝子を無害なバクテリアに挿入すれば、バクテリアのもっているタンパク質の組み立て装置のはたらきにより大量のルシフェラーゼがつくり出されます。この合成ルシフェラーゼは、生きたホタルから抽出したものより製造原価が安く、しかも信頼性が高いため、自然の中に生きるホタルを捕獲する理由はもはやありませんでした。それにもかかわらず、テネシー州オークリッジに拠点を置くザ・ホタル・プロジェクトと呼ばれる謎の小さな会社は、二〇一四年の夏の時点で未だに野生のホタルを捕獲しています。彼らは地元新聞に広告を出して採集者を募り、テネシー州にあるひとつの郡からだけで四万匹ものホタルを買取り、合計六六五ドルを支払っているのです。

私は生態学者なので、乱獲が行われた地域ではいくつかの個体群が消滅するだろうことは容易に想像がつきます。シグマの採集者たちは、ホタルは天然資源であり無尽蔵だと――今では絶滅してしまったリョコウバトが、かつてはそう信じられていたように――本気で信じていたのだと思います。さらに事態を悪くしたのは、採集者たちもホタルの種類を見分ける能力もなければ、まして見分けようという意識さえもち合わせていなかったことでした。というのも得られる賞金はホタルの種に関係なく一律同じだったためです。マッケロイの部隊がボルチモア周辺で採集したホタルは主にフォティヌス・ピラリスだったため、自社のルシフェラーゼ製品をフォティヌス・ピラリス由来だとして販売しました。しかしながらホタルの採集者たちは、闇夜に光る生き物なら何でも捕まえたため、かなり多くの種のホタルが網にかかったのは間違いありません。実際にシグマでも、ホタルを一般的なものと珍しいものに分けることなどしませんでしたが、ある社員は受け入れたホタルの一部が「大きくて活発」で（おそらくはフォトゥリス属でしょう）、他は「大人しい」（こちらにはフォティヌス属やピラクトメーナ属 *Pyractomena* などいくつかの異なる種が含まれていた可能性があります）ことに気づいていたようです。次の野外観察ノートでこれらの異なるホタルの種類を見分ける簡単な方法を学びますが、いずれにせよシグマでは受け取ったホタルを無差別に加工していました。

賞金目当ての乱獲は、アメリカのホタルの個体数にどのような影響を与えたのでしょう。前述したように、ホタルは新しい生息環境へ移るのが得意ではありません。したがって、それぞれの個体群は同じ場所で繁殖を繰り返していきます。採集者たちは数千匹ものホタルをひとつの生息環境から捕獲しており、オスを激減させることで、メスの交尾する可能性を確実に低下させました。産まれる卵が少なくなれば、孵化する幼虫もまた少なくなります。毎年同じ場所で同じように採集を繰り返せば、ホタルの数は確実に減っていきます。極めてたくさんの個体数を持つ種のホタルなら、このような大量捕獲にも耐えられたかもしれませんが、希少な種はその多くが絶滅させられたことでしょう。では、ホタルの種における存続可能な捕獲レベルとはどのくらいでしょうか。この疑問に応えるため、研究仲間と一緒にホタルの群れの仮想モデルを設定。異なる規模で捕獲を行っていった場合に個体数がどう推移していくかをコンピューターでシミュレーションしてみました。いくつかの生物学的および数学的な仮定をする必要がありましたが、フォティヌス属の典型的な群れでは、年間捕獲率がオスの成虫の一〇%を超えると、一五年から五〇年の間に絶滅に追い込まれるという結果が得られました。

世界の他の地域でも同じように乱獲が行われたため、ホタルの種全体が危機に追い込まれています。この章の最後では、一九世紀の日本でホタルがあまりに人々に好まれたため、一部のホタルがビジネスとして観賞用に大量に捕獲され、危うく絶滅しかかったことに触れます。中国では二〇一三年、客集めのため、山東省の公園に一万匹のホタルを放ちました。ところが新しい環境が合わなかったため、ホタルの半分が数日のうちに死んでしまい、期待は落胆に変わってしまいました。こうした失敗から、他の国々は大いに学ぶべきでしょう。

ホタルを襲う、その他の危機

ホタルはこれ以外にも、個体数の減少につながる危機に直面しています。そのひとつが農薬です。世界には、土壌や水質が高い濃度の農薬で汚染されている地域が数多く存在します。アメリカでは郊外の芝生や庭に対する農薬散布率が、一エーカーあたり実に農地の三倍も高くなっています。芝生によく使われる殺虫剤の多くは薬効範囲の広い、いわゆるブロードスペクトラムと言われるもので、それに触れたどんな種類の昆虫でも殺してしまいます。マメコガネのような害虫とホタルのような無害なものとを区別してはくれません。忘れてはならないのが、ホタルは卵から幼虫まで、長い期間を地下で過ごすという点です。そこで殺虫剤に接触する可能性は高いと言えます。さらに成虫になった後も、日中に植物の上で休んでいれば、その間に殺虫剤残留物にさらされます。

　殺虫剤がどのようにホタルに影響するかを直接調べた科学的研究はほんの少ししかありません。ただ二〇〇八年の韓国での研究では、一般的な殺虫剤がヘイケボタル（*Aquatica lateralis*）に害を与えるかどうかが検証されています。それによると、ほぼ全ての殺虫剤が製造者の推奨濃度で使うと強い毒性を示し、その結果、ホタルの卵、幼虫、成虫は一〇〇％死滅することが明らかになりました。殺虫剤はホタルの幼虫が食べるミミズやカタツムリをも死なせてしまうことから、間接的にもホタルに危害を与えると言えます。たとえば、農薬ウィード&フィードなどに含まれる浸透性除草剤2,4-Dは、ミミズにとってもテントウムシのような甲虫にとっても有毒なことが分かっています。日本の科学者のなかには、水田で広範に使用される殺虫剤がホタルの減少につながっているのではないかと疑うものもいます。いずれにしても芝生や庭で殺虫剤を必要以上に使用することが、ひいてはホタルに悪影響を及ぼしている可能性があるのです。

ホタルが気候変動にどのように対応しているかはまだ分かっていません。気温が上昇することで、温帯地域にすむ昆虫は成長の速度を速めるだけでなく冬越しまでするようになり、活動期間もより長くなります。気温の上昇に伴い成長期間も長くなれば、一年間にこれまでより多くの繁殖機会をもつようになるものが出てくるかも知れません。その昆虫がホタルであれば良いニュースですが、カなどの害虫であれば困ったニュースになります。

ホタルのように季節を拠りどころに生活する生き物は、気温の変化を頼りに発生時期を判断します。気候変動は、気温を合図とする多くの自然事象にすでに変化を引き起こしています。日本では桜の開花が早まり、渡り鳥はこれまでより早めに越冬地から飛び立ち、カエルの産卵時期も早くなっているのはその証左で、ホタルにも同じことが起こっているのです。リン・ファウストはこの二〇年間、グレートスモーキー山脈に生息する一斉に明滅するホタル、フォティヌス・カロリヌスが最初に姿を見せた日付と、個体数がピークを迎えた日付を記録し続けていますが、これらのホタルが最も盛大に明滅する日は、二〇年前に比べて今では一〇日も早まっているそうです。

気温の上昇はまた、ホタルの生息地の地理的範囲をより高緯度へと移動させています。ですが多くの種にとって南の地域一帯が生息地として適さなくなるため、活動エリアは結局縮小することになるでしょう。降雨パターンの変化によって乾季が長期化するような地域では、ホタルが生き残ることは難しくなります。人間ならそうした変化と折り合いをつけていくことができるでしょうが、ホタルにはそれまでとは全く異なる世界に感じられるだろうことは間違いありません。

ほたるこい

二〇年前に初めて日本を訪れた時、「むし」に対して日本人が示す愛情の深さに驚かされました。幼児や若者からお年寄りまで、誰もが昆虫の虜。欧米の昆虫恐怖症とは全く対照的で、昆虫愛こそ日本文化の一部なのです。日本の子どもたちは喜んで家族と一緒に昆虫採集に出かけますし、幼児でさえ多くの昆虫を正確に見分けられます。カブトムシはペットとしても人気があり、高級百貨店でも自動販売機からでも生きたものを買うことができます。

ホタルは世界中の人々から愛されてはいますが、特に日本の文化ではホタルは特別な位置を占めています。何といっても一〇〇〇年の長きにわたり、美術、詩歌、昔話や民話などで称えられてきたホタルが、二〇世紀に入って生息環境の悪化と過剰採集のせいで絶滅寸前になったのは、全く大きな損失だと言わざるを得ませんでした。しかし生息環境を改善しホタルを復活させようという熱心な取り組みは、ホタルの絶滅という悲しい結末を迎えるどころ

か、華々しい環境保護の成功物語へと変わっていったのです。

日本には約五〇種類のホタルが生息していますが、特に愛されているホタルがふたつあります。大きい方がゲンジボタル(*Luciola cruciata*)で、川や流れの速い水路の近くに生息します。小さい方はヘイケボタルで、こちらは田んぼなどの澱んだ水の近くを好みます。両方とも幼虫の時期をずっと水中で過ごすので、水辺と密接な関係性を保っています。メスが卵を産み付けるのは流れに沿った苔の豊富な場所で、幼虫は卵から孵化するとすぐに水の中へ這っていき、そこで数カ月は淡水に生息する巻貝などを食べて過ごします。蛹になる準備が整うと再び地上へ這い上がり、川端の苔に覆われた土壌の中で蛹になります。彼らが発する明るい光は、これから夏が到来することを告げていると言って良いでしょう。たくさんのホタルが集まると同期して輝くこともあり、ゆっくりと灯る光が音もなく水の上を漂います。

かつてホタルは日本中に溢れていました。日本に多く見られる山や河川、水路、湿地帯、灌漑された田んぼなどは、水生ホタルにほぼ完璧な生息条件を提供していました。江戸時代(一六〇三年から一八六七年)にはホタル(蛍)狩りはとても人気のある夏の恒例行事でした。団扇や網や竹籠を持ってホタルを追いかけ、捕まえようとする子どもと大人の姿を描いた美しい木版画や絵画がたくさん残されています。貴族たちは、優雅な娯楽としてホタル狩りの宴や遠出を計画し催しましたが、貧しい農民たちでさえこのお金のかからない遊びを楽しんでいました。ホタル狩りの人気は明治時代(一八六八年から一九一二年)になっても衰えず、月のない夏の夜には日本中の子どもたちが勇んでホタルを捕まえに出かけたようです。子どもたちはホタルを追いかけながら、光る獲物を惹きつけるために歌を歌いました。「ほたるこい」と呼ばれるその歌は、地域によって歌詞は異なりますが、そのひとつはこのようなものです。

ほたるこい　水飲ましょ
あっちの水は　苦いぞ
こっちの水は　甘いぞ
甘いほうへ　飛んでこい！

季節になると、ホタル見物で有名な場所には観光客が群がります。宇治は日本有数のお茶の産地ですが、一九〇〇年代にはホタルでも有名でした。毎年夏になると、京都と大阪から臨時列車に乗って数千人もの観光客が集まりました。光のショーがピークを迎える六月には、毎晩宇治川沿いにホタル船が繰り出され、観光客は食事を楽しみながらホタルを観賞しました。著名な作家であり日本文化の解説者でもあるラフカディオ・ハーンは一九〇二年にこの夏の光景を次のように著しています。

［**図8-4**］『美女二十四好の内』シリーズの「虫好」1896年、
楊斎延一作の石版画（ロス・ウォーカー氏の個人コレクション、www.ohmigallery.com）。
ホタルと日本人との深い関係を捉えています。

全山緑におおわれた小高い丘陵のあいだを、蜿蜿《えんえん》として流れている宇治川の両岸から、幾千幾万の螢が一時にどっと舞い出して、水の上でたがいに組んずほぐれつ戦うのである。あるいは群れかたまって、忽然、光りの雲のごとく、あるときはまた、一団の火花のごとくなるかと思えば、たちまちにして火雲は散じ、団々たる火花はくずれ落ちて水に砕け、落ちた螢は、なおも光りつつ流れ去る（略）。（出典：『骨董』ラフカディオ・ハーン著、平井呈一訳、岩波文庫、一九四〇年）

彼はさらに続け、夜が更けると「宇治川の流れは、漂い流れる螢の、なおきらきらと光り輝く骸《むくろ》におおわれ、さながら銀河を見るような観を呈する（略）」（出典：同上）と書いています。ところがこれらの煌めく虫の群れは、ほどなく煙のように消えてしまうのでした。

これに続く数十年間、楽しみとしてのホタル狩りは営利目的のホタル採集に取って代わられます。ホタルが流行り、生きたホタルには高い値段がつきました。自然に深い愛情を注ぐ日本人も、商売に自然資源を利用することにあまり抵抗感はなかったようです。ホタルの取次販売店が一等地に店を構えるようになり、それぞれ数十人ものホタル捕り職人を雇っていました。彼らは五月から九月の間は日没から夜明けまで働き続け、腕の立つものは一晩で三〇〇〇匹ものホタルを捕獲したそうです。ホタルは毎朝、湿った草が入った木製の籠に入れられ大切に梱包されると、特急便で大阪や京都、さらには東京のホテルや飲食店の経営者、あるいは個人客へ発送されていきました。注文主に届けられると、この明るく光り輝く昆虫はホテルの庭園や料亭の中庭に放され、光のショーでお客の目を楽しませたのです。
都会の住人は大いに喜んだことでしょう。ですがホタルにすれば、大変な数が捕らえられ、生息環境から引き離されていったことになります。人々に愛されすぎたこの昆虫は、もはや絶滅寸前でした。ホタルの激減はその捕獲方法にも問題があったのかも知れません。ハーンはそれを次のように書いています。

そこらの木立が、いいかげんちらちら光り出すと、（ホタル捕りは）さっそくかの網を用意して、いちばんよく光っている木へ近寄って行って、例の長い竿で枝を打つ。打ち払われた螢は（略）いくじなくばたばたと地べたへ落ちる。（略）恐《こわ》い目と苦しい目にあったときには常よりもよけいにぴかぴか光る、その光のために、螢のありかがいっそう目に立つ。（略）こうして螢捕りは、朝の二時頃（略）までかせぐ。その時刻になると、螢は樹木を去って、露のしとどな地べたを求める。地べたへ下りると、螢は、人の目に悟られぬように、尻を地のなかへもぐらすそうである。ところが、螢捕りの方では、こんどは戦法を変える。竹箒をもって、芝の生えているところを軽く、手早く掃くのである。箒がさわるか、それに驚くかすると、蛍はかならずそのちょうちんをひょいと出す。そこをすばやくつまみとられて、袋のなかへ入れられてしまうのである。夜の白むすこし前に、螢捕りは町へかえって行く。

（出典：同上）

ここではホタルの性別は気にされなかったようですが、ゲンジボタルのメスは夜中過ぎに集結し、苔の多い川の土手に卵を産み付けることが知られています。これらのホタル捕りが朝の二時から夜明けまで捕獲していたホタルは、実は卵を産み付けようと「尻を地のなかへもぐら」せたメスだった可能性が最も高いのです。産卵期のメスを狙って捕獲するやり方は、ホタルが個体数を補充する唯一の機会を奪っていたと言えます。

一九四〇年代を迎えるころ、ようやく人々はホタルの姿が減りつつあることに気がつき始めました。国内のあちこちでホタルの数が減っていくのには何も営利目的の捕獲ばかりではなく、他にもいくつかの理由がありました。そのひとつが、日本の急速な産業発展と都市化に伴う河川の汚染で、産業廃水や農業排水、各家庭から排出される下水などが河川に流れ込み、水質を悪化させていたのです。この河川の汚濁がホタルの幼虫のみならず、餌となる巻貝の生存をも脅かしていました。また、政府の財政支援を受けて行われた河川の改修工事も問題でした。メスのホタルが好んで卵を産み付け、幼虫が蛹になろうと這い上っていく苔の生えた川岸は、洪水の発生を防止するため、次々とコンクリートの堤防で覆われていったのです。

それでも、生きたホタルを求める声は依然として根強く、営利目的のホタル屋はホタルを飼育し、繁殖させようと試みます。彼らはホタルの成長段階を注意深く観察し、試行錯誤を続けながらゲンジボタルとヘイケボタルを室内で育てる方法を何とか見つけ出そうとしました。幸運なことに、幼虫時代を水中で過ごすホタルは、陸上で過ごすものに比べて人工繁殖が容易でした。繁殖業者はホタルの生存にとって最適の条件を突き止めようと努力を重ねた結果、肉食性の幼虫が好んで食べる巻貝や、卵を産み付けるのにメスが最も好む苔を見つけ出しました。一九五〇年代中頃までには多くの繁殖施設がつくられ、販売用だけでなく水路や河川へ戻して自然繁殖させるためにも、多くのホタルが送り出されるようになったのです。そうした人工繁殖の実現に向けた努力により、日本のホタルの生態とライフサイクルについて、それまで知られていなかった多くの事実が明らかになりました。科学者たちは引き続き、他のアジアのホタルを飼育する方法を見つけ出そうとしていますが、今のところ成功しているのは幼虫時代を水中で過ごすホタルだけです。日本では現在、飼育されたホタルをオンラインで購入することができます。

一九七〇年代末からホタルの個体数が急激に減少したことから、日本中で生息環境の修復活動が広く展開されるようになりました。夏の象徴とも言えるホタルの姿を失ってはならないと、多くの地域コミュニティーが河川の浄化に取り組み、ホタルの幼虫と餌の巻貝にとって好ましい生息環境を取り戻す運動を展開しました。下水処理場が建設され、産業廃水や農業排水を規制する条例が制定され、川岸周辺も特にホタルにとって快適であるように設計し直されました。ホタルが生息する川は公式に保護されるようになり、大阪市や横須賀市などでは、卵から飼育するホタル繁殖プログラムが設立されています。ホタルを取り戻す活動の一環として、人工的に繁殖された数千匹もの幼虫を河川に戻すことも行われました。これらのホタル復活計画は一般市民の大きな支持を得て、今では地域の小学生、お年寄り、その他のボランティアたちが熱心に活動しています。日本のホタルの復活運動は見事な成功を収め、国内の環境問題への意識を向上させました。今やホタルは、環境保護の成功を称える国民的象徴にさえなっているのです。

日本中の多くの自治体が、ホタルを見物する催しを「ホタルまつり」と呼び、毎年の恒例行事にしています。姿を見せるホタルの数は、昔に比べれば大幅に減少していますが、今となっては三〇〇〇匹のホタルと言えば立派なもので、家族連れ、写真愛好家、若い恋人たちと、さまざまな人たちが嬉々としてホタルが光り輝くのを見にやって来ます。六月と七月上旬に行われるこのお祭りは人気が高く、各地の地域経済にも大きく貢献しています。こうしたお祭りは音のない光のマジックを楽しむだけでなく、ホタルの再生を実現させた地域全体

［**図8-5**］日本で撮影された、長い光跡を残し川の水面を飛び交うゲンジボタル（*Luciola cruciata*）たちの姿。（平松恒明撮影）

の努力を称えるものでもあるのです。

私は数年前、光栄にも滋賀県米原市が主催するホタルまつりに招待され、講演をする機会を得ることができました。この地域は日本のなかでもホタル観賞に最適な場所のひとつで、お祭りは数十年にわたり毎年六月に開催。会場となる天野川はホタルとその生息環境を守るために特別天然記念物に指定されています（マレーシアと中国などいくつかの国でも、ホタルの生息環境を保護する地域を設けています）。ホタルの季節になると川沿いの数カ所で、地元のホタルを守るグループのボランティアたちが、その日の天候とホタルの個体数を注意深くモニターします。このグループはこれ以外にも、次世代を担う子どもたちにホタルの生態、ライフサイクル、保護について教える教育プログラムも実施しています［資料8・6参照］。このホタルまつりには大勢の人たちが訪れ、子どもたちのパレードを見たり、屋台の食べ物を楽しんだり、売店で販売されるホタル関連商品を購入したりして過ごします。お祭りの間、車の通行は厳しく規制され、観光客はシャトルバスで会場まで運ばれますが、ホタルを捕まえることは厳しく禁止されています。

講演準備のために仲間と一緒に会場に着いたのは、日が沈んだ後でした。ロビーには、歴史を伝える写真と地元の小学生が描いた可愛らしい絵とともに、ホタルのライフサイクルやその生態について詳しい説明が添えられたポスターが展示されています。八歳から八八歳まで、大勢の人たちがアメリカのホタルに関する私の話を聞きに集ってくれました。講演の後には質疑応答を行いましたが、彼らは日本のホタルに関する知識の深さを示すとともに、世界の各地域におけるホタルの多様性に大いに興味を持ったようでした。その後、小雨が静かに降るなか、私たちはホタルを見に外へ出ました。ホタルがデザインされた安全ベストを身につけた地元のボランティアが、川端まで先導してくれます。道すがら、光が漏れてホタルの邪魔をしないよう、街灯には全て覆いが掛けられているのに気がつきました。川に着くと、長く連続して光るゲンジボタルの光が、まるで緑色の残り火のように静かに川面を漂っているのが見えました。それは、誰もがホタルをそっと手の平に包み、もう一度夜空へ放ってあげたいと願わずにいられないような光景でした。

東京ではだいぶ以前からホタルは見られなくなっていますが、二〇一二年の夏になるとハイテクの代用品が導入されました。東京ホタルフェスティバルが、ホタルを東京に呼び戻し、住民が自然と共存できるようにとの思いから企画されたのです。このイベントの期間中、一〇万個の太陽光充電の光るピンポン玉の群れが下町を流れる隅田川に放流されました。失われてしまった命のある光の代用品としては物足りないとしても、二〇一三年には二八万人もの観光客がこの人気イベントに集まりました。

日本のことわざに「親の背中を見て子は育つ」というのがあります。それぞれの世代は、多くの先人たちが踏みならした文化の道を歩んで行くものです。日本人は、人間も自然も全体の一部であり、両者とも急速に変化する世界に適応しなければならないと信じています。この「ホタル」の群れを見て、去りし日々を懐かしく思い出させる、郷愁を誘うものに過ぎないと感じる向きもあるでしょう。それでもこのお祭りは過去を振り返るだけのものではありません。日本の文化がもつホタルに対する独特の親しみを、変化し続ける世界に合わせて機敏に適応させた輝かしい事例だと言って良いでしょう。

＊＊＊

本書ではどの章でも、ホタルの驚くほどの美しさが、創造力溢れる進化という工場でどのようにつくられてきたかについて話をしてきました。しかし、私たちは今、人新世（アントロポセン）〔＊訳注：ドイツ人大気化学者、パウル・クルッツェンによって提案された造語で、完新世はすでに終結し、人類が優占する新たな地質年代が始まっているとする考え方〕という危険な時代に生きています。人類は地球上全体に広がり、その過程でそれぞれの地域と地球全体の環境を変えてしまいました。この変化についていけない生物は絶滅する運命にあるのです。ホタルのいない世界を想像できますか？　私には無理。そんなことを考えるだけで胸が痛みます。ホタルは素晴らしい驚き、もう一度自然に恋をする秘訣を与えてくれるのですから。

さて、ホタルを守るために私たちには何ができるのでしょう。一人ひとりがそれぞれのす

[**図8-6**] 米原のホタルまつりで展示された教育用の絵には、
人間とホタルそれぞれの赤ちゃんの食べ物（左）とすんでいる場所（右）が簡潔に説明されています。

む環境をホタルにとっても居心地の良い場所にできる、とても簡単な方法がいくつかあります。さらに、ホタルが健康に育つ自然環境、野原や森林、マングローブや草原を保護したり、回復させたりすることもできます。この二、三〇年の間に、ホタルの生態と生息環境に関する科学的理解は飛躍的に進みました。この共有知識は、音のない光を保護するための強力な道具になります。私たちは誰もが、子孫に残したい世界像を胸に描くものです。この星の未来に思いを馳せるとき、地球が持つ自然の魔法を体現する小さな大使たちを守る道は必ず見つかる。少なくとも私はそう信じています。

第9章

北米に生息するホタルの野外観察ガイド

Field guide to North American fireflies

「謎に包まれた不可思議な命は、今、君が座っている場所から歩いて行ける範囲にある。溢れんばかりの輝きは手の届くところにあって、君がやって来るのを待っているのだ」。私はオフィスのドアに、著名な生物学者であるE・O・ウィルソンの言葉を掲げ、毎日肝に銘じています。今日私たちは、携帯電話やパソコン画面ばかりに気をとられ、本物の生き物たちがいる周囲の世界に目を向ける暇さえないようです。しかしながら人間は、潜在的に他の生物や自然に対する愛情をもち、それらと結びつこうとする、いわゆるバイオフィリックな存在なのです。さあ、画面から目を離し、夜の中に足を踏み出しましょう。

本書はこれまで、世界中のさまざまなホタルの快楽や毒や窮状について述べてきました。ここからは、ホタルの不思議の世界を実際に探っていくことにしましょう。この野外観察ガイドでは、主に北米東部でよく見られるホタルを取り上げます。それ以外の地域の読者には、たくさんの優れたホタルガイドを注釈にリストアップしてありますので、ご参考ください。アメリカのほとんどの州では、夏の間にホタルを見ようとわざわざ遠くまで旅行する必要はありません。裏庭か近所の公園まで足を運べばそれで十分。ここからはホタルのさまざまな種の見分け方、オスとメスの区別の仕方、そしてホタル同士の愛の囁きについて学びます。

この野外観察ガイドは北米東部に生息する五つの主要なホタル属を網羅します。そのうち三つがライトニングバグ型ホタルとして知られる光を放つタイプ——フォティヌス属、フォトゥリス属、そしてピラクトメーナ属——で、残りのふたつが昼行性の発光しないタイプ

――エリクニア属とルシドータ属（*Lucidota*）――です。北米に住む読者が出会う可能性が最も高いのが、これら五つのグループのホタルたちでしょう。

このグループを見分けるには、形態と行動をしっかり観察することです。本書は一般読者向けの識別ガイドですが、ホタルの名は学名を使用しています。多くの人たちが同じ種を同じように認識できる共通の俗名をもつホタルは、ほんのわずかしかいないからです。ご存知のようにあらゆる生物はラテン語による二名法を用い、科学的分類がなされています。ふたつの言葉を組み合わせたこの学名は、最初が「属（*genus*、複数は*genera*）」を表し、後に「種（*species*）」を表す言葉が続きます。このガイドは場合によっては種で表記していますが、主に全体を通じて属に基づいた分類を行い、それぞれの持つ目立った特徴を挙げ、ライフサイクルを説明し、固有の行動様式に触れています。

さて、まずあなたの手元に特定したいホタルの成虫がいるとします。でも待ってください、そもそもなぜホタルだと分かるのでしょう。本当にホタル科の仲間なのでしょうか。私たちはこれまで、すべてのホタルは幼虫のときに発光することを学んできました。しかしこの重要な特徴も、成虫を特定しようとする場合は役に立ちません。でも大丈夫。ライトニングバグと呼ばれるホタルのグループを識別するのは比較的簡単です。まず腹部の先端にある発光器を見てください。発光していなくても明るい黄色をしているので、すぐにそれと分かります。成虫に共通した特徴は、甲虫にしては外骨格が比較的柔らかい――前翅も貝殻のように硬いわけではなく、革のような柔らかさがある――ことです。この前翅は鞘翅とも呼ばれ、特徴的な黒色または茶色をしており、たいてい淡い黄色の縁取りが見られます。またどのホタルも例外なく前胸背板と呼ばれる大きく平たい盾のような部分を持っており、そこに鮮やかな赤や茶、あるいは黒の大きな斑点があるので、まず見逃すことはありません。休んでいるとき、ホタルの頭は（眼だけは少しばかり突出してはいますが）この前胸背板に完全に隠れています。ホタルの識別の際に使用する甲虫目の基本的学術用語は、図9-1を参照してください。

以下はホタルの成虫と、似たような外観と柔らかい身体を持った他の甲虫目とを見分けるための、いくつかの簡単な方法です。甲虫目のなかにはホタルの前胸背板と似たような体色（黒地に赤またはオレンジ色の模様）をしたものがおり、その一部はホタルと見間違うほどです［図7-3参照］。

- ジョウカイボンの仲間（ジョウカイボン科）の前胸背板は、ホタルに比べるとかなり小さいため頭部が隠れず、前に突出しています。
- ベニボタルの仲間（ベニボタル科）の頭部は前胸背板に完全に隠れますが、鞘翅に網目状の模様と縦隆起があるのが特徴です。

・ジャイアント・グローワームの仲間（フェンゴデス科）では、オスの成虫には申し訳程度の小さな鞘翅と、非常に目立つ羽毛状の触角を備えています。大きくて翅のないメスには、両体側に沿って発光器が並んでいます。

もし手元の昆虫がホタルかどうか確信がもてない場合には、参考資料のページに掲示した識別ガイドで判断してください。

生きたホタルを調べようとする場合には、透明なプラスチックかガラス容器に入れ、虫眼鏡、または二倍から五倍の拡大鏡で観察しましょう。あまり活発に動き回るようなら、冷蔵庫に容器を数分間置いてみてください。動きが鈍くなります。その他の便利な技としては、小さなリンゴの欠片を与えると良いでしょう。夢中になってリンゴの果汁を吸い続ける間に、簡単に観察することができます。

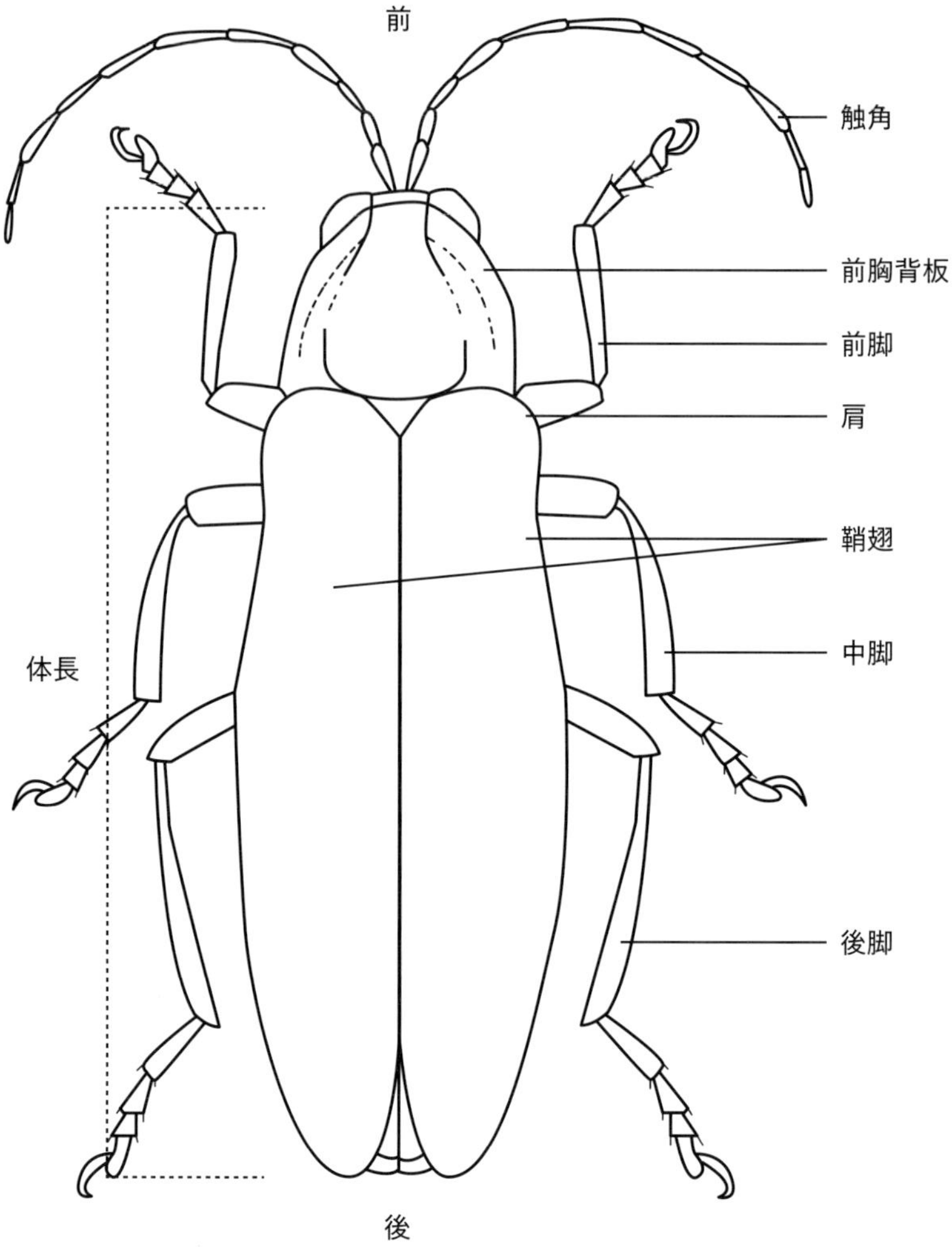

[**図9-1**] 甲虫目の外部構造に関する学術用語

一般的なホタル属の特定方法

昆虫同士が近縁種かどうかを判断する場合、分類学者は一般的に、細部の身体構造を拠りどころにします。その多くは、標本を顕微鏡で見なければ分からない程度の微妙な共通点です。私はここでは、そうした形質をもとにした判断はしないことにしました。専門用語を減らし、生きたホタルでも比較的確認しやすい外観的特徴を基準にするためです。

生物の分類学上の見分け方は宝探しに似ています。この生き物は何かという問いに答えるための手がかりを追っていくのです。あなたの目の前にある（あるいは写真に写った）ホタルの姿に最も合致する説明を選び、そのホタルを示す学名の欄をお読みください。あなたのホタルの属名が分かれば、該当ページを見ることで、そのライフサイクルや行動について知ることができます。

1. 活動期間および発光器の有無

a. 成虫は夕方あるいは夜、（飛行中または歩行中も）活発に活動を続ける。発光器有り……◆2へ

b. 成虫は日中、（飛行中または歩行中も）活発に活動を続ける。発光器はなし、もしくはあっても目立たない……◆4へ

2. 前胸背板

a. 前胸背板中央に縦隆起が見られる。［図9・2上］／前方向部分の縁がわずかに突き出ている……◆ピラクトメーナ属へ（p.311）

b. 前胸背板中央の縦隆起はなし。（代わりにわずかに溝が認められる［図9・2下］）／前方向の縁は丸くなっている……◆3へ

ピラクトメーナ属：縦隆起

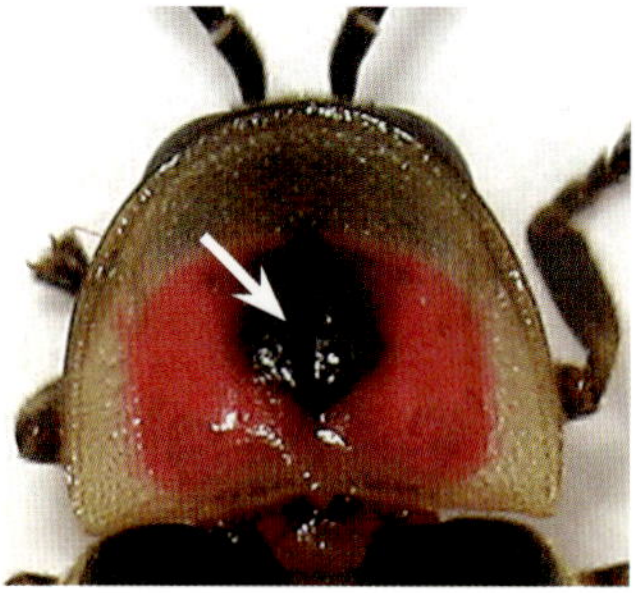

フォティヌス属：溝

［**図9-2**］前胸背板の形状：
上：ピラクトメーナ属（*Pyractomena*）では中央に縦隆起があり（矢印）、前方の縁がわずかに突き出ている（Mike Quinn撮影、Texas-Ento.net）。
下：フォティヌス属（*Photinus*）に縦隆起はないが、代わりに浅い溝（矢印）が認められる（写真提供Croar.net）。

3. 脚と肩

a. 脚は細く長い。中脚と後脚は鞘翅とほぼ同じ長さ／肩を真横から見ると、鞘

翅の縁が下に向かってゆるやかに湾曲しており、丸みを帯びた形状をしている［図9-3、上］……◆フォトゥリス属へ（p.316）

b. 脚は短く頑丈。中脚と後脚は鞘翅より短い／肩を真横から見ると、鞘翅の縁が直線をなしており、下に向かって内側に鋭く折れ曲がっている［図9-3、下］……◆フォティヌス属へ（p.302）

4. 触角

a. 触角はそれほど目立たない／糸のようで短い……◆エリクニア属へ（p.323）

b. 触角は目立つ／平らで長く、のこぎりの歯のような形状をしている……◆ルシドータ属へ（p.328）

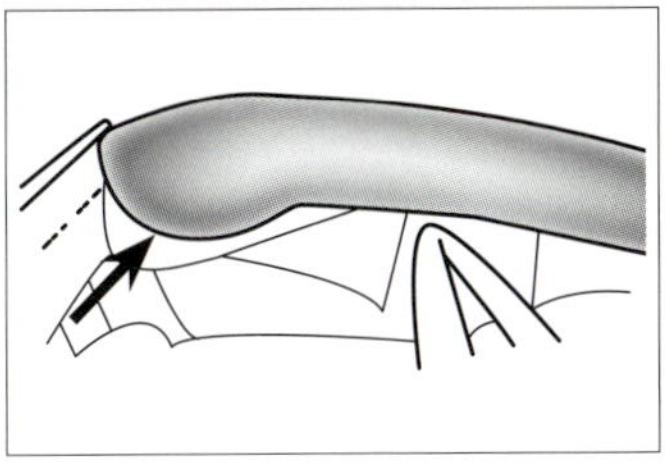

フォトゥリス属

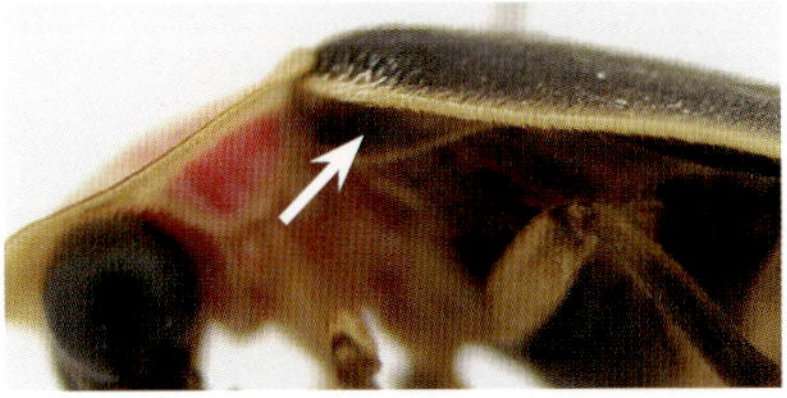

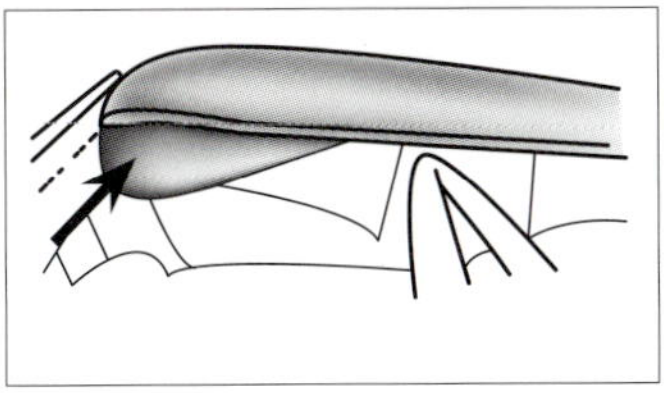

フォティヌス属

［**図9-3**］鞘翅先端の折り返し：
上：フォトゥリス属（*Photuris*）では肩に相当する鞘翅の端の折り返し部分がゆるやかに湾曲している（これを鞘翅の「不完全」折り返しと呼ぶ：写真提供©Beaty Biodiversity Museum, UBC）。
下：フォティヌス属（*Photinus*）では鞘翅の縁が直線をなしており、端の折り返しが鋭く折れ曲がっている（鞘翅の「完全」折り返し：Hadel Go撮影）

ライトニングバグ（点滅型ホタル）

ライトニングバグ型ホタルは光を正確に制御する能力をもち、交尾相手を探す求愛行動の際に素早く閃光を放ちます。北米でも、主にロッキー山脈より東側の一帯で一般的に見られるホタルです。ロッキー山脈の西側ではアリゾナ、コロラド、ネバダ、ユタ、アイダホ、モンタナ、そしてブリティッシュコロンビアなどに分散しています。これ以外の州は湿度が低く乾燥しているため、生息に適していないと考えられます。

北米で見られるこのライトニングバグ型ホタルは、フォティヌス属、ピラクトメーナ属、フォトゥリス属の三つの属に分かれます。たいてい鞘翅には黒地に淡い色の縁取り、前胸背板には赤、黒、黄色の模様があるので、一見するとどれも同じように見えますが、経験を重ねれば、すぐに違いがはっきり分かるようになります。

フォティヌス属　*Photinus*

アメリカ合衆国およびカナダ東部にはおよそ三四種以上のフォティヌス属が生息しており、主としてオスの生殖器の形状、次に明滅パターンにより識別されます。地表から低い位置を

フォティヌス属

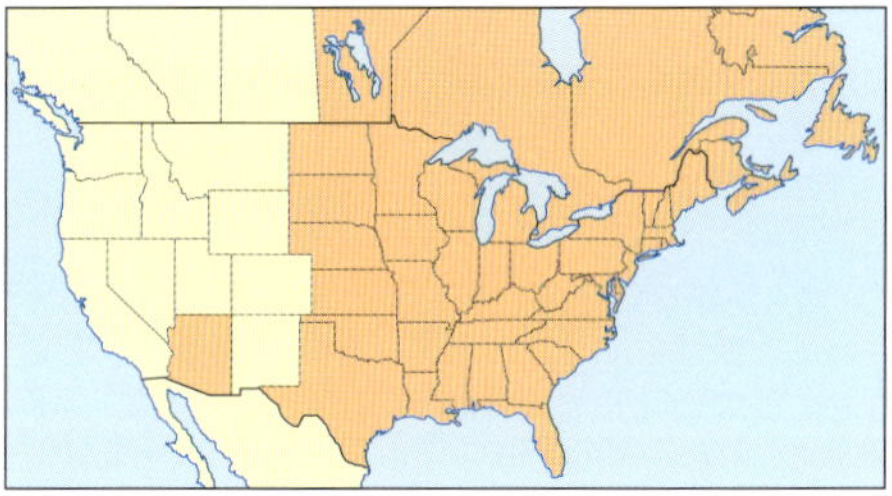

形態的特徴

前胸背板┈┈全体的に平板だが、時に真ん中に縦の浅い溝がある。前方向部の縁は丸い弧を描き、両脇は黄色（まれに黒の場合あり）、たいてい中央の大きな赤い斑点の真ん中に黒の縞か斑点がある。

胴体┈┈体長は6〜15ミリ。細身で脚は短い。

鞘翅┈┈通常は黒（まれに灰色）地に黄色の縁取りがある。翅は細長く、まっすぐ平行に伸びている。肩を真横から見ると、鞘翅の縁が直線をなしており、先端折り返し下部が鋭い弧を描いている［**図9-3、下**］

ゆっくりと舞うので比較的捕まえやすいフォティヌス属は、私たちの夏の夕べを鮮やかに彩る、とても馴染み深いホタルです。ライトニングバグ型ホタルは薄暮から一時間ないしは二時間ほど光り続けます。いずれの種も活動のピークは一週間程度ですが、ひとつの種の交尾期が終わるとすぐに次の種が繁殖期に入っていくため、知らない人が見れば、フォティヌス属は夏の間ずっと飛び続けていると思うことでしょう。

性的二形

フォティヌス属の雌雄を見分けるのは簡単です。オスの発光器は腹部末端近くのふたつの体節を占めています［図9・4上］が、メスの発光器は末端から三番目の体節の中央部にしかありません［図9・4左］。発光器のすぐ近くに薄い色をした部分が見られることがありますが、これらの部分は光りません。またオスの眼はメスに比べて非常に大きいのも特徴です。さらにオスと同じようにメスにも翅がありますが、なかには翅が短いか、全くないものもいます。

ライフサイクル

フォティヌス属のライフサイクルは、メスが湿った土壌か苔の上に卵を産み付けるところから始まります。幼虫が孵化するのはおよそ二週間後。この発光能力を備えたフォティヌス属の幼虫は地中で生活し、主にミミズや、体の軟らかい昆虫類を餌にします。飼育下では数

［**図9-4**］フォティヌス属（*Photinus*）の性的二形：
上：オスの発光器は体節二節を占め、
メスよりも大きな眼をしています（Terry Priest撮影）。
左：メスの発光器は末端から三番目の体節の中央部にしか
ありません（Ilona Loser撮影）。

四で餌に群がりますが、自然の状態でもそうした行動をとるかどうかは分かっていません。フォティヌス属は高緯度地域では、一年から三年の間は幼虫として過ごしますが、より温暖な南の地域では、孵化してわずか数カ月で同じように成長します。春も終わろうとするころには土の中にイグルーのようなドーム状の部屋をつくり、そこで丸くなります。数日のうちに蛹になると、三週間後には成虫として姿を現すのです。

求愛行動

フォティヌス属の生息場所は種によってさまざまで、広い草原を好む種もあれば、林冠の下や川沿い、あるいは淡水湿地を好む種もあります。同じ場所に複数の種が生息する場合は、交代で求愛行動が行われます。薄暮を好む種のオスが飛ぶのは、日暮れ時からわずか二〇分から四〇分程度。生息地が薄暗いところだったり天候が曇りであったりすれば、日没前でも飛び始めることがあります。その他の種のオスであれば十分暗くなるのを待って求愛飛行を始め、そのまま一時間から二時間程度飛び続けます。

求愛活動中、フォティヌス属のオスは一般的に地面から二メートル以内の高さをゆっくりと飛行し、その種特有の発光シグナルを放ちながら、相手に恵まれていないことを周りに伝えます。一方、メスは十分に発達した翅を持っていますが、実際に飛ぶことはありません。その代わり草の上に座り、頭上を通り過ぎるオスたちの光をじっくりと眺めます。特定のオスが気に入れば一定の間隔を置いて光を放ち、オスがそれに光を投げ返すと、そこから会話が始まります。二匹が出会い、交尾するまで、この光の交換は時に数時間にも及ぶことがあります。フォティヌス属のこの求愛儀式については、第三章で詳しく取り上げています。

フォティヌス属の求愛行動

フォティヌス属が求愛行動上で交わす光の会話はシンプルで、その内容は比較的解読しやすいものです。こうしたホタルの言語に関する私たちの知識の大部分は、第三章で登場したホタル生物学者であるジム・ロイドの研究によってもたらされました。ロイドは一九六〇年代にアメリカ東部を旅して回り、二〇種を超えるフォティヌス属のオスの求愛シグナルと、メスの応答パターンを注意深く記録していきました。彼はこのとき温度計を携帯していましたが、これはホタルもコオロギやカエル、キリギリスなど他の冷血動物と同じく、気温によってシグナルを放つタイミングが変化するためです。

発光パターンを表示した図9-5で分かるように、フォティヌス属の数種のオスは、求愛シグナルとして、一定の間隔を置きながら、一回の短く鋭い光を放ちます。たとえばフォティヌス・サブロサス（*Photinus sabulosus*）では、そのパルスはわずか一〇分の一秒です。フォティヌス・ピラリスのようにもう少し長く発光するものもありますが、それでもパルスは四分の三秒です。また、二回続けて発光するダブルパルスの属の種、フォティヌス・コンサングィネウス（*P. consanguineus*）、フォティヌス・グリーニおよびフォティヌス・マクデルモッティ（*P. macdermotti*）もあれば、一度に数多くの光を放つマルチパルスの種（フォティヌス・コンシミリス、フォティヌス・カロリヌス）もあります。繰り返しますが、オスは飛びながら、一定の間隔でこうした種ごとに固有の光を放ち続けるのです。

ではメスはどうやって、同じ種のオスを見分けるのでしょう。ロイドはオスの求愛シグナルを真似た光を見せることで、メスの判断の拠りどころは、オスが光を放つタイミングにあることを発見しました。光を一回放つ種の場合にはオスの光の長さとシグナルの間隔で、光を複数回放つ種の場合には放つ光の数とシグナルの間隔で判断します。

メスの反応パターンは図表の右側に示されています。そこで分かるように、メスの反応はほとんどシングルパルスで行われます。しかしながらメスの反応に熱がこもれば、複数回になることもあります。たとえばフォティヌス・コンシミリスのメスは最大一二回まで光を放ちます。またロイドは、フォティヌス属のオスが同種のメスを見分けるのは、求愛シグナルから光が返ってくるまでの時間であることを発見しています。このいわゆる反応の間合いは種により異なります。ある種のメスは非常に短い間隔（一秒以下）で反応しますが、もう少し間隔をあけるものも多くいます。たとえばフォティヌス・イグニトゥスのメスなどは、求愛シグナルを発したオスに対して四秒以上の間をおき、反応します。

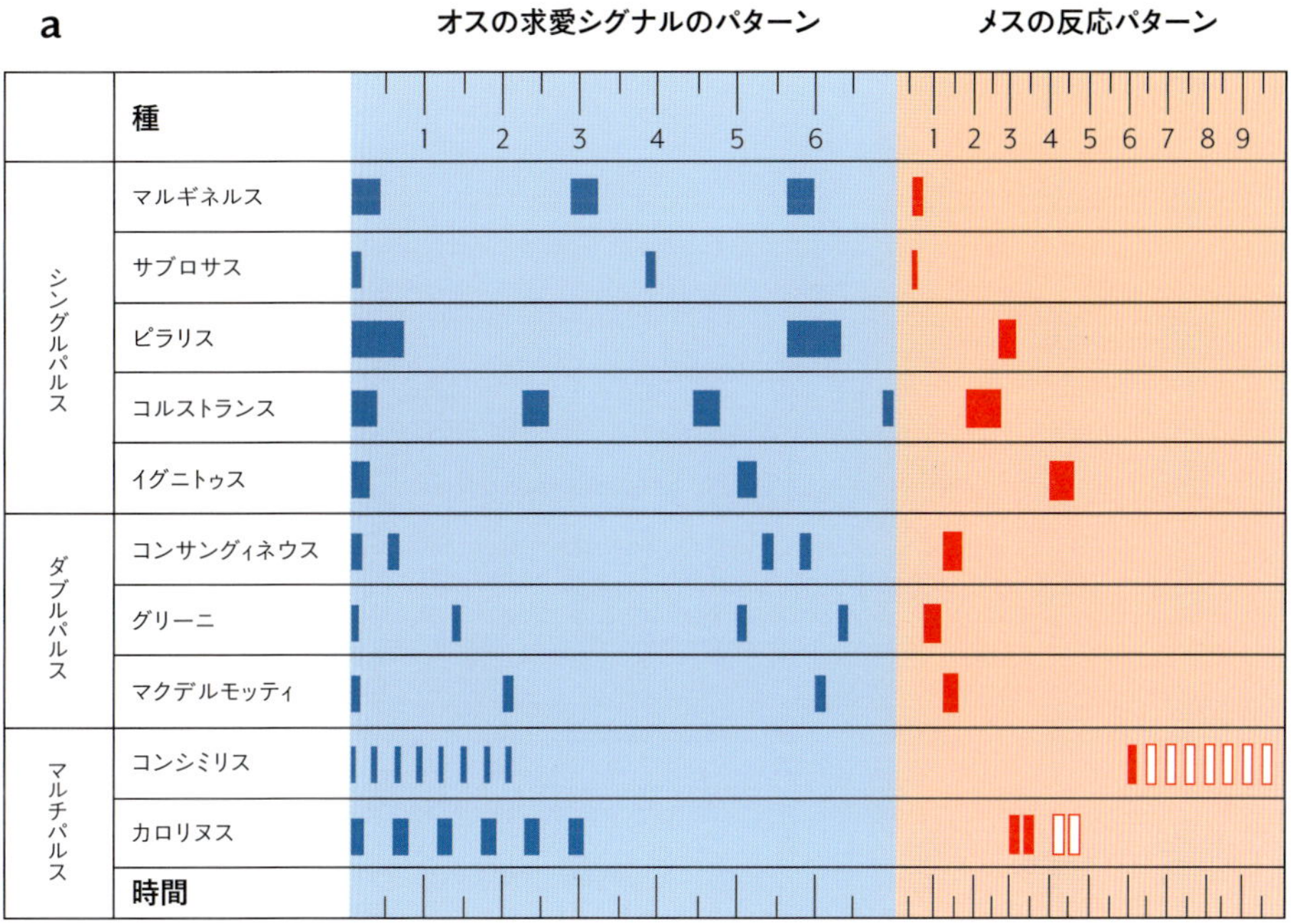

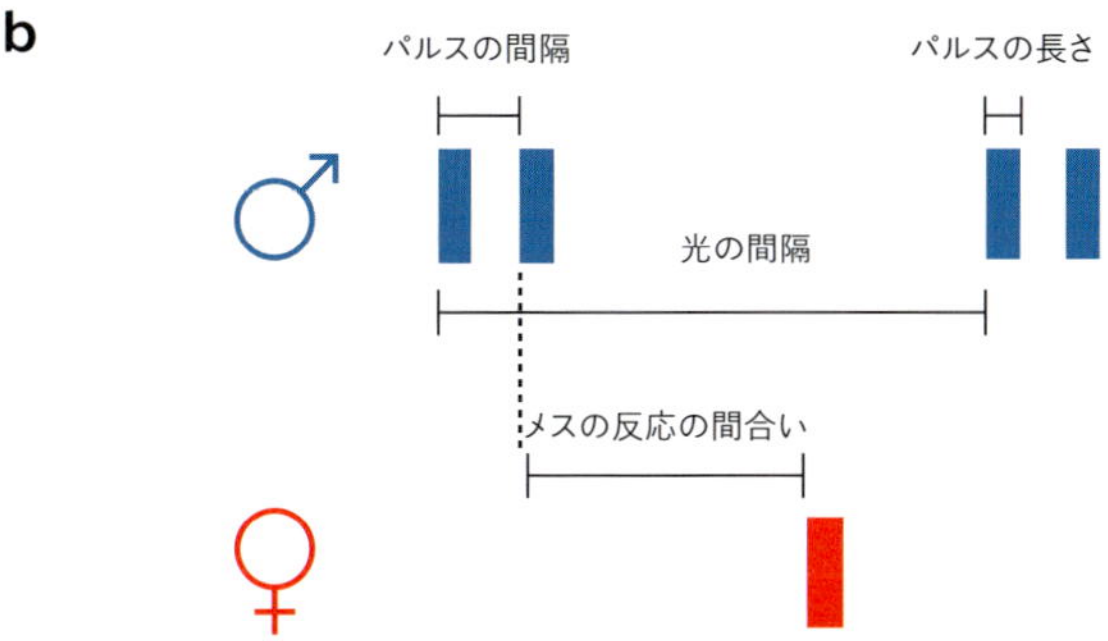

[**図9-5**]（a）フォティヌス属（*Photinus*）の種における求愛の光のパターン。
一番上の数字は秒数を、各行はフォティヌス属の種を表します。オスの発光パターンは図の左半分（青い部分）、
メスの反応パターンは右半分（赤い部分）に表示されています。
色のない四角は光のパターンが続く可能性を表します（Lewis and Cratsley 2008より変更）。
（b）発光および反応パターンの計測法：メスの反応時間は、オスの最終パルスが発光された時点から計測しています。
ご注意ください。

ホタルの発光シグナルは気温に左右されますので、図表が示すそれぞれの種ごとのタイミングはあくまでおよその目安に過ぎません。この数値は気温が摂氏一九度から二四度ならかなり正確ですが、これより高くなればスピードは速まります。つまりオスのパルスの長さと間隔、発光パターンの間隔、さらにはメスの反応の間合いにいたるまで、全て短くなるということです。逆に気温が低くなれば全て遅くなります。たとえばフォティヌス・ピラリスであれば、気温が摂氏二四度の場合なら発光間隔は五・五秒ですが、およそ一九度の場合には八秒ごとになるという具合です。自宅近くに生息するフォティヌス属の求愛シグナルを正しく覚えてしまえば、次で述べる戸外での冒険で詳述するように、ペンライトを使い彼らと会話をし、友人になることは決して難しいことではありません。

ここで、あるフォティヌス属の種についてお話しておきましょう。ビッグディッパーとして知られるフォティヌス・ピラリスは、しばしば都市部にある公園や郊外の芝地や草地、川沿いなどで見ることができます。ビッグディッパーの俗名は、あるふたつの特徴に由来しています。ひとつはその体の大きさ（たいてい体長一センチ以上あります）であり、もうひとつは光りながら沈み込む《ディップ》独特な飛び方です。夕暮れどき、フォティヌス・ピラリスのオスは、六秒ごとに二分の一秒の光を放ちながら、メスを探してゆっくりと飛び回ります。光を放つ際に一度ぐっと沈み込み、それから鋭く上空へ浮き上がっていくので、まるで空中にアルファベットのJを描いているように見えます。オスはシグナルを送るとほんのしばらく空中に留まり、メスの反応をうかがいます。メスは草むらの中にいて、二秒から三秒の間をおき、一回閃光を返します。第八章で触れたように、ビッグディッパーは生理学者と生化学者による大掛かりな研究の対象となり、彼らの持つ発光化学物質を抽出するという商業上の目的のために、数十年にわたり乱獲されてきました。幸いなことに、ビッグディッパーはこうした大きな危機に見舞われながらも、未だにアメリカ東部一帯で頻繁に見ることができます。

ピラクトメーナ属　*Pyractomena*

北アメリカにはピラクトメーナ属の一六種のホタルがいて、一部の種はコロラド、ユタ、およびその他西部数州に生息しています。前述のような特徴から、他のライトニングバグ型ホタルと簡単に見分けがつきます。ピラクトメーナ属のなかでは、それぞれの種に固有の特徴があり、体の形、オスの生殖器の形、および鞘翅の微毛のパターンによってそれぞれの種を識別できます。

性的二形

フォティヌス属同様、ピラクトメーナ属の雌雄は、発光器の形で見分けられます。オスの場合は腹部末端近くのふたつの体節が発光器になっていますが［図9・6左］、メスの場合は両脇の白っぽい部分だけが発光器です［図9・6右］。両性とも発光器の付近に白っぽい部分が見られますが、ここは発光しません。発光部を確認するには、ホタルを暗い部屋へ連れていき、そっと突ついてあげましょう。オスの目がメスに比べて非常に大きいのも特徴です。ピラクトメーナ属には全て翅があり、翅のないメスは存在しません。

ライフサイクル

ピラクトメーナ属は、湿った牧草地、森、沼地、小川のほとりなどで見られます。他のホタル同様、幼虫は発光し、餌はカタツムリを好みます。頭部が細長くクサビ形をしているので、カタツムリの殻にうまく潜り込むことができます。ピラクトメーナ属の幼虫には半水生のものもいて、陸上、水中を問わず餌を探します。他のホタルと異なるのは植物の上で蛹化することでしょう。

ピラクトメーナ・ボレアリスは森林を生息地としています。この種は体が大きく（体長一一ミリから二二ミリ）、体色は暗色。鞘翅に黄色の縁取りがあるため簡単に識別することが可能です。このライトニングバグ型ホタルは、アメリカでは東はメイン州から西はウィスコンシン州、南はフロリダ州からテキサス州、カナダではノバスコシア州からアルバータ州まで、北米東部一帯に広く生息しています。こうした生息区域の南の方では、冬も終わりに近づくころ、幼虫は日差しの当たる暖かな場所を探して木の幹に上ると、蛹になりま

ピラクトメーナ属

ピラクトメーナ・アングラータ
(*Pyractomena angulata*)

ピラクトメーナ・ボレアリス(*P. borealis*)

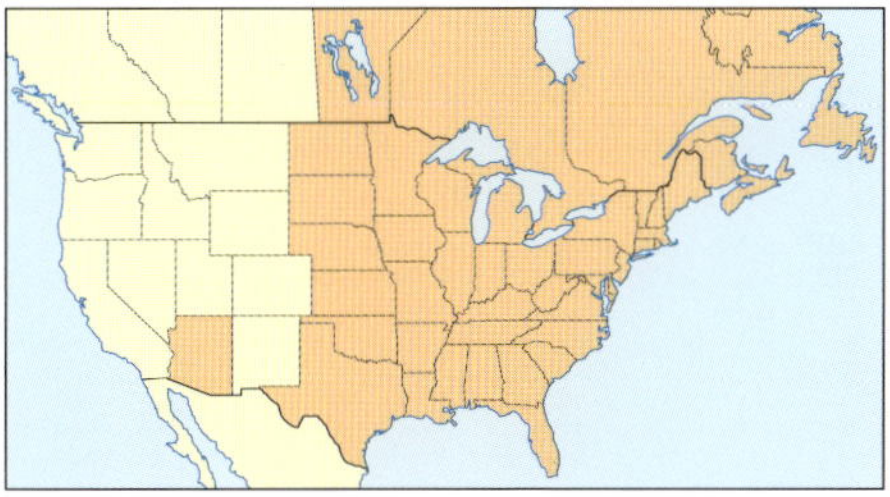

形態的特徴

前胸背板……全体的に湾曲しており(平板ではない)、両脇は前方向に向けてやや広がり、中央部に縦隆起が見られる。前部の縁が突出し、全ての種ではないものの、両脇は黒みがかった色をしている。

胴体……形はさまざまで、写真上のピラクトメーナ・アングラータのように丸みのあるものから、写真下のピラクトメーナ・ボレアリスのように細長いものまである。体長は7ミリから22ミリで、脚は短い。

鞘翅……般的に黒地に黄色の縁取り。

す［図9-7］。北の方では、幼虫は木の幹の上で越冬し、早春のころに蛹化します。一週間から三週間の後、黒い蛹の殻の中から成虫が現れますが、孵化したばかりの成虫の体はまだ柔らかく真っ白。一日も経てば硬化し、体色が現れます。

求愛行動

フォティヌス属同様、ピラクトメーナ属の成虫もコール・アンド・レスポンス形式の光の会話で異性を探しますが、彼らが光を放つタイミングもまた気温に左右されます。ピラクトメーナ・ボレアリスは寒さに強く、他のライトニングバグ型ホタルに先駆け、春先にその姿を現します。フロリダでは二月の末に木々の梢近くで明滅している姿が見られますし、テネシーに現れるのは三月の末から四月にかけて、さらに北の地域では五月から六月にかけて交尾期を迎えます

このピラクトメーナ・ボレアリスはオスの方が先に成虫になり、すぐに木の幹を這い上るとメスを探します。メスが成虫の姿で現れたらすぐさま交尾ができるよう、オスはまだ蛹のままのメスを見張り続けるのです［図9-7］。オスは飛べるようになると、日没後一時間ほど過ぎたころ、メスの姿を求めて木々の梢ほどの高さを巡回し始めます。気温にもよりますが、二秒から四秒ごとに短く一回光を放ちます。メスは木の幹にとまり、オスの光に対して一秒の間を取ると、同じように短く一回（二分の一秒）光を返します。

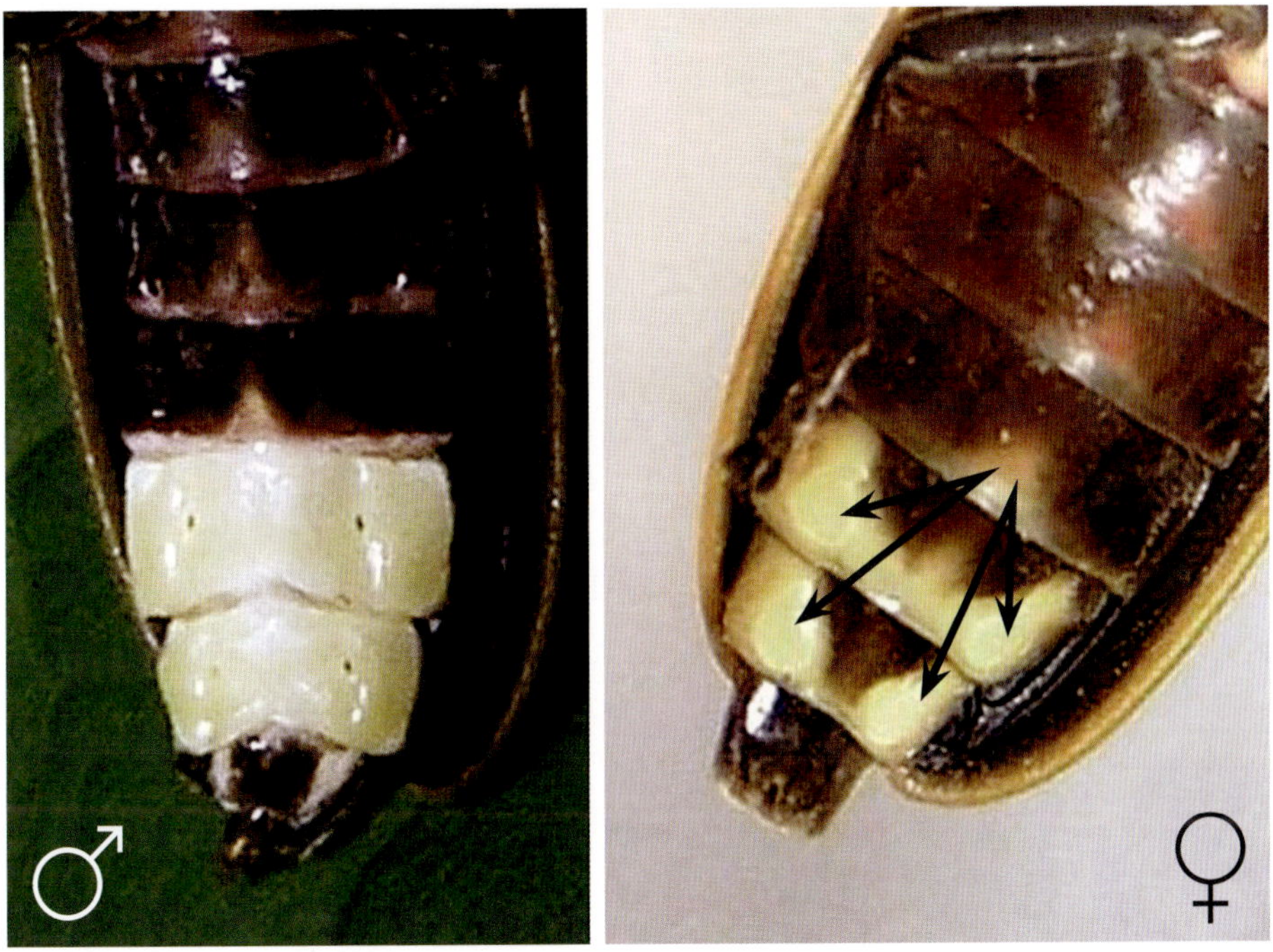

[**図9-6**] ピラクトメーナ属（*Pyractomena*）の性的二形：
左：オスはふたつの体節が発光器になっています。
右：メスはふたつの体節の両脇、合計4カ所の小さな部分（矢印）が発光器です。発光器を取り囲む薄黄色い部分がありますが、こちらは発光しません。（ピラクトメーナ・ボレアリス *Pyractomena borealis*）、Lynn Faust撮影、Faust 2012より）

幼虫　蛹　成虫の羽化　メスの蛹をガードするオス　交尾

[**図9-7**] ピラクトメーナ・ボレアリス（*Pyractomena borealis*）の5つの生活段階。（Lynn Faust撮影、Faust 2012より）

もうひとつの特徴的な種はピラクトメーナ・アングラータで、オスは一秒ほどのちらちらと瞬くようなやや暗い光を放つので、すぐにそれと分かります。私のお気に入りのホタルのひとつで、その光は揺らめくロウソクの明かりのよう。オスはぬかるんだ草原、灌木の茂み、時には木々の梢を飛び回りながら、二秒から四秒間隔でこの特徴的な光を放ちます。間近でよく見ると、ピラクトメーナ属の種のなかで胴体の幅が最も大きく、黄色い鞘翅の縁取りも同様に幅広であることが分かります。

フォトゥリス属　*Photuris*

これら背中にこぶのある、脚の長い、敏捷なライトニングバグ型ホタルは、北米では二五種の存在が確認されていますが、実際には五〇種近くいるのではないかと見る向きもあります。フォトゥリス属の多くの種では（全てというわけではありません）、メスは成虫になると、他のライトニングバグ型ホタルを専門に狙い、捕食します。フォトゥリス属の種を見分けるのはかなり難しく、この紛らわしいホタルの仲間を四〇年近く研究し続けてきた専門家、ジム・ロイドにとってもそう簡単なことではありませんでした。普通、昆虫の種を見分けるには生殖器の違いを確認すれば良いのですが、問題はフォトゥリス属のオスの生殖器が種を問わずほぼ同じ形状をしているため、これが手がかりにならないことです。もうひとつの問題

フォトゥリス属

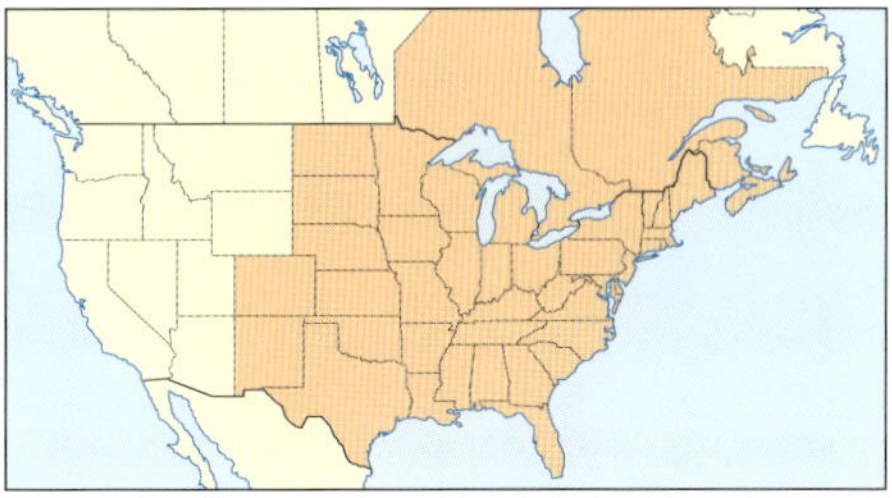

形態的特徴

前胸背板……………歩行の際には、頭部が少し前方に突出する。形状は半円形。両脇の色は黄色（暗色ではない）、一般的に中央部に赤、さらにその中に黒の模様がある。

胴体……………大きく（体長10ミリから20ミリ）、脚は長い。中脚と後脚は鞘翅とほぼ同じ長さ。背中にこぶのような隆起がある。胴体は楕円体で丸みを帯びている。

鞘翅……………黒か茶色の地に黄色の縁取り。両肩から明るい線が対角線上に伸びていることが多い。肩を真横から見ると、鞘翅先端部の折り返し部分がゆるやかに湾曲している［**図9-3上**］

は、彼らがあまりにさまざまな形で発光活動が行えること。ひとつの種でありながら驚くほどたくさんの発光パターンをつくり出すことができるのです。多くのフォトゥリス属のオスは、夜の時間帯や、その場にどんな種類のホタルがいるかによって異なる発光パターンを使い、フォトゥリス属のメスは、同じ種への求愛行動用と、獲物をおびき寄せるための偽の発光パターン用とを簡単に切り替えることができます。種を識別する難しさはありますが、前述したよう外観的な特徴から、フォトゥリス属と、他のライトニングバグ型ホタルを区別することは容易です。

性的二形

最初は分かりにくいでしょうが、経験を重ねれば、発光器の大きさと形によってフォトゥリス属の性別を見極めるのはそう難しいことではありません。前出の二種類のライトニングバグ型ホタル同様、オスの場合は腹部末端近くのふたつの体節が発光器になっています。メスの場合も同じふたつの体節が発光器になっていますが、発光するのは体節全体ではなくその中央部だけ。それ以外の部分も薄い色をしていますが、発光することはありません［図9・8］。

ライフサイクル

フォトゥリス属の幼虫が、夜間にぼんやり光を灯しながら、道路脇や小道、芝生など湿気

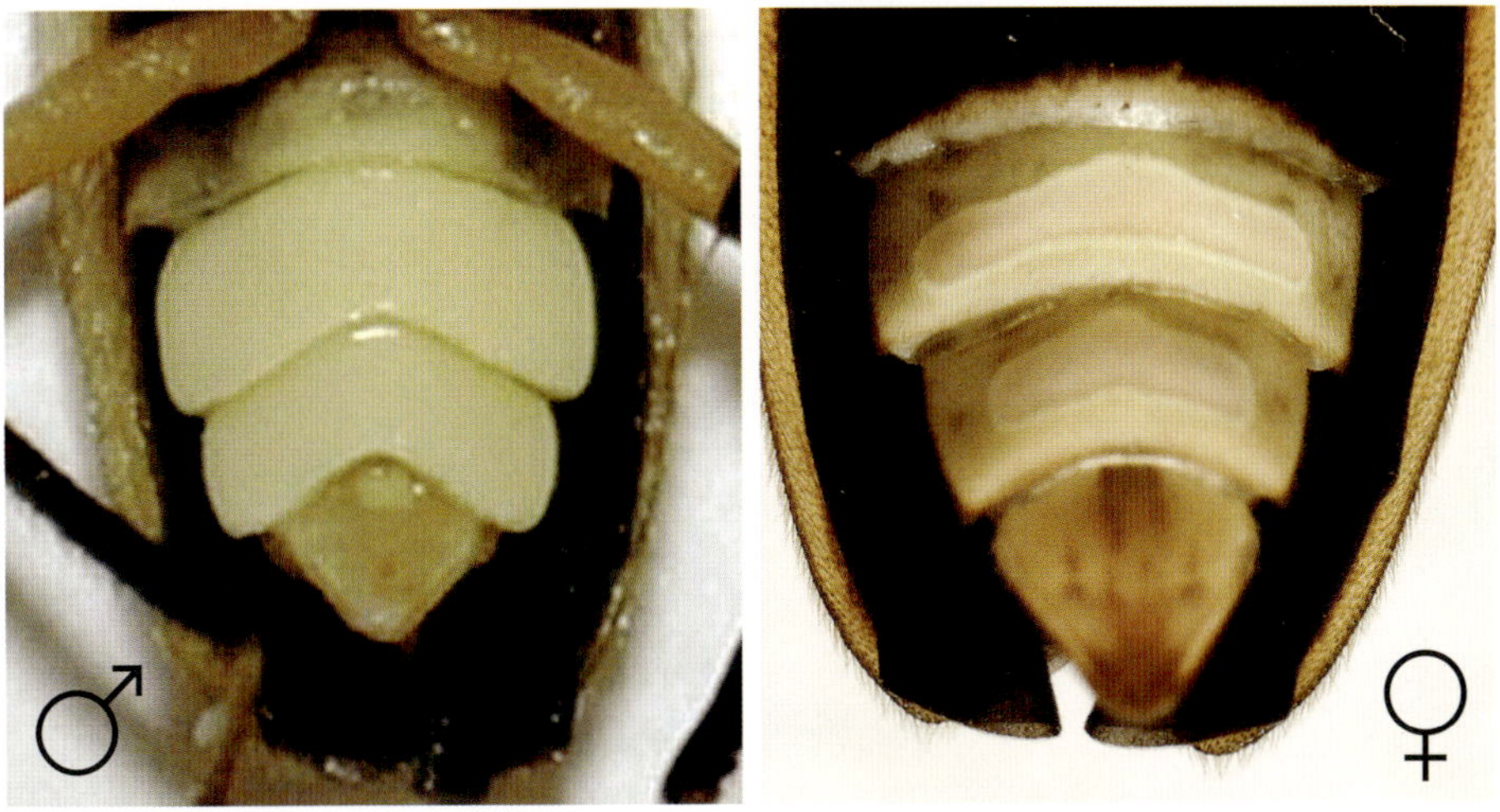

[**図9-8**] フォトゥリス属（*Photuris*）の性的二形：
左：オスの発光器は腹部末端のふたつの体節。
右：メスの発光器も腹部末端のふたつの体節にありますが、発光部はその中央部のみ
周囲は発光しません。（Rebecca Forkner 2010より、Marie Schmidt撮影）

の多い場所を這っていくのをしばしば目にすることがあるでしょう。雑食性と腐食性を備えもつ彼らは食べ物の選り好みはせず、カタツムリやミミズ、体の軟らかい昆虫類や、時には果物のベリーにまで手を伸ばします。蛹化の準備が整うといくつかのグループに分かれ、各々が土の中に小さな部屋をつくります。成虫が姿を現すのは一週間から三週間後。フォトゥリス属のメスには、普通では考えられない食習慣があります。ホタルの成虫は食べ物をほとんど、あるいは全く摂取しませんが、このフォトゥリス属のメスは、他のホタルを専門に捕食するのです。狙うのは主にフォティヌス属ですが、ピラクトメーナ属や時には他のフォトゥリス属も捕らえます。第七章でも述べましたが、このメスたちは獲物のタンパク質だけでなく、毒素まで取り込もうとしているのです。獲物が防衛のために備えていた化学物質を奪い、蓄積し、自分自身と卵を守るために利用するのです。フォトゥリス属の成虫は比較的長生きで、飼育下ではひと月以上生き続けます。

行動様式

これらのライトニングバグ型ホタルは飛行速度が速く、敏捷性に富んでいるため、手や補虫網で捕らえようとしても簡単に逃げられてしまいます。一般的にフォトゥリス属は、フォティヌス属に比べて飛び回る時間帯も遅く、より高い空間を飛行します。もしも深夜に目が覚めて、さかんに明滅しながら窓ガラスを歩くホタルの姿を認めたなら、それはフォトゥリス属である可能性が高いでしょう。

フォトゥリス属のメスは、求愛行動に夢中になっている他のホタルの群れに潜み、異なるいくつかの手段を使い獲物を捕らえます。このファム・ファタール（魔性の女）は狙いを定めた獲物に対し、同種のメスが送る光の反応パターンを巧みに真似ておびき寄せます。あるいは直接獲物を追いかけて捕らえたり、クモの巣近くで待ち伏せ、糸で絡めとられたホタルを横取りしたりもします。こうした捕食のスペシャリストの存在は、北米における他のホタルからすれば、まさに自然淘汰の大きな要因だと言えるでしょう。

種のなかには、ふたつの異なる発光パターンを時間帯により使い分けるオスもいます。たとえばフォトゥリス・トレムランス（*Photuris tremulans*）のオスは、最初は一秒間光を放ちますが、その後は素早く一回明滅するように変化していきますし、両性とも、地上に降りたり、飛び立ったり、歩いたりといった状況に応じて不規則に発光パターンを変化させます。こうした見事なまでの多用途性をもつため、求愛シグナルを種の識別に利用しようとしても、なかなかうまくいきません。フォトゥリス属は木の梢で交尾を行うことが多く、彼らの交尾行動についてはほとんど知られていないというのが実情です。

ダーク・ファイヤーフライ（非発光性ホタル）

ホタルの成虫のなかには光を発しないものもたくさんおり、そうした昼行性ホタルは、アメリカやカナダの全土で見られます。光を発しないので、それが「本物の」ホタルだと理解できない人もいるでしょうが、遺伝的に類似性があり、幼虫が発光することはもちろん、その他にも多くの共通点があることから、この光らないホタルも正真正銘、正式なホタル科の一員です。以下で紹介するエリクニア属は、ライトニングバグ型ホタルであるフォティヌス属と近縁ですが、（昼と夜という）まったく異なる環境に適応するように分かれていきました。じつは、フォティヌス属にもダーク・ファイヤーフライ型ホタルが二種知られていますが、これらは成虫期の発光をもっと最近になってから二次的に失ったと考えられます。これらのホタルは、捕食性をもつフォトゥリス属のような夜行性ハンターを避けるため、その活動時間をシフトさせたのかもしれません。また、異性を探し惹きつけるため、光ではなく匂いを発すると考えられていますが、その化学物質は今のところ特定されていません。

エリクニア属　*Ellychnia*

フォティヌス属の近縁種であるこのグループは、一二以上の日中活動する発光しない種により構成されます。エリクニア属は北米一帯に広く生息し、いくつかの種に限ってはロッキー山脈の西側で見られます。アメリカ東部では三つの種がひとつの種として扱われる、いわばホタルの「複合体」まで存在し、それぞれの特徴は未だ明確に区分されていません。エリクニア・コルスカ（*Ellychnia corrusca*）は東部一帯で見られる最も一般的な種です。前胸背板の中央部には大きな黒い斑点があり、赤色と淡色の二色でできたカッコ記号のような模様で縁取られていて、簡単に識別することが可能です。冬ホタルと呼ばれることもあり、春がやってくるといち早く活動を始め、森林地をゆっくりと飛ぶ成虫の姿を見ることができます。

性的二形

発光器がないため、エリクニア属の雌雄を見分けるには腹部の先をしっかりと観察することが必要です。メスは、腹部末端が三角形で、先端中央部に切れ込みがあります［図9-9、右］。オスの腹部末端はメスよりも小さく、丸い形状をしており、切れ込みはありません［図9-9、左］。

ライフサイクル

エリクニア属の幼虫には他のホタルの幼虫と同じように、発光と肉食性という特色があります。朽ちかけた木の中にすみ、餌を捕らえる姿がごくまれに目撃されます。

南はアメリカのフロリダ州から北はカナダのオンタリオ州まで広く生息し、ライフサイクルは緯度によりさまざまに変化します。生息区域の北の方では成虫は秋に現れ、木の幹を這い上り隙間に体を潜り込ませると、そこで冬越しをします。明らかに耐寒性があり、氷点下の気温のなかでじっと身動きもせず、数カ月を過ごします。私たちの行った標識再捕法〔＊訳注：生物に標識をつけて放し、その後捕獲することによって生物の個体数を推定する方法〕では、マサチューセッツ州におけるホタルの成虫の越冬生存率は九〇％でした。雪の中で仰向けになり、死んでいるように見えたホタルが、車の中の暖気で再び動き始めるのをよく見かけたものです。

交尾が行われるのは早春（三月から四月）で、メスは近くに卵を産み付けます。夏が始まるころに孵化した幼虫は、その後約一六カ月の間、餌を食べて大きくなります。翌年の夏が終わるまでには朽ちかけた丸太の中で蛹になり、秋に成虫の姿で現れると、再び木の幹の中で冬越しをします。

エリクニア属

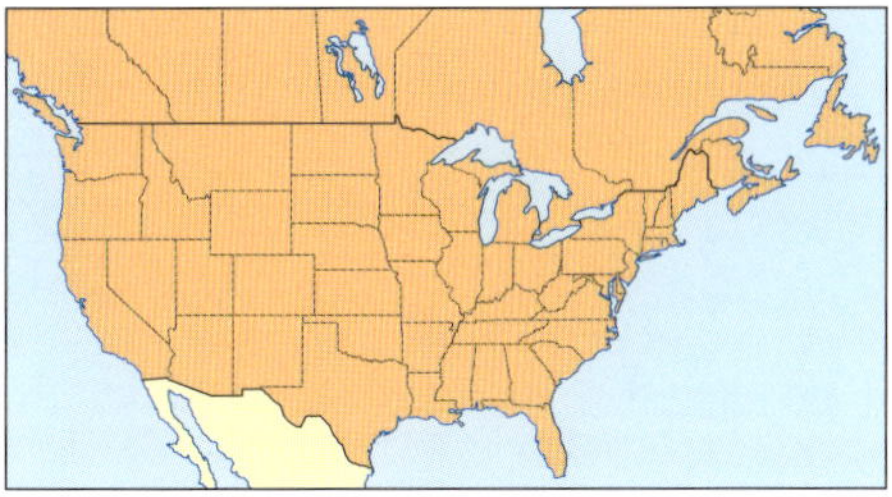

形態的特徴

前胸背板……半円形／一般的に両脇は暗色だが、中央部の黄色と黒の模様は種により異なる。

胴体……丸みを帯びた胴体で、体長は6ミリから16ミリ／発光器はない。脚は短く頑丈。

鞘翅……色はくすんだ黄緑色から漆黒までさまざまで、翅の縁取りはない／時に翅に縦隆起があるが、ほとんど目立たない。

より南の地域（北緯四〇度以南）では、ライフサイクルはかなり異なります。成虫は冬の終わり（二月下旬から三月）に姿を現すとすぐに木の幹に這い上ります。北の地域同様、春が始まるころ（三月から四月初旬）に交尾を行いますが、孵化した幼虫はその年の夏から秋にかけて成長し、秋の終わりまでに蛹化すると、冬の終わりごろには成虫になります。つまり南の地域は十分に暖かいため、エリクニア・コルスカの一生は一年を超えることはありません。気候の変化による世界的な温暖化のため、北の地域における個体の平均的な成長速度が速まってしまい、彼らのライフサイクルも一年を超えなくなる可能性が出てきてしまっています。

行動様式

光らないホタルの姿が最も多く見られるのは早春で、成虫はこの時期に木の幹を這い上り、交尾を行い、森林生息地を飛び回ります。交尾が行われるのは木の幹か地上で、そこでは雌雄のカップルが尻尾同士を合わせると、そのままの形で一二時間あるいはそれ以上を過ごします。羽化する時期――北の地域では秋のはじめ、南の地域では冬の終わりころ――を迎えると、特定の木に数十匹の姿が見られることがあります。彼らは深い隙間のある大きな木を好み、毎年同じ場所に現れます。春の間、サトウカエデの樹液に引き寄せられた成虫が、樹液を採集するために設置されたバケツの中で死んでいるのがよく見られます。

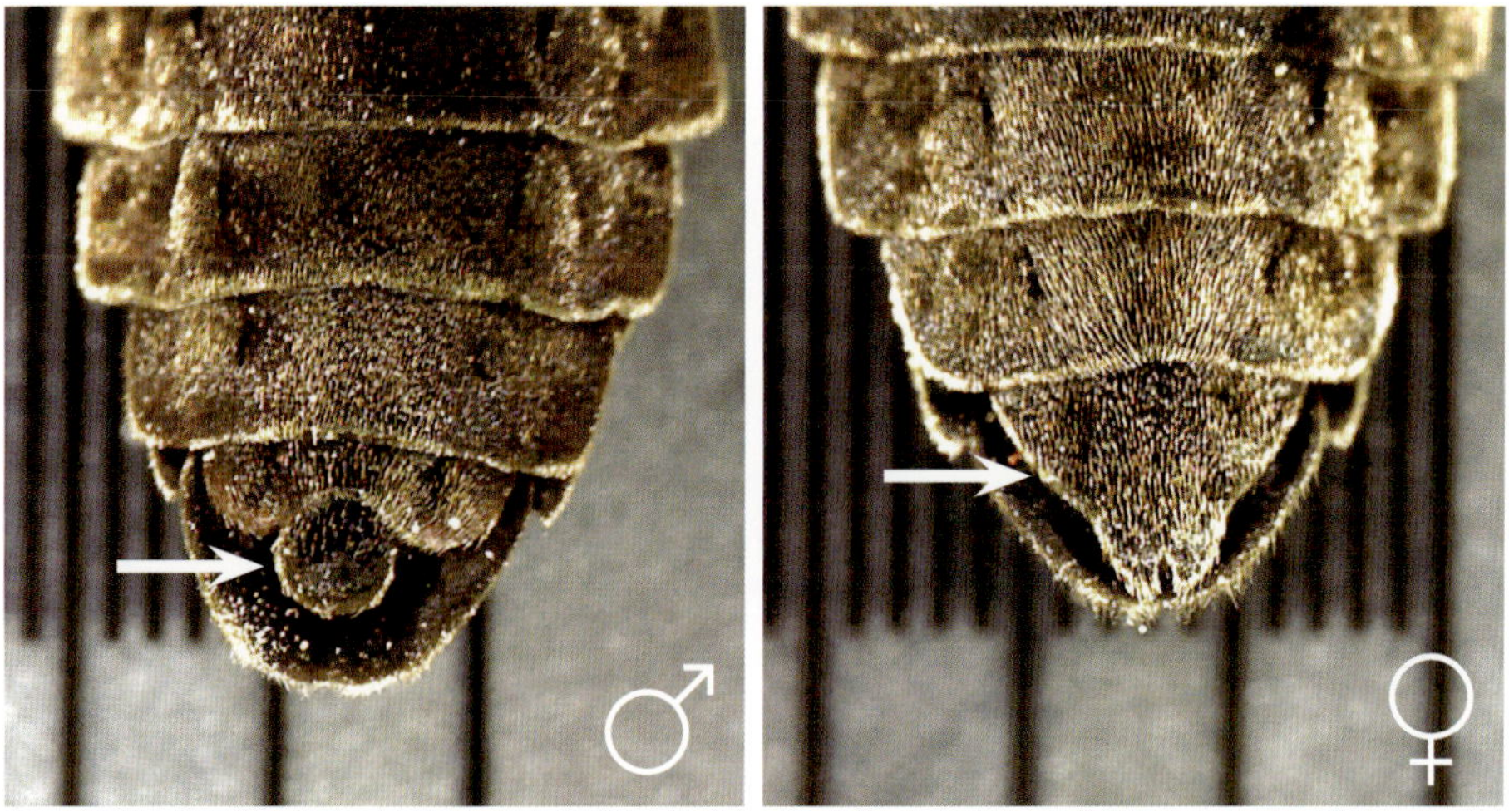

［**図9-9**］エリクニア属（*Ellychnia*）の性的二形：
左：オスの腹部先端は小さく丸い。
右：メスの腹部先端は大きな三角形で、先端に切れ込みあり。
観察時には拡大鏡を使うと良い（背景の大きな目盛りがミリメートル）。

ルシドータ属　*Lucidota*

北米には昼行性ホタル、ルシドータ属の三つの種が生息していますが、その特徴は平らでのこぎりの歯のような形をした触角です。成虫は交尾相手を探すのに、化学物質をシグナルとして使います。特に多いのがルシドータ・アトラで、アメリカ東部では夏の間ならどこでも見ることができます。地面から数メートル上空をゆっくりと飛ぶ姿をよく見かけますが、体は大きく（七・五ミリから一四ミリ）、はっとするほど美しい姿をしています。体色は漆黒。前胸背板は黄色ですが、真ん中に大きな黒い斑点があり、その両脇に赤いストライプがあります。成虫の発光器は退化したと考えられ、オスの腹部末端、あるいはメスの腹部末端から二節目に残る小さな色の薄いスポットがその痕跡だと考えられています。

性的二形

メスに比べ、オスの触角は太く、長く、のこぎりの歯のような形状もはっきりしています［図9・10］。

ライフサイクル

ルシドータ属の幼虫は朽ちかけた丸太の中かあるいはその下にすみ、カタツムリやミミ

ルシドータ属

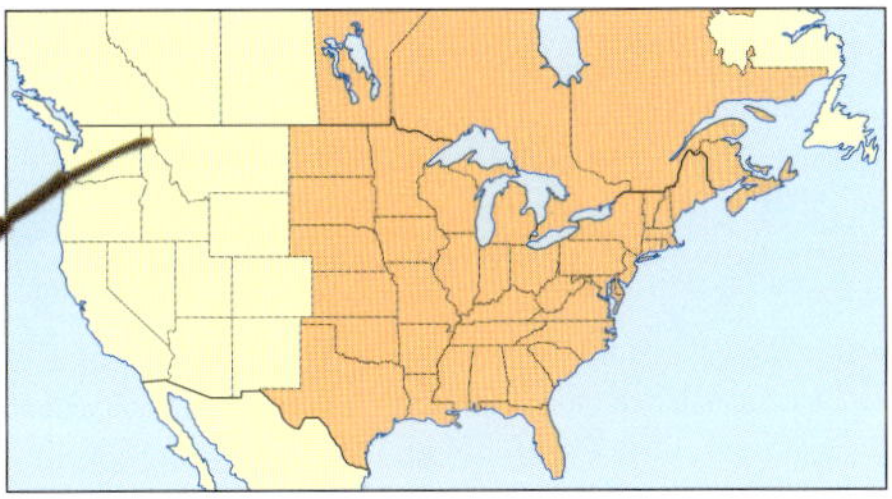

形態的特徴

前胸背板……形は先端が丸かったり尖ったり、色は赤もしくは黄色一色、または黒に赤の斑点が二カ所など、共にばらつきあり。

胴体……体形は丸く、体長は6ミリから14ミリ程度／発光器はないか、あるいは退化したと見られる／触覚は長く平らで、のこぎりの歯のような形状をしている／触角の各節の幅は同じだが、第二節（目から起算して）は他の節に比べて小さく短い。

鞘翅……色はつや消しの黒で、縁取りはない。

ズ、その他の体の軟らかい昆虫類を餌にします。十分成長した幼虫や蛹は冬の間は活動せず、初夏から盛夏の間に変態を遂げ、成虫になります。日中飛び回る姿は、たいてい芝生や草地、沼地や川沿い、あるいは林縁部などで見ることができます。ルシドータ・ルテイコリス（*Lucidota luteicollis*）に限ってはメスに翅がなく、飛ぶことはできません。

行動様式

ルシドータ・アトラをはじめとする昼行性ホタルのなかには、交尾相手を探すため大気中に匂いを発することが確認されています。メスはあまり場所を動かず、風にのせて化学シグナルを発するのです。フェロモンとして知られるこの化学物質は空気の流れに乗って風下に運ばれていきます。オスはメスを探すためにあちこちを飛び続け、この匂いを探知するや、メスを求めて風上に飛んでいきます。メスから放たれるこの化学物質の正体はまだ明かされていませんが、オスは同種のメスにだけ惹きつけられることから、この嗅覚を使ったシグナルは種ごとに異なると考えられています。

［**図9-10**］ルシドータ属（*Lucidota*）の性的二形：
オス（右）の触角はメス（左）に比べてより平たく、のこぎりの歯を思わせる形状もはっきりしており、よく目立ちます。
（Molly Jacobson 撮影）

さあ、出かけよう――
さらなるホタルの冒険の世界へ

多くの人は、自分で見つけたホタルの名前が分かればそれで満足します。でもバードウォッチングがそうであるように、ホタルの冒険の世界に足を踏み出せば、息を呑むような不思議な光景があなたを待ち受けていることでしょう。ここで紹介するいくつかの提案をお読みいただければ、きっとあなたもホタルのまだ見ぬ世界を自らの足で散策し、体験したいと思っていただけるはずです。

ホタルと話そう

光を放つホタル、ライトニングバグ型ホタルにとって、光は愛を囁く言葉です。ところが、そのコール・アンド・レスポンス形式の愛の会話は私たちの目に映ってしまうため、簡単に立ち聞きできてしまいます。いったん光の意味を解読してしまえば、ペンライトを手に近所のホタルと会話することさえ可能です。彼らの交わす愛の囁きに加わるなら、まずフォティ

ヌス属の姿を探しましょう。彼らの会話から入るのが一番簡単です。最初は実際に、オスの発光パターンを見て学びましょう。ホタルの生息地近くに立つか座るかして、彼らが飛び始めるのを静かに待ちます。運が良ければ、オスが求愛活動に飛び立っていく姿を見ることができるかもしれません。まず一匹のオスに狙いを定め、発光パターンを計測しましょう。計測にはストップウォッチを使うか、もしくは一秒、二秒、三秒という具合に自分で秒数を数えます。薄暮に飛ぶ——たとえばフォティヌス・ピラリスのような——種の場合には、小さな身体とは言えまだその姿ははっきり見えているはず。特定のオスを目で追い続けるのはそう難しくはありません。日が暮れてから飛び始める種の場合に私がよく使うのは、そこにしゃがみ込むという方法です。しゃがんで空を見上げると、夜空を背景にホタルの姿がシルエットで浮かび上がるため、特定の個体を追うことができます。何匹かオスの発光パターンを計測すれば、彼らのリズムがおよそ把握できてくるはずです。ペンライトを手に取り（お勧めの野外観察用具リストをご覧ください）、オスの発光パターンを真似てみましょう。何度か練習する必要はありますが、すぐに、夜空を飛び交うたくさんのオスの一匹になったように感じることができます。

さて、これでフォティヌス属のメスを探す準備は整いました。メスはなかなか返事を返して来ないので見つけるのは大変。じっと待って、オスがうろうろと何かを探し回る姿を見かけたら、そのあたりに疑似餌のようにペンライトの光を放ち、メスの居場所を特定していきましょう。ゆっくり歩きながら、オスの発光パターンを繰り返します。ペンライトの発光部分を指先で押さえておけば、必要以上に光が漏れることはありません。光の放ち方や色は気にしないでください。研究によれば、メスは光の形には無頓着ですし、ホタルは色が識別できないからです。

メスはたいてい草むらの中や背の低い植物の上にいます。光を放った後は、そうしたところからメスの反応が返って来ていないか、十分注意しましょう。もちろんオスも地上から光を放ちますが、たいてい地面を這いながら明滅します。対照的に、メスは一カ所に止まり、動こうとせず、あなたの、もしくは他のオスの光に惹かれればシングルパルスで応えます［図9・5参照］。通常こうしたメスの反応光は、オスの放つ求愛の光よりも強く輝き、長く続き、そして消えていきます。答えを受け取ったら、メスの方角に近づき、もう一度求愛信号を返します。その時に忘れてはならないのは、あなたは、何としても交尾相手を見つけようと躍起になっている他のオスたちと競い合っているということ。急がなければなりません。オスの数は常にメスを凌駕しています。彼らは反応のあったメスの居場所をすぐにでも探し当ててくるかもしれないのです。

逆にオスが見逃しそうな場所——たとえば生息地のはずれにある低木の茂みの周りや大きな木の下など——にいるメスを探そうとするのも良いでしょう。オスたちの求愛活動が一段落するのを待つという手もあります。その日の活動時間が終わり、オスたちの姿が見えなくなってからも、依然として地面近くに光の塊を見ることがあるはずです。そこでは引き続き、求愛活動が継続されています。たいてい数匹のオスが、メスの正確な位置を突き止めようと競い合っているのです。夜遅くまで続くそうした光の動きを追うことで、メスの姿を見つけることができるかもしれません。

メスの姿を認めたなら、できるだけ近寄ってみましょう。間違ってメスを地面に落とさないよう十分気をつけてください。次にストップウォッチ、もしくは自分で秒数を数えながら、メスが、オスの光に反応する間を計測してみましょう。オスがダブルまたはマルチパルスの発光パターンである場合、最後のパルスが放たれたときが計測起点です。何度か計測を重ねれば、より正確に反応の間合いを知ることができます。少しの間ヘッドランプを点け、あなたが観察しているホタルが本当にフォティヌス属のメスであり、魔性の女のなりすましではないことを確かめる必要もあるでしょう。

さあ、会話に参加する準備は整いました。メスになりきるには、明かりを抑えるためにペンライトの先を指でしっかり覆い、地面近くに持っていかなければなりません。特定のオスに狙いを定めましょう。彼が光を放ったら正確に時間を測り、光を返します。オスが近づいて来てもう一度光を放ったら、同じように適切な間をおいて光を返します。ただし真剣になりすぎてはいけません。あなたが演じているメスはあくまで偽物です。たくさんのオスに光を返してはいけません。ほんの少し真似るだけでも、かなり多くのオスの気を惹いてしまいます。私の経験では相当遠くにいるオスたちまで飛んで来ますし、時には一〇匹以上のオスが私の腕やペンライトに群がったことさえありました。

これであなたも、オスの発光パターンを再現することでいかにメスを特定するか、その方法が理解できたはずです。交尾期の終わりごろにこの実験を行うと、びっくりするようなことが起こります。第三章で述べたように、この時期になると意欲的なオスの数よりも、交尾を求めるメスの方が上回ってしまうのです。ホタルの生息地の中に足を踏み入れ、ペンライトでオスの発光パターンを再現してみてください。運が良ければ、一定の間を置き、たくさんのメスが一斉に光を返してくれるでしょう。

もしあなたの住む地域で生息しているホタルがフォティヌス属の何という種なのかを正確に知りたければ、まず両性の発光パターンを記録していきましょう。オスの場合はパルスの数を書きとめ、ストップウォッチを使い発光パターンの間を計測します。パルスの長さは気にしないこと。パルスを計測するには特別な計測器が必要だからです。光の長さが短いか（〇・五秒以下）、長いか（〇・五秒以上）だけを記録します。メスの場合は、反応までの間を計測します。また、発光に要する時間は気温に左右されるため、気温も併せて書きとめておきましょう。これらのデータは一晩だけでなく何日かまとめてノートかボイスレコーダーに記録しておくと、後で役に立ちます。

「野外観察ガイド」に掲載したパルスや発光パターンなどをまとめた表を参照し、あなたの観察記録に最も近いパターンを見つけてください。気温が低ければパルスもゆっくりになり、高ければ速くなることを忘れずに。ジム・ロイドは一九六六年に発表したフォティヌ属に関する研究論文で、アメリカに生息する二〇以上の種について、生息域を示す地図、生息地の詳細、活動期間および発光行動に関する多くの情報をもたらしました。この論文は、本書の参考文献に掲載したミシガン大学関係のリンク先から自由にダウンロードできます。

目には見えないホタルの香水の世界

一般大衆はもちろん、これまで多くの科学者たちも、ライトニングバグ型ホタルの明るい光と華やかな光景に惹きつけられてきました。しかし昼行性のホタルはどうでしょう。光がないのに、どうやって異性を惹きつけるのでしょうか。彼らのような恵まれない地味な一族の求愛儀式に関する研究はほとんど存在しませんが、実は彼らは空中をふわふわと漂う、目には見えない化学物質を利用し、交尾相手を引き寄せているのだという確たる証拠が存在するのです。

ルシドータ・アトラは黒一色の大きな体をもった昼行性ホタルで、真夏に森の中や芝地の上、あるいは道端をゆっくりと飛ぶ姿がよく見られますが、このホタルを取り上げた古い有名な研究があります。かつてジム・ロイドは、この種のメスが本当に空気中に芳香を放つことで異性を惹きつけているのかどうかを確認しようと、ミシガン州のアッパー半島でいくつかの簡単な野外実験を行いました。まず科学実験室でお馴染みの直径一〇センチのペトリ皿、あるいはそれに似た小さな浅めの容器にメスを入れ、メッシュ生地で覆います。こうすることでメスは中に閉じ込められますが（オスは外で自由に動き回ります）、空気は自由に循環するというわけです。ロイドはこのメスの入ったペトリ皿を森の中の空き地に置き、じっと観察を始めました。森の中にはわずかに風が吹いています。すると、三分も経たないうちに風下からオスが飛んで来始め、ペトリ皿やその近くに着地していきます。ロイドは実験を始めてから一時間で、約三〇匹のオスの姿を確認しました。次に数匹のオスに印をつけると、閉じ込められたメスの風下の方向から、距離を変えて放してみたのです。まず九メートルの距離では、オスは全て八分以内にメスのいる場所に到達しました。二七メートルの距離でもわずか三分でメスの居場所に飛来したオスさえいました。メスが発した化学物質によるシグナルは風下に運ばれていき、目に見えない芳香になり拡散していくのです。オスはあたりを飛び続けるうちにその匂いを嗅ぎつけるやすぐに風上に向かい、メスを見つけるのだと考えられます。

別の昼行性ホタルに対して行われた実験も、メスは何らかの芳香を発することでオスを惹

きつけているのだという考えを裏付けています。第五章で紹介した音楽家と科学者というふたつの顔を持つベルギー人、ラファエル・デコックは、二〇〇五年には小型のヨーロッパにいるグローワーム型ホタル、フォスファエヌス・ヘミプテルスの研究をしていました。彼はアントワープ大学に在籍していたころ、フォスファエヌス属のメスが化学物質を空中に放つことでオスを惹きつけているのかどうかを確かめようと、いくつかの実験を行ったのです。メスを皿の中に入れ金網をかぶせたところ、一時間でおよそ三〇匹のオスが集まりましたが、その多くが化学物質が流れていった風下から飛んできたと言います。さらにデコックは、メスが芳香を放つときに横向きになりお腹を丸める、いわゆる「発情」行動をとることを報告しています。

昼行性のホタルがいかに交尾相手を見つけるのか——それについては、実はここまでしか分かっていません。全く手つかずの状態です。ホタルが放つ芳香はもちろん、それぞれの種が異性を求める際にとる行動についても、具体的に確認されたわけではないのです。昼行性ホタルは世界中に生息しています。アメリカ東部一帯でよく見られる種のひとつにエリクニア・コルスカがあり、交尾期は、ニューイングランドでは四月から五月にかけて数週間続きます。ところが彼らの求愛行動については、今のところほとんど知られていません。さらにアメリカ西部も、数多くの昼行性ホタルの生息地になっています。もしそうしたホタルを観察し、実験を行えば、全く新たな発見が生まれる可能性さえあるでしょう。

ここで、誰でも簡単に取り組める実験をひとつ紹介します。浅めの皿（密封式広口ガラス瓶の蓋で十分）とメッシュ生地（防虫網または薄絹のチュール）を数枚ずつ、輪ゴムを数本にスポンジを揃えましょう。家の近くで昼行性ホタルを採集したら、識別ガイドで雌雄を確認します。湿らせたスポンジの小片を皿に置き湿度を与え、メスを入れた皿、オスを入れた皿、何も入れない皿の三種類を準備します［図9-11］。空の皿は、オスが単に皿に引き寄せられる可能性を、オスが入った皿は、ホタルのオスが性別に関係なく同種のホタルに引き寄せられる可能性を示してくれます。

用意した皿を近くのホタルの生息地に持っていきます。三つのグループごとに数メートルの距離をとり、飛んできたオスがよく見えるように、それぞれ大きな白い平皿か丸く切り抜いた段ボールの上に置きましょう。果たしてオスは、他の皿に比べてメスの入った皿の方にたくさん集まるのでしょうか。

こうした実験を行うことで、以下の質問に答えることができます。

- メスに惹きつけられるオスの数やオスが到着するのに要する時間は、日中の時間帯により変化するか？

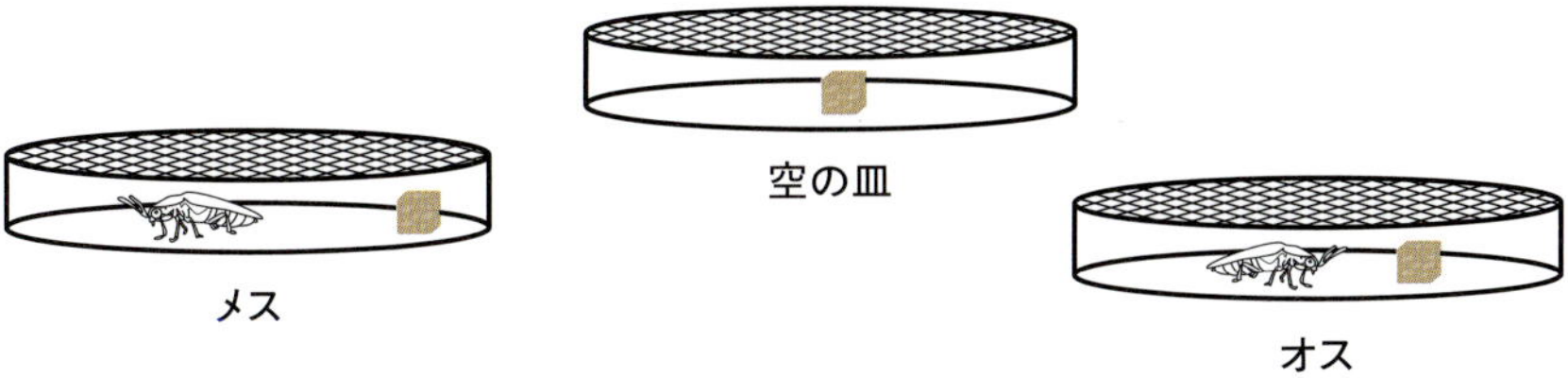

[図9-11] ホタルの化学シグナルを確認するための簡単な実験装置

- メスは発情行動を見せたか？
- オスはどちらかといえば、風下から飛んでくる？　風向きを確かめるには、小枝か支柱を立てて、オスが飛んでくるのと同じ高さに吹き流しを結びつけましょう。三〇センチ程度の糸の片方に小さな発泡スチロールを取り付ければ、簡単に吹き流しがつくれます。
- メスに近づく際、オスはどのような行動をとりますか？　飛び方はジグザグ、それともまっすぐ？　着地は直接皿の上、あるいはその近く？
- メスに惹きつけられたホタルのなかで、一番遠くにいたオスの距離はどれくらいか？　淡い色のゲルインクペンか極細のマーカー（Uchida のデコカラーなど）でオスの鞘翅に小さな印をそっとつけ、メスから五、一〇、一五メートルと距離を変えて放してみましょう。

好き嫌いは激しいほう?

広口瓶にホタルを集めて回るのは、アメリカで育った人たちなら誰もが思い浮かべる、子どものころの懐かしい思い出でしょう。広口瓶から連想するのは、ほとんど郷愁を誘う不思議な光の光景ばかりです。しかし時には、瓶の中で恐ろしいことが起こります。

甥のネイトは五歳のとき、そうした経験に遭遇し、心に大きな傷を負いました。それは瓶いっぱいにホタルを集め、嬉しさと満足に満ちた素晴らしい一晩を過ごしたときのことです。就寝前、私たちはネイトに魔法の光が見られるように、ホタルの入った瓶をナイトテーブルの上に置きました。ところが翌朝、瓶の中には大きなホタルが一匹いるだけ。目を覚ましたネイトはそれを見ると、いっぺんに震え上がってしまいました。あれだけいたホタルの姿はなく、瓶の底には脚の欠片や翅が散らばっています。ネイトは必死に助けを求めて叫び声を上げました。「ぼくのホタル、食べられちゃった！」それまでの多くの無邪気なホタルの収集家がそうであったように、ネイトも初めて、フォトゥリス属の採食習性を目の当たりにしたのでした。ほとんどのホタルの成虫は何も口にしないのに、唯一食性をもつものが他のホタルを食べるとは何と奇態なことでしょう。しかしフォトゥリス属は高度に洗練された捕食者です［図9-12］。第七章で説明したように、彼らは他のホタルを捕食するため、獲物を捕らえる戦術を幾通りも考案してきましたし、彼らの捕らえた獲物もまた、栄養価以上のものを提供しています。この捕食性ホタルがライトニングバグ型ホタルであるフォティヌス属を獲物として摂取するのは、彼らの持つ有毒な化学物質を奪い、蓄積していくことで、自らの身を敵から守ろうとしているのです。

とは言え私たちも、このフォトゥリス属の食事の好みを十分理解しているわけではありません。何度か自然の生息環境下で行われた調査では、フォトゥリス属は主にフォティヌス属を中心に、時にはピラクトメーナ属を、またごくまれに自分以外のフォトゥリス属まで捕食していました。では実際には何が好みなのでしょうか。

ある六月、私たちはこの質問に対する答えを出すため、捕食性のフォトゥリス属を使った実験をグレートスモーキー山脈で行いました。私たちが使用した装置は、地元のスーパーマーケットで購入した一リットルのプラスチック製の食品容器でつくった、とても簡単なものでした。まず蓋にいくつか穴を開け、容器の中に人工観葉植物と湿らせたペーパータオルを敷くと、ひとつの容器にフォトゥリス属のメスを一匹ずつ入れていきます。その後二週間、私たちは毎晩、さまざまな昆虫を与えていきました。メニューは多彩で、その時期に活動状態にあったホタル——ファウシス属（*Phausis*）、数種のフォティヌス属、それに二種のルシドータ属——に加え、さらにハエ、コメツキムシ、バッタなどが混じっています。自然と人工のふたつの要素をうまく取り混ぜたこの実験環境では、餌として容器の中に入れられた昆虫たちが身を隠し、攻撃をかわすのに十分なスペースが確保されていましたし、自然環境下よりもさらに多くの種類の餌が与えられました。

さて、私はここでは実験の結果をまとめて紹介する――フォトゥリス属という捕食者の採食習慣における好き嫌いを伝える――つもりはありません。そうではなく、読者のみなさんにこうした実験を自宅で行ってほしいと願っているのです。身のまわりにいるホタルを詳しく調べていけば、遅かれ早かれフォトゥリス属に遭遇します。メスを数匹捕まえ、容器の中に入れてみてください。直射日光は避けますが、光を調節する必要はありません。自然のままで大丈夫。毎晩違った餌を与え、何を食べ、何を食べなかったのか記録していきましょう。もし興味があり、そうしても気分が悪くならないようなら、彼女たちがいかに餌を捕らえるか、じっくり見てみるのも良いでしょう。その場合はホタルの邪魔にならないよう、青色のフィルターをつけたライトで観察しましょう（用具一覧をご参考に）。

みなさん、どうか実験してみてください。そしてあなたが何を発見したか、ぜひ教えてください。

［**図9-12**］フォトゥリス属のファム・ファタール（魔性の女）は、
フォティヌス属のオスの身体の比較的柔らかい部分を摂取します（Hua Te Fang撮影）

ホタルを戻す

私たちは研究目的による調査のためにホタルを採集した場合、その分のホタルを生息地に返すことを常に意識しています。つまり、いつもホタルの子孫——卵や幼虫——をその母集団に戻しているのです。あなたも同じようにホタルのことを考え、個体数の維持に努めようと思われるなら、以下のような方法を参考にしてみてください。

まず一二〇ミリリットル程度の容量の小さなプラスチックコンテナに湿度維持のために湿らせたペーパータオルを敷き、卵を産み付けるための苔を乗せ、そこにオスとメスのホタルを入れます。コンテナにたくさんの穴はいりません。ホタル二匹ではそれほど酸素を必要としませんし、空気が循環しすぎるとすぐに乾燥してしまうからです。自然の光周期のもとなら、たいてい二晩あれば交尾が始まります（フォティヌス属の交尾姿勢は図3-3を参照のこと）。青いフィルターをつけたヘッドライトがあれば、定期的にホタルの様子を確認することも可能です。運が良ければ戸外の自然状況下で、すでに交尾状態にあるカップルを発見することがあるかもしれません。そんなときにはつまみあげないこと。二匹が乗っている葉や茎を揺らさないように気をつけて、絵筆か紙切れでそっとコンテナに移します。交尾が終わったら、小さなリンゴの欠片をあげましょう。カビが生えないように毎日取り換えてください。私は

いつも有機栽培のグラニースミス〔＊訳注：一八六八年にオーストラリアで、名前の由来ともなったマリア・アン・スミスにより偶発実生で開発されたリンゴの栽培品種〕を使っていますが、もちろん他の品種でも大丈夫です。

メスは交尾後数日で、およそ直径一ミリ程度の象牙色をした小さな卵を産みます。ここまでくれば、そのまま生育環境に戻してあげても大丈夫です。成虫は植物の根元に放し、卵が産み付けられた苔は湿った場所に置きましょう。フォティヌス属の幼虫の姿が見たいなら、暖かくて暗い場所に卵が入ったコンテナを置いてください。卵は定期的にチェックを行い、カビが生えてしまった卵は取り除きます。約二週間で卵は孵り、光を放つ小さな幼虫が現れます。フォティヌス属の幼虫は育てるのが難しいため、この時点でできるだけ早く元の生息地に返してあげましょう。

用具リスト：思い切って夜の中に出かけてみよう

ホタルのすむ夜の世界を探検しに出かけるなら、その前に用具を揃えることが大切です。以下はホタル研究家の必需品一覧です。

- ホタル観察用ヘッドランプ。自然環境下でホタルを観察するには両手が自由でなければなりません。ただし以下で述べるようにホタルは青い光がよく見えないため、青色のフィルターが装着できるものを用意してください（私が愛用しているのはペツル E89 PD Tactikka XP ヘッドランプで、異なる色のフィルターが取り付けられます）。

- ホタルが発光するタイミングを計測するためのストップウォッチ。夜間でも簡単に見られる自発光型ディスプレイがベストです（私はタイメックスのインディグロナイトライトを使用しています）。
- 外気を計測するための温度計。私は地元の工具店で購入しました。
- ホタルを採集するための捕虫網（オンラインショッピングですぐ手に入ります。私はバックパックに簡単に収まる Bioquip 社の折り畳み式捕虫網を愛用しています）。
- プラスチック容器。あらかじめ保湿のために、湿らせた（あまりびしょびしょにしないこと）ペーパータオルを入れておきましょう。プラスチック容器がなければ、薬瓶など、どんな容器でも大丈夫です。
- ホタルと会話するための小さなLED懐中電灯もしくはペンライト。懐中電灯ならキーホルダーにぶら下げられるような小さなもの、ペンライトなら眼科医が瞳孔を診るときに使用するようなサイズのものが適しています。押せば点灯し、指を放せば消えるようなスイッチがあれば、ホタルの発光パターンを真似るのに便利です。
- ホタルを扱うための小さな絵筆。柔らかい身体を傷つけずに済みます。

・ホタルの発光パターンや行動を記録するためのノート、またはボイスレコーダー。コネチカット大学のアンディ・モイセフ博士は、「FireflyFieldNotes（ホタルの野外観察ノート）」という名の無料のアイフォーンアプリを作成しています。これを使えば発光のタイミング、位置、天候などのデータを記録することができます。
・ホタルの求愛行動は数時間続きます。進捗状態を観察するなら、必須条件ではありませんが、さらに折り畳める携帯用の椅子を準備すると良いでしょう。

ホタルの行動を観察するには、ホタルの視覚について多少知っておかなければなりません。彼らには人間のような色覚はありませんが、特定の光の波長にとても敏感であることが分かっています。つまり自分たちが発する光の色が識別できるよう、目の色感度を発達させてきたのです（紫外線もよく見ることができます）。多くのフォティヌス属の種のように、薄暮になると活発に活動を始めるホタルは主に黄色い光を放ちます。そのため、彼らの眼も黄色に対して最も敏感に反応します。一方、たとえばほとんどのフォトゥリス属の種のように、十分に日が暮れてから活動を始めるホタルは主に緑色の光を放つため、彼らの眼も緑色に対して最も敏感に反応します。薄暮に活動するホタルは黄色に敏感なため、緑色の植生を背景にして光っても、自分たちの種の光をきちんと認識することができるのです。

夜行性ホタルを観察する場合には面倒な問題が生じます。もちろん誰でも、彼らの行動を邪魔したいとは思わないでしょう。ですがホタルを間近で見ようと明るい懐中電灯やヘッドランプを使えば、彼らはいつも通りに行動せず、返って眩しい光に一時的に目が眩んでしまい、求愛シグナルに反応しなくなってしまいます。この問題の最良の解決方法はブルーライトを使うこと。ホタルの目は青が最も識別しにくく、光を察知してもぼんやりとしか分からないからです。ヘッドランプや懐中電灯のレンズに青色のフィルムかセロファンを数枚テープで留めるだけで、ホタル観察に最適な装置に変えることができます。アセテートやセロファンは、たいていの画材店で入手することができるはずです。これでホタルを邪魔することなく、間近で観察することができます。夜間でも視野が確保できる赤色のヘッドランプで代用することも可能。こちらは簡単に入手することができます。ただし使用する際、光量は最小限にとどめましょう。ホタルは青い光よりも赤い光に敏感だからです。

　最後に、いくつか注意点をお話ししておく必要があります。ホタルは湿度の高い場所で繁殖するため、そこにはホタルだけでなく蚊もたくさんいます。長袖、長ズボンを着用しましょう。防虫剤を使用するのも一法ですが、その場合にはホタルに触れる前によく手を洗ってください。防虫服の使用は避けましょう。ペルメトリン殺虫剤をしみ込ませてあるので、肌に付着した殺虫剤がホタルの神経に害を及ぼします。私は調査エリアの蚊が繁殖し耐えがたいほどひどくなると、蚊除けネットのついたジャケットまたは帽子を身に着け、ラッテクスもしくはニトリル製グローブを装着し、彼らを寄せ付けないようにします。また、ホタルを観察しようと背の高い草むらや森のはずれを歩く場合には、ダニに十分注意を払わなければなりません。ズボンの裾を靴下の中にたくし込み、靴と靴下、ズボンに虫よけスプレーをかけておきましょう。冒険を終えて帰宅したら、衣類の間と体全体を入念に確認します。友人に手伝ってもらうのもいいでしょう。

謝辞

恩師や読者の皆様、陰で私を励まし勇気づけてくれた友人等、本書の出版にあたりさまざまな形でご尽力くださった多くの方々に感謝せずにはいられません。あらゆるものに対して知的興味をもつことを教えてくれたビル・ボサート先生と、私をこの道に導いてくれたピーター・ウェイン先生のふたりの恩師。多くの科学者たちが羨むような、これ以上ない協力的な職場環境を構築してくれたタフツ大学の仲間たち。終わることのない深夜に及ぶ調査活動を、あらゆる面で温かく受け入れ、理解してくれた家族。揺るぎない愛と支援で支えてくれる私の人生の光、トーマス・ミッチェル。自然の不思議に対する感性の曇りを常に払ってくれたふたりの息子、ベンとザック。ホタルが繁殖する場所を自然のままに保存しようと努力を続けるマサチューセッツ州の街、リンカーン。不思議に溢れた夜を共にしてきた冒険仲間たち。何年にもわたりタフツ大学ホタル研究チームに貢献してきてくれた学生たち。私を奮い立たせ、本書の執筆にあたらせてくれたラス・ゲーラン。編集のエキスパート、アリソン・キャレット。読者であり、友人であり、同僚であるジェフ・フィッシャー、トーマス・ミッチェル、ジョン・アルコック、ダグ・エムレン、コリン・オリアンズ、ニコール・セン

ト・クレアノーブロック、ラエラ・サイーグ、グウィン・ラウド、カレン・ルイス、フランシー・チュー、ノーリア・アルワシクィ、アマンダ・フランクリン、そしてベン・ミッチェル。みな、大切な自分の時間を使い私の初稿に目を通し、貴重なフィードバックをくださいました。また、本書を数々の美しい写真で飾ることができたのも、多くの写真家の皆様の過分のご理解によるものです。最後に、科学調査を支援してくださったアメリカの市民の方々。税金の一部はアメリカ国立科学財団の予算となり、本文中で取り上げたたくさんの科学的発見のために活かされています。皆様に心より御礼申し上げます。

本書は、二〇一三年から二〇一四年にかけての長期休暇中にニューハンプシャー州のスクアム湖のほとりで執筆したものです。私はこの期間と場所を忘れることはないでしょう。

最後になりますが、私はこれまでずっと、各号の発行に協力していただいた方たちへ感謝を込めてリストを掲載する『Wired』誌の奥付に憧れてきました。私も本書を著すにあたり、具体的に目に見えるものや行動などから滋養物を引き出してきました。『Wired』誌にあやかり、私もそれを記しておくことにします。ムーンドッグ、水の相転移の観察、臨界タンパク光、コルコバード国立公園、TED2014、ドロップボックス、トンボの変態、ペペの白貝のピザ、舞茸狩り、シーグラスメモリー、カンムリキツツキ、イームズチェア、ワキチャアメリカムシクイ、春のワスレナグサ、プステフィクスのシャボン玉、花火、雨中のカヤック、そして不思議の犬イグアス。全てに心から感謝します。

コラム2

日本に生息するホタル

大場裕一

本書第八章に紹介されているとおり、日本には五〇種のホタル（ホタル科）が生息しています。この数は、広大な北米全体でさえ約一二〇種、また、日本とほぼ同じ国土面積を持つイギリスではわずか二種であることを考えると、ちょっと自慢できるような数です。ただし、本書にも書かれているとおり、ピカピカと明滅する「ライトニングバグ型ホタル」であるゲンジボタルとヘイケボタル以外のホタルは、あまり注目されることがありません（最近ではヒメボタルの認知度も上がってきています）。ですから、「五〇種います」というと、みな口を揃えて「そんなにいるんですか！」と驚きますが、オバボタルやクロマドボタルといった「ダーク・ファイヤーフライ型ホタル」の仲間が本州の草地に普通にいることは、ホタルが大好きな日本人の間でもほとんど知られていないようです。

北米のホタル類と比べたときに、日本のホタル類の大きな特徴といえるのは、ホタル亜科（Luciolinae）の存在です。ホタル亜科のホタルは、アジア〜オセアニア〜ヨーロッパに広く分布しますが、北米には1種もいません。上に挙げたゲンジボタルやヘイケボタルもホタル亜科の仲間です。とくに、ゲンジボタルとヘイケボタルは幼虫が水中で生活する風変わりなホタルで、北米の研究者はその生態に興味をもつようです。私たち日本の人たちは、ホタルといえば川にいるというイメージを持っていますが、実は世界的に見るとそれは大変珍しいこと。世界のホタル科の約二〇〇〇種のほぼ全ては、幼虫が水辺とは関係のない生活をしている陸生ホタルなのです。

ミナミボタル亜科（Ototretinae）の仲間が分布していることも、北米にはない日本の特徴です。これらはみな「ダーク・ファイヤーフライ型ホタル」ですから一般にはあまり知られていませんが、過去にはホタルの仲間じゃないらしいということで「所属不明」扱いにされていたこともある、変わり者の中の変わり

者。欧米のホタル研究者にとって一度は見てみたい憧れの対象なのです。二〇一七年の春には、本書の著者であるサラ・ルイスと本書で度々紹介されている「発光の王」ラファエル・デコックを沖縄本島にお誘いして、ミナミボタル亜科に属するクシヒゲボタルの幼虫を見てもらうことができました。

　一方、日本にはフォトゥリス属の仲間が分布していません。ホタルを食べるホタルとして本書でもクローズアップされているフォトゥリス属ですが、残念ながらこの恐ろしいファム・ファタールの研究は北米研究者の専売特許のようです。私も、シカゴで初めてフォトゥリス属を見たときは仰天しました。ホタルといえば短足で歩くのも飛ぶのものんびりというイメージだったのですが、フォトゥリス属は足がスラリと長くて動きが実にすばやいのです（まるでジョウカイボンだ！と思ったのは私だけでしょうか）。驚いたのはそれだけではありません。後でゆっくり観察しようとフォトゥリス属とフォティヌス属を同じ容器に入れておいたのが失敗でした。気づいた時には「あっ！」、フォティヌス属はすっかり食い尽くされて翅と脚だけになっていました。フォトゥリス属がホタル食いであることは知っていましたが、まさか閉じ込めた容器の中でもそれをやってしまうほどの肉食系だとは思いもしなかったのです。

　日本のホタルの分類と生態については、古くは神田左京、南喜一郎、羽根田弥太らにより精力的に研究され、近年も大場信義博士や川島逸郎博士らによって研究が進められています。しかしホタルの分類学的・生態学的な研究をする人が日本に最近ほとんどいなくなったのは、残念なことです。

　本書のおしまいには、丁寧なホタルの研究ガイドが紹介されています。これらの多くは日本のホタルを研究するときにも役に立つので、この本を読んで「ホタルって面白い！」と思った皆さんには、ぜひ参考にして日本のホタルで研究をしてみてほしいと思います。きっと、北米のホタルでは絶対に見つからないようなすごい発見が隠されているはずです。なにせ、この小さな島国に五〇種ものホタルが犇《ひし》めいているのですから。

(Athens)

Lloyd, J. E. (1966) "Studies on the flash communication systems of Photinus fireflies." *University of Michigan Miscellaneous Publications* No. 130 (http://deepblue.lib.umich.edu/handle/2027.42/56374)

Luk, S.P.L., S. A. Marshall, and M. A. Branham (2011) "The fireflies." *Canadian Journal of Arthropod Identification* 16 (http://cjai.biologicalsurvey.ca/lmb_16/lmb_16.html)

Majka, C. G. (2012) "The Lampyridae (Coleoptera) of Atlantic Canada." *Journal of the Acadian Entomological Society* 8: 11–29. (http://www.acadianes.org/journal.php)

(http://www.darksky.org/)

野外観察ガイド

E・O・ウィルソンの言葉は、Wilson (1984) の139ページから引用したものです。このガイドのために、素晴らしいホタルの写真を快く提供してくださった写真家の皆様には感謝申し上げます。フォティヌス属、フォトゥリス属およびエリクニア属はCroar.net、ピラクトメーナ・アングラータはStephen Cresswell氏、ピラクトメーナ・ボレアリスはRichard Migneault氏、そしてルシドータ・アトラはPatrick Coin氏の厚意によるものです。

その他の特徴的なホタルやよく似たホタルの写真については、以下のような素晴らしい識別ガイドにもご協力いただきました。

White, R. E. (1998) *A Field Guide to the Beetles of North America*. ホートン・ミフリン・ハーコート刊 (New York, NY.)

「BugGuide」(http://bugguide.net) はアイオワ州立大学による無料のウェブサイトです。昆虫学の発展を願う献身的なチームによって、全米およびカナダ中の生物学者たちがアップロードしてくる昆虫の識別用写真を掲載しています。

Evans, A. V. (2014) *Beetles of Eastern North America*. プリンストン大学出版局刊 (Princeton, NJ.)

世界のホタル識別ガイド

地域のホタルの動物相に対する識別ガイドは、台湾、香港、ポルトガル、中国、そして日本と、世界の各地域で数多く発行されています。ジョン・デイの運営するウェブサイト、「Fireflies and Glow-worms」は、ヨーロッパの属も含め、情報量が大変豊富で役に立ちます。(http://www.firefliesandglow-worms.co.uk)

陳燦榮 (2003)『台灣螢火蟲』田野影像出版社刊、(Taipei City, Taiwan) (中国語)

De Cock, R., H. N. Alves, N. G. Oliveira, and J. Gomes (2015) *Fireflies and Glow-Worms of Portugal (Pirilampos de Portugal)*. Parque Biológico de Gaia刊、(Avintes, Portugal) (ポルトガル語および英語)

付新華 (2014)『中国蛍火虫生態図鑑』、商務印書館刊 (Beijing) (中国語)

Ohba, N. (2004)『ホタル点滅の不思議』横須賀市自然・人文博物館発行 (Yokosuka, Japan) (日本語)

饒戈 (2012)『香港螢火蟲』香港昆蟲學會発行、(Hong Kong) (中国語)

以下は大変有益でありますが、驚くことに現在に至るまで、北米に生息するホタルに関する分かりやすい識別ガイドはいまだ発刊されていません。

「Firefly Watch」(https://legacy.mos.org/fireflywatch) ボストン科学博物館による運営サイトで、フォティヌス属、ピラクトメーナ属およびフォトゥリス属の発光シグナルに関する図表が見られます。

Faust, L. (2017) *Fireflies, Glow- Worms, and Lightning Bugs! Natural History and a Guide to the Fireflies of the Eastern US and Canada*. University of Georgia Press刊

(https://www.beyondpesticides.org/assets/media/documents/lawn/factsheets/LAWNFACTS&FIGURES_8_05.pdf)

Ki- Yeol Lee and colleagues (2008) では、農薬や化学肥料が、アジアの普通種であるヘイケボタルのそれぞれのライフステージにいかなる影響を与えているか、実験を行い計測する包括的研究を実施しています。このホタルは、幼虫期を水中で過ごします。遊磨正秀は日本のホタル数が減少する経時変化を分析。水田に散布する農薬の増加がホタルの個体群の減少のひとつの要因になっていると指摘します。これら日本における資料の翻訳については、かつての教え子であり現在は同じ研究仲間であるレイ・カメダ氏の尽力によるものです。

ほたるこい

Erik Laurent (2001) およびAkito Kawahara (2007) は、日本人が昆虫愛好家であることを端的に伝えています。日本文化から感じることのできるホタルに対する深い理解は、Yuma (1993)、Ohba (2004) およびOba and colleagues (2011) からうかがうことができます。

ラフカディオ・ハーン (1850〜1904) は作家であり翻訳家、そして日本の生活や文化の伝達者としてよく知られています。文中に掲げた作品の一部は、アレンとウィルソンによるハーンの作品のアンソロジーとして1992年に再版された『Lafcadio Hearn』の188〜194ページから引用したものです。

Yuma (1995) では、宇治のホタルの歴史をたどっています。ゲンジボタルのメスが深夜に産卵する様子はYuma and Hori (1981) のなかで詳述されています。東京ホタルフェスティバルは、2014年以降の開催は内容の再検討をするとのことです (http://tokyo-hotaru.jp/)。

Spacey, J. (2012, June 14) "Hotaru Festival: A light spectacular in Tokyo." *Japan Talk* (http://www.japan-talk.com/jt/new/tokyo-hotaru-festival)

Iguchi (2009) では、毎年夏に長野県辰野町で開催されるほたる祭りに、他所で人工飼育されたゲンジボタルが移植されている事実を伝えています。

さらに知りたいあなたへ

日本のホタルについて

ジェシカ・オーレック氏の制作、監督による『Beetle Queen Conquers Tokyo』(邦題「東京カブト」) は、日本人の昆虫に対する、特にカブトムシへの愛好ぶりを日常的な視点から描く、2009年のドキュメンタリー映画で、大変興味深いものでした。

東京ホタルフェスティバルはこのビデオで分かるように、人工ホタルが隅田川に放たれ、下町の間を流れていくというものです。(https://vimeo.com/67980309)

ホタルの保護に関するセランゴール宣言

2010年、マレーシアのセランゴールで、ホタルの専門家による国際団体によって起草されたこの宣言は、2014年に更新されました。(https://malaysianfireflies.files.wordpress.com/2014/01/the-selangor-declaration-rev-25nov2014.pdf)

国際ダークスカイ協会

この非営利団体は、「light pollution (光害)」という言葉を広め、夜を守るために活動しています。

響を与えるかが述べられています。またRich and Longcore (2006) では、鳥類の営巣場所の選択や繁殖成功率からサンショウウオの行動および生理的変化に至るまで、人工光がもたらす生態学上の影響について詳細な検討が加えられています。ジム・ロイドによる一章は、周囲の光がホタルにどのような影響を与えるかについて深く掘り下げています。

ホタルの光を目当てに賞金稼ぎ

Pieribone and Gruber (2005, p.101) には、椅子に座ったウィリアム・マッケロイの写真が掲載されています。場所は「分子生物学上の革命以前」のジョンズ・ホプキンス大学。彼の隣には、賞金と引き換えに捕獲された、ルシフェラーゼ抽出前のホタルの山が写っています。私は、子供のころにマッケロイに頼まれてホタルを採集したという人たちに会ったことがあります。彼らはいまだに、夜、ボルチモアの地を勇んで走り回り、ホタルを捕まえ、翌日お金と交換したことを覚えていました。

シグマ・ケミカル・カンパニーのホタル採集活動については、1987年に『シカゴ・トリビューン』紙が報道しており、1993年にはヴァレリー・ライトマンが同じようにウォール・ストリート・ジャーナル紙で伝えています。「Firefly Scientist's Club (ホタル科学者クラブ)」をグーグル検索すれば、採集したホタルを買い取るという新聞の勧誘広告が画面上に現れるでしょう。

UPI (United Press International) 通信社 (1987, August 24) "Pennies from heaven for firefly catchers." シカゴ・トリビューン紙 (http://articles.chicagotribune.com/1987-08-24/business/8703040337_1_fireflies-sclerosis-and-heart-disease-shark-tank)

Reitman, V. (1993, September 2) "Scientists are abuzz over the decline of the gentle firefly." ウォール・ストリート・ジャーナル紙、A1

2015年現在、シグマ-アルドリッチ社のウェブサイトには、依然として多くのホタル由来製品が掲載されています。(https://www.sigmaaldrich.com/)

Gilbert (2003) は、テネシー州モーガン郡で行われた、カリフォルニア州ウィッティア出身のドワイト・サリヴァン牧師が主導するホタル収集活動について述べています。O'Daniel (2014) で報告されたように、2014年の夏、サリヴァンは生きたホタル100匹に対して2ドルを支払っています。私たちはBauer et al. (2013) で、ホタルが個体群を維持し続けることができる収集活動の程度を予測するシミュレーションを行いました。

Gilbert, K. (2003, June 20) "Fireflies light the way for this pastor." *United Methodist Church News* (http://archives.umc.org/umns/news_archive2003.asp?ptid=&story={661B5CCE-59B8-4C1F-8BF3-F0F17B99DDE6}&mid=2406)

O'Daniel, R. (2014, July 16) "Blicking bucks: Scientists will pay for summer's glow." *Morgan County News* (http://www.morgancountynews.net/content/blinking-bucks-scientists-will-pay-summers-glow)

ホタルを襲う、その他の危機

およその農薬散布率は、ウェブサイト「Beyond Pesticide」の数値によります。このウェブサイトは、概況報告書、ニュース、農薬から人間の健康と環境を守る活動などを発信しています。

Beyond Pesticides Fact Sheet (August 2005) "Lawn Pesticides Facts and Figures"

第8章 ホタルの光が消えたら?

暗くなる夏

フロリダに生息するホタルの個体数は減少傾向にあると言います(Keneagy 1993)。ホタルに関するEメールが送信できるウェブサイトも現れました。テキサス州ヒューストン在住の人身被害専門弁護士、ドナルド・レイ・バーガーが1996年に開設したもので(http://www.burger.com/firefly.htm)、多くのホタル関連の有益な情報サイトへリンクできるようになっています。彼は北米全土から送られてくるホタルの数に関する何百という報告を収集し、サイトに掲載し続けています。

Keneagy, B. (1993, September 25) "Lights out for firefly population." オーランド・センチネル紙(http://articles.orlandosentinel.com/1993-09-25/news/9309250716_1_lightning-bugs-fireflies-osceola)

Casey (2008) ではタイにおけるホタルの数の減少が、新唐人電視台(New Tang Dynasty TV)のニュースでは、タイ南部、メークローン川沿いの個体群の減少が伝えられています。

Casey, M. (2008, August 30) "Lights out? Experts fear fireflies are dwindling." USAトゥデイ紙(http://usatoday30.usatoday.com/news/world/2008-08-30-1331112362_x.htm)

新唐人電視台 (2009, June 10) "Fireflies' spectacle coming to an end." (http://www.youtube.com/watch?v=06RHumVQ-e8)

舗装された楽園

ヒューストンのホタルが減りつつあるというジム・ロイドの言葉は、2000年にGrossmanの記事で取り上げられたものです。

Grossman, W. (2000, March 2) "Fireflies are disappearing from the night sky." *Houston Press* (http://www.houstonpress.com/news/lights-out-6586246)

Jusoh and Hashim (2012) では、マングローブの生息環境の破壊がマレーシアの同期するホタル、プテロプティックス・テナーにどのような影響を与えるかが詳述され、Thancharoen (2012) では、タイにおけるホタル観光と保護に関する考察がなされています。

ソニー・ウォンはマレーシアのホタルの適切な観察姿勢について、自身のブログで提言を行っています。(https://malaysianfireflies.wordpress.com/2010/01/20/firefly-watching-ethics/)

本文中の彼の言葉は、シャルミッラ・ガネサンのインタビューから引用しています(Ganesan 2010)。

Ganesan, S. (2010, February 16) "Keeping the lights on." *The Star Online* (http://www.thestar.com.my/Lifestyle/Features/2010/02/16/Keeping-the-lights-on/)

世界に溢れ返る光

David Owen (2007) では、国際ダークスカイ協会について記述しています。

Owen, D. (2007, August 20) "The dark side: Making war on light pollution." *New Yorker* (https://www.newyorker.com/magazine/2007/08/20/the-dark-side-2)

Ineichen and Rüttimann (2012) では、人工光がヨーロッパのグローワーム型ホタルにいかに影

さらに知りたいあなたへ

トム・アイズナーについて

「Web of Stories」

このオンライン上の保管庫には、同時代の偉大な科学者たちのビデオインタビューが保存されています。トム・アイズナーもそのひとり。自らの人生や業績について一部を語っています。「Why Entomologists Eat Bugs: A Firefly Story」の回では、いかにしてフォゲルとふたりで、ホタルが化学物質を使って天敵から身を守っているのを発見したかを語っています（https://www.youtube.com/watch?v=BzHNd5FbR9I）。

2003年に出版された、才能あるコミュニケーターであるアイズナーの『For Love of Insects』では、化学生態学という新たな分野における興味深い話の数々が、自ら撮影した生き生きとした姿の昆虫写真とともに語られます。

Eisner, T.（2003）. *For Love of Insects.* ハーバード大学出版局Belknap Press刊、（Cambridge, MA）

光の軽食：ホタルの捕食

ルイス研究室によるこの短いビデオは、サラ・ルイス、リン・ファウスト、そしてラファエル・デコックによる観察記録で、ホタルがクモや様々な虫たち、そして「ファム・ファタール（フォトゥリス属）」に襲われる様子が見られます。サウンドトラックを演奏するのは科学者によるバンド、グリフセクステットで、ボーカルはラファエル・デコックが担当しています。（http://vimeo.com/28816083）

警告と擬態

ラックストンらは、現在まで明らかにされている動物の不可解な体色や警告シグナル、そして擬態について、多少専門的ではありますが素晴らしい内容をもって、非常に分かりやすく説明しています。

Ruxton, G. D., T. N. Sherratt, and M. P. Speed（2004）*Avoiding Attack: The Evolutionary Ecology of Crypsis, Warning Signals, and Mimicry.* オックスフォード大学出版局刊

1863年の出版当時に大変な人気を博したこの19世紀の傑作は、イギリスの生物学者で昆虫採集家でもあるヘンリー・ウォルター・ベイツが、アマゾン流域の旅行の様子を年代順にまとめたものです。彼の語り口は魅力的で、その知識も自然史、地理学、民俗学と幅広い分野にわたるものでした。チャールズ・ダーウィンも彼の信奉者のひとりで、この著作を「イギリスで発行された生物学に関する旅行記のなかの最高傑作」と評しています。150年を経た今でも、真似のできないほど素晴らしい詩的な文章です。

『アマゾン川の博物学者』ヘンリー・ウォルター・ベイツ著、長沢純夫・大曽根静香訳、新思索社、2002年

(Fu et al. 2009)。スモーキー山脈の華やかなライトショーのかたわらで展開される暗部については、Lewis et al. (2012) で述べられています。

警告表示の進化

アルフレッド・ラッセル・ウォレスは熱帯地方で何年も野外観察に時間をかけたことで、ダーウィンよりも容易に警告色の存在に気づきました。ウォレスはこうした不可解な体色、警告表示および擬態について、1867年に発表した論文(章中の引用はこの論文の9ページ)で述べています。ウォレスは1889年の自然淘汰に関する著作のなかで、「危険フラッグ」という言葉を用いました(232ページ)。引用したダーウィンの言葉は、彼が自宅でウォレス宛てに書いた、1867年2月26日付の手紙の一節です(F. Darwin 1887, p. 94)。

De Cock and Matthysen (2001) では、ホタルの体色はムクドリにとって警告として機能していることが示されました。このほかの研究では、光には、カエル(De Cock and Matthysen 2003)、ネズミ(Underwood et al. 1997)、クモ(Long et al. 2012)、コウモリ(Moosman et al. 2009)がホタルを避けるための警告色として認識させる力をもっていることが証明されています。

ホタルのそっくりさん:美味いか毒か?

ベイツは自身の旅行と生物観察について、何度も手紙に書いています(「さらに知りたいあなたへ」の項を参照)。彼の言葉は、アマゾンのチョウに見られる擬態を取り上げた1862年の論文から引用しています(Bates 1862, 507)。

ホタルの擬態を写した図7-3の写真は(左上から時計回りに)、ゴキブリの一種(チャバネゴキブリ科)、ゲンセイの一種(ツチハンミョウ科) *Pseudozonitis* sp. (写真提供: Mike Quinn, Texas-Ento.net)、カミキリムシの一種(カミキリムシ科) *Hemierana marginata* (Patrick Coin撮影)、ベニボタルの一種(ベニボタル科) *Plateros* sp. (Gayle and Jeanell Stickland撮影)、ガの一種(Shirley Sekarajasingham撮影)、ジョウカイボンの一種(ジョウカイボン科) *Rhagonycha lineola* (Mike Quinn撮影)

吸血ホタル

「ファム・ファタール(フォトゥリス属)」による巧妙な擬態は、Lloyd (1965, 1975, 1984) に示されています。アイズナーらは、フォトゥリス属のメスが自己防衛のため、獲物の持つ有毒なルシブファジンを没収し蓄積していくことを明らかにしています(Eisner and his colleagues 1997)。彼らは、魔性の女たちが蓄えているルシブファジンのほとんどは獲物から奪い取ったものである一方で、研究室で飼育された、フォティヌス属と遭遇したことのないフォトゥリスに属の個体は、ルシブファジンがほとんど見られないことを発見しました。Andres González and his colleagues (1999) によれば、フォトゥリス属の幼虫はベタインと呼ばれる化学物質を体内に持ち、成虫になってもこれを維持しているため、ある程度までは天敵から身を守ることができると言います。さらにメスは、獲物から奪い取ったルシブファジンを濃縮したものを卵に分配していることも分かっています。

Lloyd and Wing (1983) およびWoods and colleagues (2007) では、フォトゥリス属による狩りの様子が詳述されており、Faust and colleagues (2012) では、夜中の盗み行為が報告されています。

ことでいかに複雑な集団的行為が生まれるかが取り上げられています。これに関するエピソードは、生物学者のジョン・バック、エリザベス・バック夫妻や数学者のスティーヴン・ストロガッツのインタビューによるものです。(http://www.radiolab.org/story/91500-emergence/)

第7章 悪意に満ちた誘惑

愛する昆虫たち

アイズナーの言葉は、「Web of Stories」プロジェクト(以下「さらに知りたいあなたへ」の項を参照のこと)の一環として2000年に行われたインタビュー、あるいは2003年のNPR(ナショナル・パブリック・ラジオ)インタビューから取ったものです。

それ以外は2008年にコーネル大学を訪問した際、個人的に交わした会話によります。

Eisner, T. (2003)、ナショナル・パブリック・ラジオの「All Things Considered」でロバート・シーゲルによって行われたインタビュー。2003年11月18日放送。(http://www.npr.org/templates/story/story.php?storyId=1511501)

朝ごはんにホタルは? だめだめ!

「Web of Stories」のビデオに加え、アイズナーは『For Love of Insects(愛する昆虫たち)』(Eisner 2003)を上梓しており、その人気の科学書籍のなかで、可愛らしいフォゲルの話を語っています。

ジム・ロイドは、一世紀以上にわたって伝わる、どんな生き物がホタルを食べ、どんな生き物がホタルを嫌うかという事例証拠を集めてきました(Lloyd 1973)。Knight and colleagues (1999)では、アゴヒゲトカゲがホタルによって無残な死を遂げたという事例が詳しく報告されています。Moosman et al. (2009)ではコウモリ研究が行われていますが、これはアメリカ東部で多くのコウモリが死滅した白い鼻症候群が大流行する2007年以前に実施されたものです。

化学兵器

ルシブファジンと呼ばれる化学防御兵器は、トム・アイズナーらにより、三種類のフォティヌス属の成虫から特定されました(Tom Eisner and his colleagues 1978)。

ホタルたちは、それぞれ異なる味のステロイド性ピロンをつくり出します。ルシブファジンはまた、昼行性ホタルのルシドータ・アトラ(Gronquist et al. 2006)やラムピリス・ノクチルカの幼虫(Tyler et al. 2008)にも見られます。Day (2011)はそうしたホタルの防衛戦略に対し、再検討を加えています。Gao and colleagues (2011)では、ブファディエノリド類の薬理効果が述べられ、Banuls et al. (2013)では、これら35種の化合物における抗腫瘍活性について検討しています。

多面的な防衛戦略

反射出血はフォティヌス・ピラリスで初めて認められ(Blum and Sannasi 1974)、以来そうした現象は、マドボタル属(*Pyrocoelia*)、ホタル属(*Luciola*)、オバボタル属(*Lucidina*)など、他のホタル属でも報告されています。ホタルの幼虫に備わる、飛び出す防衛腺についてはXinhua Fu and his colleagues (2007)で詳述されていますが、反射出血と同様にいくつかの種でも確認されています

科学界の秘密

オランダの動物行動学者であり鳥類学者であるニコ・ティンバーゲン（1907〜1988）は、1973年に動物の行動に関する発見によりノーベル生理学・医学賞を受賞しました。1963年に発表した論文は、コンラート・ローレンツの60回目の誕生日に捧げたものでした。私自身は、本章で触れたジム・ロイドとジョン・バックによる科学的対立は、ふたりの間の私的な会話ややり取りが原因だと考えています。バック夫妻は、オスの一団が同期することでいかなる恩恵をうけているのかという点に着目し（Buck and Buck 1978）、一方のロイドは、同期することがその個や団体にいかなる利益をもたらすのかという点に着目しています（Lloyd 1973b）。Faust（2010）では、フォティヌス・カロリヌスのオスは全体のなかでは同期して明滅しながら、個としてメスに近づくときには自由に光を放つように切り替わることが述べられています。Case（1980）では、プテロプティックス属の「ホタルの木」の中で起こっている行動生態学をつぶさに報告しています。

さらに知りたいあなたへ

生物発光について

生物が光を放つ様子には、大いに興味をかきたてられます。ジェームズ・キャメロンが監督、脚本を務め、2009年に封切られたSF映画『アバター』は、パンドラと呼ばれる架空の世界にすむ生物発光する生き物たちの物語として知られています。生物発光における二大権威であるテレス・ウィルソンとウッディ・ヘイスティングスは、ホタルを含めたさまざまな発光生物の発光反応について詳しく解説しています。

Wilson, T., and J. W. Hastings（2013）*Bioluminescence: Living Lights, Lights for Living.* ハーバード大学出版局刊、（Cambridge, MA.）

「The Bioluminescence Web Page」（http://www.lifesci.ucsb.edu/~biolum/）では、あらゆる発光する生物が紹介されています（カリフォルニア大学サンタバーバラ校による管理運営）。

同期について

著名な数学者で受賞歴をもつ科学コミュニケーターでもあるスティーヴン・ストロガッツは、いかに数千というホタル、拍動ペースメーカー細胞、超電導などが、リーダーや指揮者がいなくても同期という行為を行うのかを、一般読者に対して平易に説明します。

『SYNC：なぜ自然はシンクロしたがるのか』（スティーヴン・ストロガッツ著、蔵本由紀監修、長尾力訳、早川書房、2014年）

生物学者、マイケル・グリーンフィールドは、昆虫が互いのコミュニケーションを図るために利用する音響、化学、振動、視覚または生物発光によるシグナルについて詳細に観察を行うとともに、ホタル、コオロギ、セミのオスたちが集団で同期する方法や理由についても調査しています。

Greenfield, M.（2002）*Signalers and Receivers: Mechanisms and Evolution of Arthropod Communication.* オックスフォード大学出版局刊、（New York, NY.）

ラジオ放送

2005年2月18日のラジオラボでは、ホタルが同期するのを例に、個人がシンプルなルールに従うが行われました。Yuichi Oba and his colleagues（2008）では、さまざまな非発光性の甲虫について、そのルシフェリンの有無を測定しました。またLynch（2007）では、ヘビが毒をもつように進化してきた過程での遺伝子重複の役割が詳述されています。外適応を予見するようなダーウィンの言葉は、『種の起源』（1859）の190ページ（訳書同上247ページ）からの引用です。

ホタルを利用する

ホタルが光を作り出す能力をいかに実用化するかは、Weiss（1994）、Rosellini（2012）およびAndreu and colleagues（2013）に述べられています。

Weiss, R.（1994, August 29）. "Researchers gaze into the（insect）light and gain answers." ワシントン・ポスト紙、A3

光の明滅を制御する

ジョン・バックの略歴はCase and Hanson（2004）、および『ニューヨーク・タイムズ』紙の追悼記事によります。

Pearce, J.（2005, April 3）"John B. Buck, who studied fireflies' glow, is dead at 92." ニューヨーク・タイムズ紙（http://www.nytimes.com/2005/04/03 /science/john-b-buck-who-studied-fireflies-glow-is-dead-at-92.html）

発光器内部への旅

ホタルの発光器内部の詳細な構造については、Buck（1948）およびGhiradella（1998）で述べられています。ヘレン・ギラデラ（Helen Ghiradella）はホタルの発光器の生体構造における専門家ですが、同時に優れたアーティストでもあり、彼女の絵を見れば光を生み出す不思議な内部構造が理解できます。図6-2は許可を得て、Ghiradella（1998）のものに変更を加えています。

ホタルの照明スイッチを見つける

私たちは、ホタルが発光を制御する際に一酸化窒素が一定の役割を果たしていることを発見。これについてはTrimmer et al.（2001）で述べられています。体内の空気管が酸素供給を制御できる構造をしていると考えられますが、これに対する補完的仮説がGhiradella and Schmidt（2008）で提示されています。

同期させる

Smith（1935）では、残念ながら交尾とは無縁の行動であると誤った結論を導いているものの、実際に観察したタイの同期するホタル（プテロプティックス属）の様子が詳述されています。

バック夫妻はタイを訪れ、どうやってプテロプティックス・マラッカエが同期して明滅するのかという点に対し、初めて科学的なアプローチを行いました（Buck and Buck 1968）。エリザベス・バックの言葉は、2005年2月18日にRadiolabのポッドキャスト、「Emergence」で確認したものです。ジョン・バックは50年にわたり行ってきた、ホタルが同期して光るメカニズムに対する科学的研究を両脇から支えるように、二度にわたって同期の根底にある異なる生理学的メカニズムに関する調査を実施しています（Buck 1938, 1988）。また後者においては、同期して光るいくつかのタイプのホタルに対して、地理学的および分類学的な区分を行っています。

Sexes in the Animal Kingdom."プリンストン大学出版局刊（Princeton, NJ）

マット・サイモンは、生きている姿ではありませんがチョウチンアンコウの写真（ビデオもあります）が豊富に載った、チョウチンアンコウの性に関する記事を掲載しています。

Simon, M.（2013, November 8）"Absurd creature of the week: the anglerfish and the absolute worst sex on Earth." Wired誌（http://www.wired.com/2013/11/absurd-creature-of-the-week-anglerfish/）

デュポン州立森林公園

ノースカロライナ州にあるデュポン州立森林公園はヘンダーソンビルとブレバードの間にあり、下記の記事を読めばその歴史を知ることができます。かつての製造工場の跡地を含むデュポン州立森林公園は4,200ヘクタールの自然保護区を取り囲んでおり、5月にはブルーゴーストが見られる絶好のポイントになります。

Summerville, D.（2011）"Southern Lights: Blue Ghost Fireflies." *Our State: North Carolona*（http://www.ourstate.com/lightning-bugs/）

さらにブルーゴーストについて

以下のふたつの論文を読めば、現在私たちがブルーゴーストについて何を知っているのかが分かります。私たちが作成した2014年の論文には、ブルーゴーストの交尾行動に関する補足的なビデオが含まれています。（http://journals.fcla.edu/flaent/article/view/8383）

Frick-Ruppert, J., and J. Rosen（2008）"Morphology and behavior of *Phausis reticulata*（Blue Ghost Firefly）." *Journal of North Carolina Academy of Science* 124: 139-47.

De Cock, R., L. Faust, and S. M. Lewis（2014）"Courtship and mating in *Phausis reticulata*（Coleoptera: Lampyridae）: Male flight behaviors, female glow displays, and male attraction to light traps." *Florida Entomologist* 97: 1290-307

第6章　光を生み出す

光を生み出す化学反応

生物発光の化学については、ウィルソンとヘイスティングスが、その概要をまとめています（Wilson and Hastings, 1998, 2013）。ルシフェラーゼの解説は、RCSB（構造バイオインフォマティクス研究共同体）等が運営するPDB（蛋白質構造データバンク）のディビッド・S・グッドセル博士による2006年6月の「今月の分子」によります（http://dx.doi.org/doi:10.2210/rcsb_pdb/mom_2006_6）。Niwa and colleagues（2010）による計測では、ホタルの生物発光の量子収量は40パーセントから60パーセントであることが明らかになりました。

進化するホタルの光

Viviani（2002）およびOba（2015）では、いかに甲虫目のルシフェラーゼが進化してきたか再検討

colleagues (2013) では、時間に対する知覚はその生命体の大きさと代謝率によるもので、この考えは異なる脊椎動物を系統比較することで得られると述べています。

性的二型

チョウチンアンコウの性に関する細部にまでわたる調査は、チョウチンアンコウの世界的権威によって書かれた記事、Ted Pietsch (2005) で確認することができます。South and colleagues (2011) では、ホタルのメスが飛べる能力を有しているかどうかは、オスの婚姻ギフトと関連しているという私たちの発見が紹介されています。

キング・オブ・グロー（発光の王）

聖ヨハネの日の前夜祭とグローワーム型ホタルの文化的関連性は、ラファエル・デコックが行ったヨーロッパのホタルの行動と生物学の再考察（De Cock 2009）のなかで詳細に述べられています。本章におけるデコックの経歴は、2011年から2013年の間に行ったインタビューに基づくものです。De Cock and Matthysen (2003) では、生物発光がヒキガエルに対する警告シグナルとして機能しているとする研究結果がレポートされています。さらにまたDe Cock and Matthysen (2005) では、小さなヨーロッパにいるグローワーム型ホタルのメスが、フェロモンを使ってオスを惹きつけている証拠が提示されます。

幽霊のような光と、幻の匂い

Frick- Ruppert and Rosen (2008) では、ブルーゴーストにおける生態および行動が述べられています。文中の妖精に関する言葉は、「Blue Ghost Post」と呼ばれるブログにアップされた、リー・シンクレアとドン・ルイスのサウスカロライナのホタルの森について述べた記事から引用したものです。

Blueghoster. (2010, April 6). "Saints, Sanctuaries, and The Blue Ghosts」."
（http://blueghostpost.blogspot.com/2010/04/saints-santuaries-and-blue-ghosts.html）

私たちのブルーゴースト研究を取り上げた科学論文は、De Cock and colleagues (2014) のなかで見ることができます。ソムヨット・サイラロム博士は私に、ランプリゲラ・テネブロッサスのメスが卵を守る行動をとることを教えてくれました。ホタルの近縁なイリオモテボタル（*Rhagophthalmus ohbai*）の研究によれば（Hosoe et al. 2014）、生物発光し卵を守るメスは、卵が土壌微生物の影響を受けないよう揮発性化学物質を発しているとしています。

さらに知りたいあなたへ

グローワームの歌

一九五二年にミルス・ブラザースによって録音された「Glow Little Glow-Worm」はこちらから視聴することができます。（http://www.youtube.com/watch?v=2zOoAPn3OjQ）

性的二型

カリフォルニア大学リバーサイド校の進化生物学者であるダフネ・フェアベアンが著したこの信頼のおける本は、ゾウアザラシ、ニワオニグモ、フジツボ、アンコウなど、雌雄間の大きさが特に異なる特定の種が存在するその原因と結果を取り上げています。

Fairbairn, D. J. (2013) "Odd Couples: Extraordinary Differences between the

数の多いメスほど多くの卵を産むことも明らかになりました（Rooney and Lewis 2002）。さらに、フォティヌス・グリーニでは、大きなギフトをもらったメスほど長生きをするという恩恵があることも分かりました（South and Lewis 2012）。

Cratsley and Lewis (2003) では、フォティヌス・イグニトゥスにおけるオスの発光時間と精包の間にはある種の相関関係があることを突き止めました。どうやらメスは、オスの光を見ることで、どれくらいの大きさのギフトを与えてくれるのかがわかるようです。しかしながら、フォティヌス・グリーニでも同様に調べたところ、そうした相関関係は見られませんでした（Michaelidis et al. 2006）。

さらに知りたいあなたへ

動物の婚姻ギフト

以下の短い記事には、動物界に見られる驚くほど多様な婚姻ギフトが紹介されています。

Lewis, S. M., A. South, N. Al- Wathiqui, and R. Burns (2011) "Quick guide: Nuptial gifts." *Current Biology* 21: 644–45.（http://www.sciencedirect.com/science/article/pii/S096098221100604X）

バレンタインの日に電子版『Wired』誌上に公開された、ブランドン・ケイムの手になるこの卓越した記事には、動物の婚姻ギフトがわかりやすく生き生きと描かれています。

Keim, B. (2013, February 14) "Freaky ways animals woo mates with gifts." Wired誌（http://www.wired.com/2013/02/valentines-day-animal-style/）

オランダの生物学者でサイエンスライターであるメノ・スヒルトハウゼンが書いた以下の書籍は情熱的でありながら明解、ユーモアにも富んでおり、実に得るところの多い二冊です。そのうちの一冊、『ダーウィンの覗き穴：性的器官はいかに進化したか』では、フジツボ、ナメクジ、類人猿などの生殖器官について詳述し、交尾後の性選択によって進化してきた動物の生殖器がいかに奇妙で変わったものであるかを説明しています。それ以前に発行された『Frogs, Flies, and Dandelions』では、新たな種がいかにして現れたかを歴史的視点からアプローチし、その種分化のプロセスで性選択がどのような役割を果たしたのかを詳しく探っています。

『ダーウィンの覗き穴——性的器官はいかに進化したか』（メノ・スヒルトハウゼン著、田沢恭子訳、早川書房、2016年）

Schilthuizen, M. (2001) *Frogs, Flies, and Dandelions: Speciation—The Evolution of New Species*. オックスフォード大学出版局刊（Oxford）

第5章　大空を翔る夢

環世界へ

1934年、生理学者、ヤーコプ・フォン・ユクスキュルは、異なる動物の知覚的、感覚的世界を探索する魅力あふれる論文を発表。彼の唱える環世界の概念をその中で説明しています。Healya and

ニューヨーク・タイムズ紙（http://www.nytimes.com/1990/08/21/science/mating-for-life-it-s-not-for-the-birds-of-the-bees.html）

精子における愛と戦い

優れた進化生物学者であるリー・シモンズは、精子間競争理論およびメカニズムに対する包括的見直しを行いました（Simmons 2001）。オスの生殖器とスイスアーミーナイフに関する引用はLloyd（1979b）pp.22によります。

Waage（1979）ではハグロトンボ（*Calopteryx maculata*）が行う精子回収について、またヨーロッパカヤクグリ（*Prunella modularis*）が総排泄腔をくちばしで突いて精子を排泄させる行動についてはDavies（1983）で報告されています。メスが密かに父性選択を行うことで性選択が行われているという証拠は、Eberhard（1996）およびPeretti and Aisenberg（2015）に提示されています。

愛の塊

フォティヌス属の婚姻ギフトについてはvan der Reijden and colleagues（1997）で、日本のホタルについてはSouth and colleagues（2008）で報告されています。

最高の贈り物を求めて

様々な婚姻ギフトについては、その進化上の原因、結果とともに、Lewis and South（2012）、およびLewis and colleagues（2014）のなかで詳述されています。Albo and colleagues（2011）によれば、意味のない（食べられない）ギフトを贈るフシギキシダグモ（*Pisaura mirabilis*）のオスは、食べられるギフト（ハエの死骸など）を贈るオスと比べて交尾の成功率はそう変わらないものの、メスはギフトの中身が食べられないものだと分かった途端に交尾をやめるため、そうしたオスは精子間競争では不利な立場に立つことになります。科学生態学者であるトム・アイズナーとジェリー・マインワルドは、装飾的な模様を持つヒトリガ（*Utetheisa ornatrix*）が、どうやって幼虫の時に食べていた植物から苦味をもつアルカロイドを体内に蓄積し、さらにメスに婚姻ギフトとして譲り渡すのかという驚くべき事実について述べています（Eisner and Meinwald 1995）。Koene（2006）では、カタツムリの交尾の間に生じるある特別な行為について解明がなされました。

オスの性行動経済学

私たちは、ホタルのオスは婚姻ギフトをつくり出すのに大きな犠牲を払わねばならないという見解に対して検証を行いました（Cratsley and colleagues 2003）。また、オスはギフトが大きければ大きいほど、子孫における父性の確率が高まることを発見しました（South and Lewis 2012）。

華やかな光と宝物：それがメスにもたらすものは？

Yoshizawa and colleagues（2014）では、栄養素が乏しい環境下でいかに婚姻ギフトが貴重な意味をもつのかを、ブラジルの洞窟に生息するトリカヘチャタテを例に説明しています。実はこのメスは、オスの婚姻ギフトを奪い合うために交尾器官を進化させてきたのです。

Lewis and colleagues（2004）中で説明していますが、ほとんどが成虫になると食べることをやめてしまうホタルにとって、経済行動上、婚姻ギフトを贈ることは大変重要な意味があります。私たちは放射性標識法を使った実験により、メスは、オスからもらったギフトのなかのタンパク質を卵に供給していることを突き止めました（Rooney and Lewis 1999）。フォティヌス・イグニトゥスでは、交尾の回

1997年より2003年にかけてジム・ロイドは、オープンアクセスのオンラインジャーナル『Florida Entomologist』に、"On Research and Entomological Education(調査および昆虫学教室)"と題する記事を連載しました。一見とりとめのない生徒への書簡という体裁をとっていますが、そのなかにはホタルに関する昆虫学や野外調査に関するアイデアがぎっしり詰まっています。

Lloyd, J. E. (1997) "On research and entomological education, and a different light in the lives of fireflies (Coleoptera: Lampyridae; Pyractomena) . " *Florida Entomologist* 80: 120–31 (http://journals.fcla .edu/flaent/article/view/74752)

Lloyd, J. E. (1998) "On research and entomological education II: A conditional mating strategy and resource- sustained lek (?) in a classroom firefly (Coleoptera: Lampyridae; Photinus)." *Florida Entomologist* 81: 261-72. (http://journals.fcla.edu/flaent/article/view/74829)

Lloyd, J. E. (1999) "On research and entomological education III: Firefly brachyptery and wing "polymorphism" at Pitkin marsh and watery retreats near summer camps (Coleoptera: Lampyridae; Pyropyga)." *Florida Entomologist* 82: 165-79. (http://journals.fcla.edu /flaent/article/view/74877)

Lloyd, J. E. (2000) "On research and entomological education IV: Quantifying mate search in a perfect insect- seeking true facts and insight (Coleoptera: Lampyridae, Photinus) . " *Florida Entomologist* 83: 211-8. (http://journals.fcla.edu/flaent/article/view/59545)

Lloyd, J. E. (2001) "On research and entomological education V: A species (c)oncept for fireflyers, at the bench and in old fields, and back to the Wisconsian glacier." *Florida Entomologist* 84: 587-601. (http://journals.fcla.edu/flaent/article/view/75006)

Lloyd, J. E. (2003) "On research and entomological education VI: Firefly species and lists, old and now." *Florida Entomologist* 6: 99-113. (http://journals.fcla.edu/flaent/article/view/75180)

第4章 この宝もて、我汝を娶る

光が消えた後

1990年、ナタリー・アンジェはニューヨーク・タイムズ紙で一夫一婦制の崩壊を取り上げました。予想もしなかった科学の分野における「一雌多雄改革」は、Pizzari and Wedell (2013) で検証されています。野生のフォティヌス属の一雌多雄については、Lewis and Wang (1991) に詳述されています。

Angier, N. (1990, August 21) "Mating for life? It's not for the birds or the bees."

で行われたプレイバック実験により、フォティヌス属のメスにおける配偶者選択が実証されました。Demary and colleagues (2006) では、メスが選択的に特定のオスに対して光を返し、その結果、反応を受けたオスはより高い繁殖成功度を示していることが明らかにされています。Lewis and Cratsley (2008) では、科学者たちがホタルに関する発光シグナルにおける進化、求愛行動および捕食について発表した事実に対し、技術的な見直しを行なっています。

大逆転

Lewis and Wang (1991) では、時期によりホタルの性比が異なることが、Cratsley and Lewis (2005) では、交尾期の終わりが近づくにつれ、オスは徐々に卵を多く抱えるメスを選ぶようになる事実が、それぞれ述べられています。

さらに知りたいあなたへ

性淘汰に関するさらに詳しい情報

ダーウィンは、1871年に発表した『人間の進化と性淘汰』第二部のなかで、動物の身体と機能を形成する性淘汰の力について詳述しています。この興味深い進化のプロセスにおける原理と構造についておよそのあらましを述べた後、さらに別の章で、性淘汰がいかにして甲殻類、軟体動物、昆虫、両生類、爬虫類、鳥類、さらにはヒトに対して、多くの素晴らしい、そしてときに奇妙なオス固有の特徴をもたらしているかを説明しています。

Darwin, C. (1871) *The Descent of Man and Selection in Relation to Sex*. ジョン・マレー社刊 (London) (http://darwin-online.org.uk/converted/pdf/1871_Descent_F937.2.pdf)

性淘汰に関する優れた説明書として、この他に二冊挙げることができますが、いずれもダーウィンのものよりも短く、ウィットに富んでいるのが特徴です。そのうちの一冊、オリビア・ジャドソンの著作は、恋に悩む甲虫、ナナフシ、シュモクバエ、ネズミ、マナティーを対象とした性に関する人生相談という愉快な形式をとりながら、性淘汰における進化の結果として生まれた奇妙な構造や行動について詳しく説明しています。

『ドクター・タチアナの男と女の生物学講座』(オリヴィア・ジャドソン著、渡辺政隆訳、光文社、2004年)

Cronin, H. (1993) *The Ant and the Peacock*. ケンブリッジ大学出版局刊 (New York, NY.)

ジム・ロイドと行くホタルの足跡を追う旅

ジム・ロイドは米国のフォティヌス属に関するモノグラフで、その地理的分布および生息分布、求愛における光の使い方などについて詳しく説明しています。このモノグラフはオンラインで自由に手に入れることができます。

Lloyd, J. E. (1966) "Studies on the flash communication system in *Photinus* fireflies." *University of Michigan Miscellaneous Publications* 130: 1–95. (http://deepblue.lib.umich.edu/handle/2027.42/56374)

りあげています。

Zimmer, C.（2009, June 29）“Blink twice if you like me.” ニューヨーク・タイムズ紙（http://www.nytimes.com/2009/06/30/science/30firefly.html）

フォティヌス・グリーニの求愛行為は、Demary and colleagues（2006）およびMichaelidis and colleagues（2006）で詳述されています。

光る軽食

ロイドは数百のフォティヌス・コルストランスのオスを追跡し、彼らがメスを見つける可能性と天敵に出会う可能性とを確認したと報告しています（Lloyd 2000）。ホタルを襲う様々な捕食者は、Lloyd（1973a）、Day（2011）、およびLewis and colleagues（2012）にて詳述されています。

接近遭遇

Lewis and Wang（1991）では、ニューイングランドの二種のホタル、フォティヌス・マルギネルスとフォティヌス・アウイロニウス（*Photinus aquilonius*）の求愛及び交尾行動を深く掘り下げて研究しています。

戦利品は勝者のもの

トリヴァーズは、雌雄の性的行動の相違は、両者における親の投資の非対称性が原因であると唱えました（Trivers 1972）。生物学者のダリル・グウィンらは、全く選り好みをしないジュロディモルファ・バケルヴェリ（*Julodimorpha bakervelli*）のオスの発見に対してイグノーベル賞〔*訳注：1991年に創設された「人々を笑わせ、そして考えさせてくれる研究」に対して与えられるノーベル賞のパロディー〕を受賞。この選り好みをしないオーストラリアの甲虫目のオスは、しばしば道端に捨てられたビール瓶とさえ交尾をすると言われています（Gwynne and Rentz 1983）。

エリカ・ダイネルトはコスタリカで、毒蝶のヘリコニウスが配偶者防衛する様子を見せてくれました。Faust（2010）では二種のホタル、フォティヌス・カロリヌスとピラクトメーナ・ボレアリスが交尾をしようと蛹から現れるメスを待ち構える、ある種の配偶者防衛が詳述されています。

Maurer（1968）、Vencl and Carlson（1998）、Faust（2010）で述べられているように、フォティヌス属が交尾相手を探すには、かなり厳しい競争を勝ち抜かなければなりません。プテロプティックス属のオスは交尾の間中、メスの腹部を自らの鞘翅でしっかりと覆うのですが、Wing and colleagues（1982）では、この鞘翅が鉤状に曲がっていることが報告されています。またLloyd（1979a）には、異性の相手を探すことができなかったオスが、ときおりメスの反応を真似て発光する事実が述べられています。

淑女のお好み

ダーウィンの言葉は、性淘汰とは何かを詳述する彼の著書『人間の進化と性淘汰』（1871）のパートII、38ページ（訳書『人間の進化と性淘汰II』長谷川眞理子訳、文一総合出版、2000年、175ページ）から引用しました。

フィッシャーはメスの配偶者選択が、例えばクジャクの羽のような、いかに大げさに誇張された身体の一部を形成する引き金になりえるかを、初めて具体的に説きました。Branham and Greenfield（1996）、Cratsley and Lewis（2003）、そしてMichaelidis and colleagues（2006）

ヨーロッパで普通に見られるグローワーム型ホタルの一生と時間

ラムピリス・ノクチルカのライフスタイルは、才能あるふたりの科学者が著した以下の二冊の本のなかで生き生きと語られています。下段の書籍は、フランスの著名な昆虫学者、J. アンリ・ファーブルが後半生で著した一冊です。当時の傾向を反映してか、文体はやや装飾的ですが、楽しく読み進めることができるでしょう。

John Tyler (2002) *The Glow- worm*. 私刊

Fabre, J. H. (1924) *The Glow- worm and Other Beetles*. ドッド・ミード＆カンパニー刊 (New York, NY.)

The UK Glow Worm Survey（英国グローワーム調査団体）

この非公式団体は、1990年にロビン・スキャゲルによって、イギリス全土のグローワーム型ホタルの生息情報を集めることを目的に設立されたものです。ウェブサイトでは、これらグローワーム型ホタルの生物学および保護状況に関する情報だけでなく、各種資料や書籍のリンク先まで知ることができます。(http://www.glowworms.org.uk/)

"Earth- Born Stars: Britain's Secret Glow- Worms"

クリストファー・ジェントによって製作されたこの刺激的なショートフィルムは、カタツムリを食べる幼虫の姿やメスの求愛行動の様子、生育地域の減少危機など、イギリスで最も愛されながら依然として謎の多いこの昆虫について、様々なことを教えてくれます。(https://vimeo.com/31952006)

第3章 草中の輝き

ホタルひとすじ

ジム・ロイドが取り組んだ博士論文の主要テーマはフォティヌス属で (Lloyd 1966)、その地理上の生息分布や求愛行動などを取りあげていました。本文中の図3-1がこのときの口絵で (ミシガン大学動物学博物館による掲載許諾済み)、以下に記載したフォティヌス属のオスの飛行経路と発光パターンを見事に表しています。(1) コンシミリス (発光速度はゆっくり)、(2) ブリムレイ (*brimleyi*)、(3) コンシミリス (発行速度は速い) とカロリヌス (*carolinus*)、(4) コルストランス (*collustrans*)、(5) マルギネルス、(6) コンサングィネウス (*consanguineus*)、(7) イグニトゥス、(8) ピラリス、(9) グラヌラトゥス (*granulatus*)

定義できないものを定義する

チャールズ・ダーウィンの引用は、彼が親友である植物学者ジョセフ・フッカーに送った私的書簡の一節です。

Darwin, C. R., よりJ. D. Hookerに対する書簡 (1856年12月24日)、Darwin Correspondence Database (http://www.darwinproject.ac.uk/entry-2022)

夜の中に出かけよう

カール・ジンマーは、受賞したニューヨーク・タイムズ紙の記事のなかで、私たちのホタル研究を取

卑しき生まれ

フェリス・ジャブルは、昆虫がいかにそのライフスタイルを複雑なものに進化させてきたかを明快に述べるとともに、歴史の視点から変態を捉えることで、昆虫に対する私たちの理解を促してくれます。

Jabr, F. (2012, August 10) "How did insect metamorphosis evolve?" *Scientific American online* (http://www.scientificamerican.com/article/insect-metamorphosis-evolution)

ラムピリス・ノクチルカの幼虫の習性は、その多くがジョン・タイラーのパンフレット(Tyler 2002)によるものです。

彼らの光はノーの意味

Branham and Wenzel (2001) では、ホタルの祖先は、まず幼虫の段階で警告表示のために生物発光が生じたとする系統学的証拠を提示しています。

創造的即興性：進化するホタルたち

ダーウィンの『種の起源』(1859) 84ページ(訳書『種の起源』八杉龍一訳、岩波文庫、1990年、上巻106ページ)より、多くの人が自然淘汰に関する最も詩的な表現だとする箇所を引用しました。

同期する光のシンフォニー

昆虫のなかには求愛シグナルを送る際、互いに同期するよう進化してきた種が存在しますが、Greenfield (2002) ではその理由に対する様々な仮説が的確にまとめられています。ヴェンツルとカールソンは、フォティヌス・ピラリスのメスは、光のはっきりしたシグナルを好んで光を返すことを発見しました(Vencl and Carlson 1998)。モイセフとコープランドはフォティヌス・カロリヌスの同期のメカニズムについて調査を行い(Moiseff and Copeland 1995)、同種のメスは、同期しないオスよりも同期するオスに対してより反応することを発見しました(Moiseff and Copeland 2010)。

さらに知りたいあなたへ

Darwin Online

2002年にジョン・ヴァン・ワイヘ博士(Dr. John van Wyhe)が開設したこのサイトは、ダウンロード可能な電子テキストや画像ファイルとともに、チャールズ・ダーウィンの著作、観察ノート、日記や、その他の様々な原稿を公開しています。(http://darwin-online.org.uk/)

ダーウィン関連書

著名な生物学者でありピューリッツアー賞作家でもあるE・O・ウィルソンは、ダーウィンの著名な四つの作品を、美しい挿絵のある手ごろな価格の一冊の本にまとめました。四つの作品とは、『ビーグル号航海記』(1845)、『種の起源』(1859)、『人間の進化と性淘汰』(1871) および『人間及び動物の表情』(1872) です。ウィルソンはそのあとがきのなかで、科学的信念と宗教的信念の違いについて慎重な分析を加えています。

E・O・ウィルソン編集(2002)、*From So Simple a Beginning: Darwin's Four Great Books*. W・W・ノートン刊、(NewYork, NY)

さらに知りたいあなたへ

TEDトーク「サイレントスパークス」

忙しくて本書を通して読むだけの時間がないという方には、まず私の出演しているTEDトークをご覧ください。ホタルの話を14分間に凝縮した内容になっています。その後で本書を手に取り、より深いホタルの世界に飛び込んでいただくことをお勧めします。(https://www.ted.com/talks/sara_lewis_the_loves_and_lies_of_fireflies?language=ja)

Firefly Watch

ボストン科学博物館が主催する市民科学プロジェクトに参加し、地域のホタルに対してあなたが行っている活動をレポートしましょう。ホタルについてさらに学ぶことができます。(https://legacy.mos.org/fireflywatch/)

The Fireflyer Companion

ホタル研究者のジム・ロイドは生物学におけるホタルの認知度を向上させようと、1993年から1998年にかけて『The Fireflyer Companion』というニュースレターを発行しました。ホタルに関する出来事や深い考察、詩、時にはクロスワードパズルに至るまで、ホタルのあらゆる情報が詰まったこの私的なニュースレターは、時にはとりとめなく思えるほど多岐にわたっていますが、彼の幅広いコミュニケーションスタイルをよく表しているとも言えます。このニュースレターは、「Silent Sparks」のブログからもダウンロードすることができます。(http://entnemdept.ufl.edu/lloyd/firefly/)

第2章 スターたちのライフスタイル

スモーキーの懐深く

アパラチア山脈の同期するホタル、フォティヌス・カロリヌスのライフサイクル、習性および求愛行動はFaust (2010) に詳述されています。このエルクモントのホタルの求愛風景が見られる時期、場所およびその方法に関する情報は、アメリカ合衆国国立公園局のウェブサイトで確認できます(http://www.nps.gov/grsm/learn/nature/fireflies.htm)。またフォティヌス・カロリヌスは、サウスカロライナ州のコンガリー国立公園やペンシルベニア州のアレゲーニー国有林などでも見ることができます。

数学者スティーヴン・ストロガッツは自著『SYNC:なぜ自然はシンクロしたがるのか』のなかで、数学的観点からみた同期が起こる根拠と、人工的世界および自然界で同期がどのように表れるかについて、大変楽しくかつ分かりやすい表現を用いて説明しています(Strogatz 2003)。

ジョン・コープランドの発言は下記から引用:

Copeland, J. (1998) "Synchrony in Elkmont: A story of discovery." *Tennessee Conservationist* (5－6月号)

本章で用いた略歴については、2009年、2011年および2013年にリン・ファウストと共に行ったインタビューによります。

参考資料

第1章 サイレントスパークス

不思議の世界

私はこれまで、レイチェル・カーソン（Carson 1965）や、宗教的自然主義を説得力ある筆致で表した生物学者のウルズラ・グッドイナフ（Goodenough 1998）の論文を読み、インスピレーションを受けてきました。

今では多くの人が訪れるホタル観光に関する情報は、以下のニュース記事を参照したものです。台湾、タイ、マレーシアを訪れた観光客のおよその人数は、ツン・ホン・リー博士とのeメール上でのやりとり（台北：2013年12月10日）、Thancharoen 2012 、Nada and colleagues (2009) によります。

Chen, R. (2012, May 19) "In search of Taipei's fireflie." *Taiwan Today*（http://taiwantoday.tw）

Brown, R. (2011, June 15) "Fireflies, following their leader, become a tourist beacon." ニューヨーク・タイムズ紙（http://www.nytimes.com/2011/06/16/us/16fireflies.html?_r=0）

日本の美術、文学および文化におけるホタルの特別な重要性は、遊磨正秀（Yuma 1993)、大場信義（Ohba 2004)、大場裕一ら（Oba and colleagues 2011）により詳述されています。

ホタルとは

甲虫目や双翅目が、およそいつごろこの地球上に誕生したかは、McKenna and Farrell (2009) によります。これらは時代が特定された化石を用いて年代補正された進化系統樹に基づくものです。ホタルの多様性と外来種の導入は、Lloyd (2002, 2008)、Viviani (2001) によります。Maclvor (1964) は、シアトルおよびポートランドの公園へのフォトゥリス属の導入計画について言及しています。Majka and MacIvor (2009) は、ヨーロッパにいるグローワーム型ホタルがいかにして偶発的にノバスコシア州に移殖されてきたかを詳述するとともに、50年後にハリファックス周辺の墓地で、いくつかの個体群が発見された経緯を伝えています。

閃き、光り、香り、愛を探す

あらゆる生物同様、ホタルも遺伝子に種の歴史を刻みこんでいます。Branham and Wenzel (2001 and 2003) では形態学的特徴、Stanger-Hall and colleagues (2007) ではDNA配列をもとに、ホタルの進化の歴史に関する見直しが図られました。ホタルは実に独特な求愛スタイルを進化させてきましたが、その概要はBranham (2005) およびLewis (2009) のなかで述べられています。

くり出す有毒な化学物質。もともとは1933年に海葱《かいそう》から抽出されたもので、これらのステロイド性化合物は少量の場合においては強心薬や抗がん剤としての効果を発揮する。

ベイツ型擬態：有毒（有害）な生物が身を守るために備えている警告シグナルを模倣することで、無毒（無害）な生物が生き残りに有利となるような自然選択による進化的プロセス。

ペルオキシソーム：細胞小器官の一つ。ホタルでは発光細胞の中に多く含まれ、発光反応に関わる成分をその中に保持している。

ホタル科：すべてのホタルが属する甲虫目の科。

ミトコンドリア：すべての真核生物（動物、植物、菌類）の細胞内にあるエネルギー生産工場。この細胞内小器官においてATPが生産される。

ミューラー型擬態：2種以上の有毒（有害）な種同士が、捕食者に対する警告シグナルをお互い似せることで自然選択される進化的プロセスのこと。

幼虫：昆虫に特有の幼若期の形態。ホタルの場合は捕食性があり、地表付近または水中に生息する。

ルシフェラーゼ：発光反応を触媒する酵素の総称。

ルシフェリン：発光生物の体内に見られ、発光反応により酸化されて光エネルギーを生み出す有機化学物質の総称。

ルシブファジン：捕食者から身を守るためにつくり出す、ホタル特有の有毒なステロイド性化学物質。北米のいくつかの種から見つかっている。

レック：オスが求愛行動をとるために形成するひとつの集団。メスは交尾相手を選ぶためにそこへやって来る。

用語集

ATP：アデノシン三リン酸。全ての生物に共通する細胞内のエネルギーの運搬体。加水分解されることによってエネルギーを供給し、細胞における活動の多くに使われる。

一酸化窒素（NO）：神経伝達物質のひとつで細胞から細胞にシグナルを送るために使われる。

エリクニア属（*Ellychnia*）：北米に生息する一般的なダーク・ファイヤーフライ型ホタルで、フォティヌス属に比較的近縁である。成虫は日中に活動し、発光しない。

外適応：もともと別な機能を持っていたが、現在はそれとは異なる利点で機能している適応のこと。

警告表示：敵からの攻撃を避けるために、自らが有害であることを視覚や音や匂いなど使って警告すること。

系統学：現生の生物と絶滅した生物の歴史的関連性の推測に基づき、生物の進化プロセスを研究する学問。

攻撃的擬態：捕食者が無害なものの姿や行動を装って獲物への接近を可能にする進化的な適応。

甲虫目：いわゆる甲虫の仲間。昆虫綱で最大の目であるのみならず、全動物種の25%を占める多様な生物分類群である。完全変態により、一生の間に姿や食性や生息環境が著しく変化する。

蛹：昆虫の変態の過程で、幼虫と成虫の間に存在するライフステージ。

酵素：特定の化学反応を触媒する（すなわちスピードアップさせる）役割を持つタンパク質分子。

自然淘汰：遺伝する何らかの特徴（形態的、生化学的、生理学的、行動学的、など何でもよい）の個体間での差異のうち、生存や生殖により有利なもの（不利ではないもの）が残って集団内での割合が増えてゆく進化プロセスのこと。

鞘翅：甲虫の前翅のこと。角質化していてほとんど翅脈を欠き、畳んだ際には中胸以降の身体の背面を覆うため、後翅を守るカバーとしての役割を果たす。

性的二型：同種の雌雄間で、体の大きさや外観上の特徴に明白な相違があること。

性淘汰：自然淘汰のひとつ。異性を惹きつける能力、異性の獲得競争、あるいは受精チャンスを得る能力の個体ごとの差異が選択される場合のこと。

生理学：生物のもつ機能を研究する分野。通常、細胞レベル、組織レベル、もしくは個体レベルで研究が行われる。

前胸背板：昆虫の胸部（第一胸節）の背面にある板状の部分。ホタルでは頭部の背面を覆っている。

発光細胞：光を生み出す特殊な細胞組織。ホタルでは、発光器と呼ばれる器官のなかに存在する。

フェロモン：同種個体間での情報交換に使われる化学物質シグナル。

フォティヌス属（*Photinus*）：北米に広く見られるライトニングバグ型ホタルで、オスはしばしば捕食者である「魔性の女（フォトゥリス属のメス）」の餌食になる。

フォトゥリス属（*Photuris*）：北米に広く見られるライトニングバグ型ホタルで、ホタルを捕食する「ファム・ファタール」を含む。

ブファディエノリド：多くの植物や一部の動物（ヒキガエルやホタルなど）が、敵から身を守るためにつ

索引

著者 サラ・ルイス

Photo by James Duncan Davidson

この30年間をホタルと共に過ごし、現在はタフツ大学の生物学部教授。その研究成果は、『ニューヨーク・タイムズ』、『サイエンティフィック・アメリカン』、『USAトゥデイ』をはじめ、多くの新聞や雑誌等に掲載。現在は夫とともにマサチューセッツ州リンカーン在住。

翻訳 髙橋功一

青山学院文学部英米文学科卒業後、航空機メーカーに勤務。企業内で通訳・翻訳業務に従事した後、専門学校に奉職。英語教授のかたわら、実務翻訳、文芸翻訳に携わる。訳書に『ボクシング世界図鑑』(エクスナレッジ)。

監修・コラム執筆 大場裕一

中部大学応用生物学部准教授。専門は発光生物学。ホタルから発光キノコ、発光ミミズ、深海発光魚まで、あらゆる発光生物の発光メカニズムとその進化プロセスを研究している。主な著書に『ホタルの光は、なぞだらけ』(くもん出版・2013年)、『光るキノコと夜の森』(岩波書店・2013年)、『光るいきもの』3部作(くもん出版・2015年)、『光る生きものはなぜ光る?』(文一総合出版・2015年)、『恐竜はホタルを見たか』(岩波書店・2016年)、監修に『光る生き物』(学研プラス・2015年)、編集に『遺伝子から解き明かす昆虫の不思議な世界』(悠書館・2015年)などがある。

翻訳協力:小谷力、株式会社トランネット　**デザイン**:木庭貴信+岩元萌(オクターヴ)

ホタルの不思議な世界

2018年7月12日　初版第一刷発行

著　者　サラ・ルイス

訳　者　髙橋功一

発行者　澤井聖一

発行所　株式会社エクスナレッジ
〒106-0032 東京都港区六本木7-2-26
http://www.xknowledge.co.jp/

問合先　[編集] TEL: 03-3403-1381／FAX: 03-3403-1345
info@xknowledge.co.jp
[販売] TEL: 03-3403-1321／FAX: 03-3403-1829